仿蛛网农田无线传感器网络
抗毁性建模及提升方法

王　俊　孔令举　胡春燕　　著

中国建材工业出版社

图书在版编目（CIP）数据

仿蛛网农田无线传感器网络抗毁性建模及提升方法/
王俊，孔令举，胡春燕著 . --北京：中国建材工业出版
社，2022.9
ISBN 978-7-5160-3570-2

Ⅰ . ①仿…　Ⅱ . ①王…　②孔…　③胡…　Ⅲ . ①无线电
通信－传感器－应用－农田　Ⅳ . ①S28-39

中国版本图书馆 CIP 数据核字（2022）第 156803 号

仿蛛网农田无线传感器网络抗毁性建模及提升方法
Fangzhuwang Nongtian Wuxian Chuanganqi Wangluo Kanghuixing Jianmo ji Tisheng Fangfa
王　俊　孔令举　胡春燕　著

出版发行：中国建材工业出版社
地　　址：北京市海淀区三里河路 11 号
邮　　编：100831
经　　销：全国各地新华书店
印　　刷：北京印刷集团有限责任公司
开　　本：787mm×1092mm　　1/16
印　　张：12.75
字　　数：300 千字
版　　次：2022 年 9 月第 1 版
印　　次：2022 年 9 月第 1 次
定　　价：**52.00 元**

前　言

　　本书通过解析蛛网与无线传感器网络在拓扑结构方面诸多显著的相似之处，并将自然界中蛛网所具备的抗毁性独特优势与无线传感器网络通信技术相结合，旨在研究与提升农田无线传感器网络的抗毁性。

　　第一章对农田无线传感器网络仿蛛网建模及高抗毁性关键技术研究进行了综述。第二章探究了蛛网承受猎物冲击载荷作用的力学特性，解析振动信息的形成及传输过程，设计了一种基于 3D 打印的螺旋式人工蛛网及配套的振动测试试验装置，用于研究给定激励条件下蛛网的振动信息传输规律。第三章分析了蛛网的结构特征、蜘蛛捕食机制和人工蛛网通信拓扑结构等问题，建立了双层六边形人工蛛网的逻辑拓扑模型，探讨了将蛛网的网络健壮性和抗毁性等优点与农田无线传感器网络相结合的可能性。第四章建立人工蛛网网络拓扑模型，以该拓扑模型为原型建立人工蛛网分簇分层通信原则，将端到端延时作为描述人工蛛网模型抗毁性能的指标进行了单层和 3 层仿真试验，总结人工蛛网模型链路、节点重要性分布规律及对网络中信息传输性能的影响规律。第五章针对人工蛛网模型提出了一套基于节点平均路径数和节点、链路平均使用次数的人工蛛网模型抗毁性量化指标体系，评测失效网络组件的全网影响度和权重等指标，旨在为优化农田无线传感器网络部署，实现规模化可靠应用提供参考。第六章，建立仿蛛网 FWSNs 拓扑结构模型，进行组网、设置通信规则，在负载容量模型的基础上，结合仿蛛网 FWSNs 拓扑结构特性，提出贴合仿蛛网模型的负载容量模型及抗毁性指标，进行多种级联抗毁性仿真试验，深入挖掘蛛网特殊的分层结构及节点分布规律在抗级联故障方面表现出的卓越优势。第七章，为了提高网络的生存期，在仿蛛网分层分簇模型的基础上提出一种网络参数组合的多目标优化算法（MOOAPC），将全网的抗毁性和平均剩余能量作为均衡网络能耗的优化准则，采用正态性检验、方差齐性检验、方差分析等统计方法，来分析网络参数的变化对两个优化准则的影响。第八章提出了旋转路由能量均衡协议（CHRERP），建立仿蛛网无线传感器网络拓扑结构模型，设置了一些参数，通过仿真得到这些参数的最优组合。第九章提出了一种基于博弈论的路由方法来提升网络抗毁性，每个节点通过抗毁性和剩余能量的博弈获得其成为簇头的最佳概率，提出候选簇头优势函数，将能量消耗过快的节点轮转到新的簇中。第十章介绍了田间试验情况。

　　感谢研究生张楷阳、朱天赐、刘宁在本书编辑过程中所做的细致工作。限于著者水平，书中疏漏与不妥之处请读者批评指正。

著　者

2022 年 6 月

目　　录

第1章 农田无线传感器网络仿蛛网建模及高抗毁性关键技术研究

1.1 研究意义

无线传感器网络技术具有易于布置、通信灵活等优势，应用无线传感器网络对农田环境实时监测已成为精准农业生产监控中的有效方法[1-3]。农田无线传感器网络具有超大规模、超低成本、拓扑变化复杂等特点，对网络抗毁性能提出了严苛的要求[4]。主要表现在：

（1）节点部署数量大，空间分布不均，功耗各不相同，而节点能量约束严格，人工维护困难，节点易失效。

（2）农作物生长期内种植高度、密度和枝叶茂密程度动态变化，对节点传输特性与链路传输质量影响显著，易引起链路故障。

（3）农作物生长期跨度大，农田环境、气候条件变化频繁，节点可靠性面临严峻考验，一旦节点关键部件受损，易导致节点通信、中继功能故障。

（4）精细农业作业环节的差异化要求，使节点位置经常变化，而节点的移动引发无线链路频繁断裂，易造成路由失效。

（5）农田无线传感器网络广泛采用传统分簇路由算法，簇首与簇成员的通信链路单一，某一通信链路失效时，必须重构网络，易使网络动态性能变差。

可见，由于自身特性与工作环境存在的不可预测性，抗毁性强弱直接关系到农田无线传感器网络的稳定性、准确性和可靠性，以及网络预定功能的实现，如何提升抗毁性已成为农田无线传感器网络研究的关键问题。

高抗毁性是保障农田无线传感器网络性能的基础。农田无线传感器网络以数据收集为中心，信息有向传递，具有多对一的通信特征，当出现随机性或确定性的网络组件故障时，将破坏网络拓扑结构，致使路由动态重构，降低网络稳定性与可靠性，继而严重影响网络通信能力、工作效率和服务质量，使其难以有效完成环境监测任务，因此提高网络抗毁性是保证农田无线传感器网络性能的关键。

高抗毁性是农田无线传感器网络规模化应用的前提。农田无线传感器网络通过无线方式感知和处理各种环境或农作物信息，而失效节点或故障链路造成网络联通性与覆盖率下降，进而导致全局网络受损。由于网络规模大、节点分布不均、能量受限、信道复杂、监测时间长、拓扑变化大、传输时延长等因素所产生的非线性网络行为难以预测，因此提高网络抗毁性是农田无线传感器网络走向规模化应用必须解决的问题。

高抗毁性是农田无线传感器网络理论研究的核心问题与方向。农田无线传感器网络的首要设计目标是网络的可靠性，而农田无线传感器网络资源有限，布置环境恶劣，且无人值守，节点、链路、部分网络故障难以避免，使研究网络抗毁性变得至关重要。建立具有强适应性、良好容错性的高抗毁性方法，不仅是对农田无线传感器网络的创新，也是对一般计算机网络、无线通信网络抗毁理论的重要补充，可为建立新的抗毁理论提供基础。

高抗毁性农田无线传感器网络的研究目标是针对网络自身特点，准确分析和评价网络的抗毁性，消除网络的安全隐患和薄弱环节，从而增强网络的整体生存性和可靠性[5]。现有农田无线传感器网络的研究工作主要集中于节点开发、节能策略、组网协议等方面，而对于网络抗毁性能的分析和探讨尚为空白。

通过信息科学与仿生学的交叉融合，研究人员从生物系统中汲取灵感，提出许多具有自适应性、鲁棒性和自修复等特点的生物智能系统并成功用于解决各种科学及工程领域的实际问题，对研究高抗毁性农田无线传感器网络具有借鉴价值。蛛网拥有优异的抗毁能力、编织网结构能力和修复能力，同时其捕获猎物时的信号传递方式和传输效率，值得深入探讨和挖掘[6-7]。全面研究蛛网的优势特性，对于推进农田无线传感器网络的抗毁性研究具有重要的理论和现实意义[8]。

本书以蛛网为仿生研究对象，解析结构特征与拓扑结构抗毁性能之间的关联特征，探索结构破坏程度对信息传输特性的影响规律，归纳、构建人工蛛网网络模型，设计路由抗毁度综合评判算法，探明静态拓扑管理机制和动态分层路由控制策略，期望从原理和实践上突破抗毁理论，促进农田无线传感器网络的发展和应用。

1.2　国内外研究现状及分析

无线传感器网络抗毁性的研究内容主要分为两类，即网络的拓扑结构是否具有抗毁性，当网络出现故障的时候，如果网络中的节点仍然能够存在一条或多条通信链路，就说明这个网络具有一定的抗毁性；网络路由优化，在网络的拓扑结构具有抗毁性的前提下，如何为网络中的通信业务安排合理的传输路径，减少通信拥塞，使网络具有较高的传输效率[9-10]。目前，国内外学者已对具有抗毁能力的拓扑和路由控制方面开展了较为系统的分析与研究，取得了一定的研究成果。

1.2.1　基于拓扑控制的网络抗毁性研究

提升网络抗毁性的拓扑控制研究，集中在构建具有无标度特性的拓扑结构以及关键点判定方面，而有关均衡网络能耗方面的拓扑控制研究，除优化无标度拓扑结构外，还可以通过网络分簇、轮换簇头的方式，提高节点能量的有效性。

（1）基于无标度拓扑的网络抗毁性研究

基于 BA 无标度模型，研究人员在构建无标度网络模型上经过扩展和改进均取得了丰富的研究成果，如 Chen 等提出的 B 模型中，增加一个有链路的新节点，在旧节点之间增加新链路，以及删除一些旧的链路，旧节点之间的新链路两端都被选择为优先连接，选择一个节点作为被删除链路的末端，这些措施符合实际网络的规模随时间变化的特性[11]。Fu 等提出了一个高效节能的无标度双级拓扑演化模型，其以主干拓扑为基础，使用模因算法对拓扑进行优化，模拟和分析结果表明，该模型具有良好的容错性和能源利用率，可以花更少的时间获得更满意的拓扑结构[12]。Zhao 等为提高无标度网络抗毁性，首先提出了一种名为"蜜罐"的新型网络安全技术应用于无标度网络，然后基于"蜜罐"的诱骗和无标度网络的拓扑特性提出了无标度网络的抗毁性模型，随后介绍了如何在骨干网络中部署"蜜罐节点"来设计和优化网络结构，最后通过仿真试验验证了模型的有效性和正确性，并通过仿真试验发现根据该模型部署"蜜罐节点"可以有效提高无标度网络的抗毁性[13]。Li 等针对现有无标度网络在选择性边缘攻击下不考虑权值和代价的抗毁性评估方法存在的问题，提出了一种考虑边缘权值和攻击代价的抗毁性评估机制，定义了一个权重参数 t 来统一有代价或无代价的节点/边缘攻击 4 种情况，最后通过对 4 个无标度网络的试验观察，验证了所提出的无标度网络抗毁机制的有效性[14]。Hu 和 Li 结合无线传感器网络的现实特点，分别建立了随机网络、无标度网络、WS 小网络和 NW 小网络模型，并分别研究了这些网络模型在随机攻击下的抗毁性能和级联过程，试验结果表明，容错系数与四种网络在随机攻击下的级联失效性能正相关，这意味着增加容差系数是提高网络抗毁能力的有效途径[15]。Fu 等设计了一种簇类传感器网络的级联模型，并研究了无标度网络对级联故障的抗毁性，通过引入传感负载和中继负载的概念，建立了一种簇类传感器网络的级联模型，然后讨论了该模型参数对网络抗毁性能的影响，评价了无标度网络 WSN 拓扑结构的抗毁性能，最后仿真结果表明，网络的抗毁性与簇头比例负相关，与分配系数正相关，当各传感器节点的度数与其初始载荷为线性关系时，网络的抗毁能力最强[16]。Zhao 等细致地研究了基于复杂网络理论的无线传感器网络的拓扑特性，首先将无线传感器网络的节点分为普通节点、超级节点和汇聚节点，然后从复杂网络中传感器网络抗毁性的角度，分析了不同类型节点对传感器网络抗毁性的影响，最后通过仿真试验表明，在无线传感器网络中加入超级节点可以显著提高网络的生存能力[17]。Fu 等建立了一个更实用的无线传感器网络级联模型，该模型根据新的流量度量之间的方向定义了每个节点的负载函数，根据每个节点的拥塞状态定义了过载函数，最后通过仿真结果表明，网络的抗毁性与超载容忍系数正相关，与拥塞容忍系数负相关，此外，将汇聚节点放置在靠近部署区域中心的位置，可以提高网络的抗毁能力[18]。

　　无标度拓扑虽然对复杂网络具有较强的抗毁性，但将其应用于能量受限的无线传感器网络时，应结合网络自身特点改进无标度机制。Wang 等综合考虑适应度与节点当前能量提出了一种高效且容错的拓扑控制算法，将复杂网络的无标度特性引入到无线传感器网络的拓扑中，以最小化传输延迟和高鲁棒性，得到能量高效利用、抗毁的拓扑结构[19]。Wang 等提出了一个基于新型无标度网络的备件供应链网络模型，在试验中采用程度分布、分簇系数、中心性和响应时间等指标对模型的静态和动态性能进行了分析，试验结果表明，该模型的供应链网络的补货时间缩短了约 40%[20]。Usman 等提出了一种新的拓扑进化方法来增强无标度网络的鲁棒性，网络区域被分为上、下两部分，节点在两部分中平均部署，节点间通过一对多通信连接，并使用 k-core 分解来计算节点等级的变化。由结果可知，通过优化使网络具有更强的鲁棒性[21]。Usman 等提出了一种改进无标度网络技术，对无标度网络进行了优化，以增强鲁棒性，在该技术中，根据边缘等级和节点距离对边缘进行交换，在不改变原始拓扑节点等级的基础上，使优化后的拓扑保持无标度。通过试验表明，通过增加节点数，该技术的性能优于现有技术[22]。Yakubo 等提出了一个无权无向网络的通用模型，该模型具有无标度特性和分形性质，并可以通过将上一代网络中的每条边替换为一个称为生成器的小图，迭代形成一个分形无标度网络，同时可以控制生成器来间接控制分层分形无标度网络的无标度性质、分形和其他结构性质[23]。Ma 等基于结构孔理论，提出了一种无标度网络的结构孔路由策略 SHR（Structural hole routing），在该网络中，路由策略的性能通过流量容量和平均路径长度两个指标来衡量，报文可以绕过中心节点，提高无标度网络的流量容量，仿真结果表明，该策略比有效路由 ER（Efficient routing）策略提高约 6% 的流量[24]。Li 等提出了一种基于无标度网络拓扑的自适应粒子群优化算法，该算法利用无标度网络拓扑具有幂律分布的特点，为每个粒子构造一个对应的邻域，从群落中选择精英粒子参与粒子进化过程，并考虑充分发挥精英粒子在种群搜索过程中的引导作用，试验结果表明，该算法具有良好的鲁棒性[25]。Chen 等将种群状态与进化过程相结合，提出了一种自竞争的无尺度物联网拓扑自适应鲁棒进化算法 AREA（Adaptive robustness evolution algorithm），该算法根据种群多样性动态调整交叉和变异操作，保证全局搜索能力，仿真结果表明，该方法在提高无标度物联网鲁棒性方面比现有的几种方法更有效[26]。Li 等提出了一种新的链路预测方法，该方法以无标度网络训练的神经网络为输入数据，以链路预测模型训练的优化网络为输出数据，以网络效率和所提出的全局网络结构可靠性为目标，综合评价链路预测性能和神经网络方法的优势，试验结果表明，该方法生成的优化网络具有更好的网络效率和全局网络结构可靠性[27]。

针对无线传感器网络节点通信范围受限的问题，Zheng 等以节点剩余能量和节点度作为节点局域择优连接的判据，构建了一种具有无标度特性的局域世界拓扑演化模型[28]。张德干等基于局域世界理论提出一种不均匀成簇的无线传感网络拓扑动态加权演化模型，在局域世界内构建无标度网络，择优连接概率取决于节点剩余能量、通信流量[29]，陈力军等利用随机行走机制，构建了一个簇间拓扑演化模型[30]。Wang 提出了一种新的无标度拓扑演化模型，在优先依附机制中引入了"路由导向路径负载"ROPL（Route-oriented path load）这一新的影响因素，以改善网络负载均衡，试验结果表明，该无标度演化模型在能量平衡和网络鲁棒性方面都取得了良好的性能，在增加网络的平均路径长度或将汇聚节点部署在靠近网络中心的位置时，可以提高无线传感器网络对级联故障的鲁棒性[31]。Hu 等提出了一种考虑节点适应度、节点能量和节点权值的负载感知和能量感知的局部世界拓扑演化模型，最后通过分析和仿真结果表明，该模型提高了网络的联通性和生命周期，对恶意攻击具有较高的鲁棒性，同时保持了对随机攻击的不受攻击能力[32]。

无标度拓扑研究在网络抗毁和能耗均衡之间的权衡尚有待改进，且模型过于理想化，没有考虑实际应用中的诸多不确定因素，虽对随机失效具有极强的鲁棒性，但对选择性失效表现出脆弱性，只要少数关键节点被移除整个网络就陷入瘫痪，是缺乏高可靠性、强抗毁性的拓扑控制方法。

（2）基于关键点判定的网络抗毁性研究

为降低节点失效概率，增强网络抗毁性，判定出在网络中起重要作用且容易失效的关键点，并对此类节点进行维护，具有重要的实际意义。Zhang 等提出了一种利用各节点对之间信息通信的概率与 k 中心分簇算法相结合的方法，进行节点重要性评估，试验结果表明，在具有明显社区结构的网络中，采用 k 中心分簇算法识别的有影响节点比贪婪算法识别的有影响节点对网络的影响范围更大，而且不减少预期的有影响节点数[33]。Agryzkov 等结合了介数中心性方法和节点等级序列思想，提出了一种新的中心性指标，仿真试验结果表明，减少了随机游走度量中存在的随机性的影响，并以决定性的方式考虑要评估网络的信息[34]。Wang 等认为抗毁性能是由鲁棒性和网络效率两个参数来衡量的，提出通过对节点的无创性进行排序来评价节点的重要性，可以通过网络效率的降低程度来体现，网络效率降低的程度越大，对应的节点抗毁性越好，这意味着节点在整个网络中的位置越重要，通过试验结果分析，验证了基于层次分析法的节点重要性评价方法的有效性和显著性[35]。Jia 提出了一种新的预测算法，通过预测网络的隐藏边缘，以有限的信息补充网络中看似缺失但可能存在的连接，试验结果表明，在缺失信息占比较小的情况下，基于高阶节点的攻击策略比基于完全信息的攻击策略其性能更好，这表明添加的链接更容易识别对网络结构和联通性重要的节点[36]。针对无线传感器网络复杂应用场景中节点故障导致的联通性失效问题，Wu 等提出了一种最小级联迁移恢复方法，当网络中的某个节点发生故障时，通过切割点检测算法来判断该故障节点是否影响网络的联通性，试验结果表明，该方法能够有效地恢复节点故障后的网络，在恢复过程中，减小了恢复节点的移动距离，减少了恢复节点的能量损失，延长了网络寿命[37]。Jia 等在无标度、基于密度的复杂网络和数值分簇算法的基础上，提出了一种基于中心节点快速检测的图形分簇算法 GCA（Graph clustering algorithm），通过计算网络中节点的局部密度和综合分簇，可以快速找到网络中的分簇中心，在实际网络中的试验比较和分析表明，基于快速检测中心节点的图形分簇算法是有效且高效的[38]。Pran 等提出了一种以算法的形式来预测无标度网络中的隐藏链接和缺失节点的方法，通过训练神经网络来区分不同的无标度网络亚型，来预测给定的无标度网络中的缺失节点和（当前缺失）节点之间的隐藏链接[39]。Yu 等提出了一种新的无标度网络节点重要性排序模型，针对网络崩溃速度最快的节点构建一个节点重要性排序模型，然后将遗传算法与可变邻域搜索相结合，在初始种群生成、邻域搜索和适应度评估等方面对其进行改进，由结果可知，该方法在 BA 网络中的有效性在介数和程度方面分别提高了 7.9％和 16.8％[40]。Zeng 等针对带状网络提出了一种新的数据传输方案，整个网络被划分为多重分簇，超级节点被放置在一个特定的分簇中，在汇聚节点附近使用几个超级节点来承担流量负载，结果发现，靠近汇聚节点以及超级节点的两个分簇对网络生命周期影响最大，由此获得超级节点的最优位置[41]。任卓明等考虑邻居节点之间连接的紧密程度，提出了一种综合节点度与集聚系数的关键点判断方法，节点的度和集聚系数对刻画节点重要性都有重大意义，度指标描述了一个节点的邻居节点的个数，只考虑节点自身邻居数，忽略了邻居间的信息，集聚系数描述了节点的邻居之间互为邻居的比例，只考虑了节点之间的紧密程度而忽略了其邻居的规模，最后经仿真验证，该方法相较于度指标、基于节点度和其邻居度指标更能准确度量节点重要性[42]。陈静等提出了一种利用节点接近度和节点在其邻域中关键度来评估网络中关键点的方法，该方法定义了节点的接近度、关键度及其重要度，节点的重要度由节点在复杂网络中的位置及其邻域的关键度共同决定，该方法克服了删除节点法存在的问题及直接计算节点介数的复杂性，最后根据该方法设计了复杂网络中的重要评估算法并通过算例分析验证了方法的可行性[43]。Narayanam提出了一种新的启发式算法，称之为基于沙普利值的影响节点算法的算法，该方法采用了将信息扩散过程建模为合作博弈的新思想，结合节点度判定网络关键点，将四个合成数据集和六个真实数据集进行对比试验，最终试验结果表明该算法在运算时间上优于贪婪算法，计算效率更高[44]。但该方法有一定缺陷，例如该方法对于能量因素考虑较少，难以判定出无线传感器网络中能量消耗较快的关键点，针对该问题，Zou 等定义了不同的能量阈值，能量到达阈值之下的节点被作为关键点进行保护，首先提出了称为"能量关键节点感知生成树"ECNAST（Energy critical node aware spanning tree）的算法，该算法用来找到以能量关键点为叶子的数据收集树，还提出了它的迭代应用，以处理节点随时间变得关键的情况。最终通过试验表明该算法能够提高系统寿命，但也需要仔细设计阈值[45]。Chen 等提出了一种基于局部拓扑和全局位置搜索关键节点的新策略，更特别的是从网络抗毁性的角度，利用全局效率损失和局部效率损失来评估算法的影响，最终试验结果表明，该方法在检测精度和网络抗毁性之间取得了很好的平衡[46]。

（3）关键点判定方法

多数学者只研究了单一因素对节点关键程度的影响，对于网络中局域信息、全局信息和能量因素的综合研究较少，判定结果缺乏全面性，导致在后期保护关键点时无法达到预期效果，同时对如何加以保护或去除关键点，减弱关键点对网络的不利影响，从而提升网络抗毁性的问题考虑较少。应该基于分簇结构对均衡网络能耗、增强网络抗毁性进行研究。

分簇算法主要通过簇头轮换来均衡网络中节点的能耗，延长节点的生存时间，或者是通过增添冗余簇头节点，替代出现故障的簇头节点，来提升网络的抗毁性。在LEACH（Low-energy adaptive clustering hierarchy）算法的基础上，O-LEACH（Over-lapping LEACH）算法在每轮的分簇阶段，每个簇内确定一个主簇头和若干个从簇头，每个节点首先选择信号强度最大的作为簇首，然后再以主簇首接收信号强度的 x% 为标准，选择接收信号强度大于该标准的所有簇首，并加入主簇首和这些簇首所在的簇，从而使每个簇成员都能从属多个簇首，降低了主簇头的能耗。该算法与一般的分簇算法一样，能够保持节点能量消耗的平衡，与原算法相比，能耗平衡方面性能下降很小[47]。Hasan 提出 DED（Distributed, Energy-efficient and dual- homed cluste-ring）算法中，选择一个剩余能量最大的成员节点作为簇头的备份节点，在簇头失效后，维持网络的运行[48]。胡升泽等提出了一种多元簇首的分簇算法 CMCH（Cluste-ring data gathering algorithm based on multiple cluster heads），通过划分栅格，每个栅格节点各自构成一个簇，在每个栅格中根据节点失效概率选出多个簇头，并由同一栅格中的多个簇首协作完成栅格中节点的数据收集任务，该算法与现有的算法相比，提高了数据收集可靠性并延长了网络生命期[49]。在数据收集可靠性方面，该算法可以有效降低簇成员对单个簇首的依赖，提高了可靠性，在网络生命周期方面，该算法采取了一系列降低能量消耗的措施，提高了能量的利用率。李天池提出了一种基于 LEACH 的改进算法，通过能量阈值来进行全网、半网或本簇内的簇头轮换[50]，首先每个簇周期开始时，判断现有簇中是否存在簇平均能量小于此阈值，如果存在，启动半网簇头选举号召，此时其他簇根据本簇情况，决定是否响应此次号召，所有响应此号召的簇，将会在下一轮进行重选，即半网簇头选举，否则各个簇头再次判断自己的剩余能量是否小于本簇的平均能量，如果比平均能量小，则在本簇内启动簇头选举，否则，不进行簇头选举，由此可避免每轮进行全网簇头选举。每隔一定轮数，将会强制进行全网簇头选举，以平衡半网选举可能导致的不平衡，最后通过仿真计算，该算法明显优于 LEACH 算法。Lin 等利用移动代理技术研究了无线传感器网络在数据采集过程中如何平衡能量消耗的问题，提出了一种基于移动代理的无线传感器网络能量平衡簇路由 EBMA（Energy balancing cluster routing based on a mobile agent），最后采用多种性能标准对该路由进行了大量的仿真试验，结果表明，在大规模网络部署中，其能够有效地平衡能量消耗，并具有较高的效率[51]。Wei 等提出通过考虑定向数据流量和簇的总功耗来平衡和降低集群传感器网络的功耗，即簇中存储的能量与其总功耗成正比，从而使簇具有相同的生命周期，此外，在第一个周期内，不需要对簇进行重组，保持簇的中心位置，从而进一步节约能源，最后通过仿试验表明，所提出的算法确实平衡了集群间的功耗，提高了网络的能量效率[52]。Zhang 等提出一种能量平衡分簇路由策略 EBCR（Energy-balanced clustering routing），在簇头选择阶段，通过改进簇头选择过程，综合考虑节点剩余能量、能耗速度和到基站的距离，最后仿真结果表明，在小规模的无线传感器网络中，EBCR 策略通过平衡网络能量消耗分布，降低了簇头之间的能量消耗，有效地延长了网络的生命周期[53]。Rahimi 等提出了一种基于梯度的无线传感器网络节能路由分簇算法（Gradient-based clustering algorithm for energy-efficient routing，GC-ER），其主要思想是对传感区域进行分区，使网络的总能耗最小，该算法采用不同的聚类结构，平衡了簇头之间的能量消耗，减少了热点问题的影响，在此基础上，设计了分布式簇头选择协议和路由协议，实现了各传感器节点能量均衡，最后通过仿真结果表明，与已有文献报道的一些分簇方案相比，该分簇方案平衡了簇头之间的能量消耗，提高了网络生存时间[54]。Yu 等提出一种新的负载均衡和能量高效路由算法 LBEERA（Load balance and energy efficient routing algorithm），LBEERA 由 BS 集中控制，采用分层链结构，与 LEACH 相比，LBEERA 克服了每一轮的动态集群设置开销，仿真结果表明，与现有的几种协议相比，LBEERA 具有更好的负载均衡和能量效率，提高了网络生存时间[55]。

分簇算法虽然注重于分簇阶段的优化，但是并未考虑到关键点充当簇头的特殊情况，且对均衡能耗的数据传输路径研究较少，大部分的研究并未考虑网络失效时网络拓扑的自愈和重构等问题，特别是缺乏广泛实用性的基于网络整体性能优化的拓扑控制机制及方法。

1.2.2　基于路由控制的网络抗毁性研究

提升网络抗毁性的路由控制研究，主要是利用网络冗余特性，引入备份机制提升网络抗毁性能，按照控制对象的不同，冗余机制可分为簇头冗余与链路冗余。

（1）基于簇头冗余的网络抗毁性研究

根据簇头维护机制的不同，可将现有簇头冗余策略分为两类：分布式簇头冗余策略[56]，如 EEUC（Energy-efficient unequal clustering），该协议是一个基于异质分簇传感器网络的节能路由协议，其核心思想是通过改变竞争簇头的节点半径来改变簇的大小，靠近汇聚节点的集群规模变小，这样就会有更多的簇头被用来转发其他节点的数据，从而减少簇头因数据转发而产生的能量消耗。EEUC 协议的簇头竞争算法分为两个阶段。在第一阶段，该算法通过概率选择网络中的候选簇头，每个节点随机产生一个 0 到 1 的随机值，随机值小于阈值的节点被选为候选簇头，该节点成为簇头的概率是预设的阈值 T，非候选簇头根据阈值 T 转入睡眠阶段；在第二阶段，候选节点计算自己的竞争半径，最后选择簇头。试验表明，EEUC 能够更好地平衡网络能耗，改善网络寿命。HEED（Hybrid energy-efficient distributed clustering）是一种自组织传感器网络的新型分布式分簇方法[57]，该协议根据节点剩余能量和次要参数的混合情况（如节点与邻近节点的接近程度或节点程度）定期选择簇头。HEED 在迭代中终止，产生较低的消息开销，并在整个网络中实现了相当均匀的簇头分布。另外，在对节点密度、集群内和集群间的适当约束下簇内和簇间的传输范围研究表明，HEED 可以保证集群网络的连接性。试验表明，HEED 方法在延长网络寿命和支持可扩展数据聚合方面是有效的。

REED（Robust Energy Efficient Distributed clustering）是一种用于鲁棒自组织传感器网络的分布式分簇协议[58]，其通过构建多个簇头来避免单个簇头出现故障对网络的影响，一个节点在每个独立的覆盖网中加入一个簇。REED 分簇过程以恒定数量的迭代终止，每个节点的消息开销很低，处理开销与节点数是线性关系，通过选择集群功率水平、传输功率水平，可以实现 k 联通性。REED 分簇过程不会消耗大量能量，其特点是由簇内节点共同维护当前簇头与备份簇头的能量与路由信息，并对簇头轮换做出决定；集中式簇头冗余策略，典型算法包括 K-means[59] 和 FT-DCP（Fault Tolerant Dynamic Clustering protocol），其特征是由当前簇头根据自身情况主动选择备份簇头进行轮换。例如最近有研究根据 K-means 算法及无线传感器网络分簇路由算法的特点，提出了一种新的基于 K-means 分簇的 WSN 能耗均衡路由算法，将 K-means 算法应用于 WSN 分簇路由中，在簇内则根据不同的适应值选择主簇头和副簇头。该算法使得簇结构更加均匀，同时避免了簇头分布过于集中或分散在边缘地区，从而避免簇头节点能量消耗过快加速簇的死亡。此算法也较好地平衡了网络的能量负载，达到了延长网络生存周期的目的。Khediri 等提出一种改进的 K-means 分簇算法（称为最优 K-means），该算法在测量了整个网络的能量消耗后，根据网络的大小评出最佳的簇头，簇头到节点的距离定义为目标函数，簇内通信采用了单跳通信模式，而簇间通信则采用了多跳通信模式[60]。Omeke 等提出一种距离和能量约束的 K-means 分簇方案，该方案根据节点在簇中的位置和剩余能量来选择潜在的簇头，然后动态更新潜在簇头的剩余能量阈值，以确保网络在断开连接之前完全耗尽能量；同时，根据网络规模选择最佳的分簇数量，从而使网络具有可扩展性[61]。Ray 等提出了一个基于 K-means 算法的改进分簇协议，该协议除了使用 K-means 算法中欧氏距离外，还将剩余能量作为参数，用于适当簇头的选择，另外根据簇头与基站的距离来进行多跳通信，平衡能量消耗[62]。Gupta 等提出了一种分布式环境下的容错动态集群算法，该算法通过备份一些次要节点簇头的数据来进行工作，为备份簇头的辅助节点发现主簇头或重要簇头故障，将通过关键消息通知所有非簇头节点，研究结果表明，该算法比现有的动态静态聚类协议和容错动态集群协议效果更好[63]。Qu 等人提出一种使用粗糙模糊算法和遗传算法的集中式动态分簇方法，该方法首先利用模糊集和粗糙集的思想形成重叠簇来保证网络的覆盖质量，然后使用遗传算法在每个簇中进行搜索，以找到最佳的候选簇头集合[64]。Danesh-var 等基于灰狼行为算法提出一种新的集中式分簇算法，该算法使用灰狼行为智能算法，根据每个节点的预测能量消耗和当前的剩余能量进行评估后，选出合适的簇头，提高能量效率[65]。

集中式分簇路由算法是一种基于簇头冗余的无线传感器网络分簇路由算法，在每个簇中配置 2 个簇头，当工作簇头发生故障或能量不足时将自动切换到冗余簇头的工作状态。对于边际节点和孤立节点可以分别使用多簇接入和多跳路由机制进行数据转发，避免了因链路故障或簇头故障而无法通信，当工作簇头发生故障时，由备份簇头主动接替簇头管理职能[66]。集中式策略对于规模较小的网络，执行效率较高，抗毁性出色，但当网络规模较大时，受制于当前簇头的缓存及能耗，存在实现困难的问题。而分布式路由依赖节点间协作，具有较强的复杂事务处理能力，但分布式路由依赖簇内节点不断交互信息，与集中式相比，明显加剧了通信负载，特别当网络拥塞或突发故障时无法快速处理。

（2）基于链路冗余的网络抗毁性研究

冗余链路通过在源节点与中心节点间构建多条链路的方式，避免节点通信过度依赖单一链路的情况，从而保证当前通信链路失效时，数据仍可传递至中心节点，冗余链路等同于多路径路由问题。根据多路径间是否相交可分为：不相交点多路径、不相交边多路径、局部相交多路径。Lou 等首先提出了一种分布式 n 对 1 多路径发现协议，它区别于其他多路径路由协议，能够在一个路由发现过程中同时发现从每个传感器节点到基站的多个节点不相交的路径，然后，基于每个节点的多路径可用性，提出了一种安全可靠的数据采集任务混合多路径方案，最后仿真结果表明，该方案对节点/链路故障具有更强的抵御能力[67]。Yang 等提出了一种基于蚁群算法（Ant colony algorithm，ACA）的多路径路由算法，该算法利用蚁群发现源节点和汇聚节点之间不相交的多路径，仿真结果表明，该算法合理、鲁棒性好，能够平衡网络能耗，延长网络寿命[68]。在方效林等基于广度优先搜索提出两条不相交路径路由算法中[69]，数据包可以通过两条不相交路径传送到汇聚节点，这种路由算法不仅适用于单汇聚节点网络，同时也适用于多汇聚节点网络。但在实际中寻找理想数量的不相交点/边多路径存在一些问题，首先是不相交多路径的选优问题，即在路径不相交的约束条件下，如何优化路径选择结果以达到降低能耗和提高可靠性的目的；其次是数据包在不相交多路径上的传输问题，即如何降低路由表的大小和保证数据包沿不相交路径传输。以前提出的 DMPR 算法大多是分布式的路由算法，在这些算法中，节点不掌握全局拓扑信息，难以对路径选择进行有效的优化；同时，数据包的不相交路径传输需要依赖大量局部信息交互，节点也需要记录大量的不相交标记。基于以上问题，于磊磊等提出一种采用中心计算方式的 CCDMPR（Central computing disjoint multipath routing）算法[70]，该算法能够生成源节点到汇聚节点的近似最优两条链路不相交路径，从而能够显著降低平均路径长度，并提高路径的可靠性。此算法采用的微路由表能够大大降低节点的存储和通信开销，中心调度的自适应路径维护机制显著地提高了路由维护的灵活性。不过此算法只适用于网络拓扑比较稳定且汇聚节点运算和存储能力较强的应用场景，对于拓扑变化较为频繁的网络，CCDMPR 算法的维护开销将显著增加，可靠性也难以保证，尚需进一步研究。Liu 等提出了一个可靠的多路径路由算法，该算法基于邻近节点列表的链接稳定性预测，通过计算路径可靠性系数和路径延迟系数来选出最优路径。结果表明，与现有的路由协议相比，该算法可以获得更高的交付率和更低的数据延迟，提升了网络的抗毁性能[71]。Ali 等基于功率和负载感知提出了一种多路径路由方案，该方案绘制了一个新的成本函数，可以使源节点找到通往其目的地的多个节点间的功率和负载感知的最佳路径，以此来延长节点的运行寿命，从而提高网络抗毁性能[72]。Zhang 等提出了一个基于链路寿命和能耗预测的多路径路由协议，该协议使用节点链路的寿命和最小能量消耗的参数来选出最优路径，结果表明，在大多数网络性能指标下，该协议降低了节点的能耗和数据的传输延迟，有效地提升了网络的抗毁性能[73]。

局部相交多路径方法介于上述两种路径选择策略之间，在其路径规划过程中，往往遵循 2 度分离原则，即至少存在两条及两条以上不相交点路径。如 Zhen 等提出了一种带有路径段的自适应多路径路由机制，该机制可以将端到端路径划分为若干短段，在节点之间的局部路径上建立多路径，通过这种方式，加强路径的可靠性，并提出了一种平行转发机制，以保证数据传输质量，提升网络的抗毁性能[74]。借助路由优化提升网络抗毁性能，在具有较强环境适应性的同时，对点失效与边失效情形均具有一定抗毁性能，无须硬件改动或升级，应用最为普遍，因而在网络构建成本方面具有优势，但网络抗毁性能的提升是以路由复杂度的上升作为代价的，并且均理想假设节点间链路一旦建立，则链路可靠、不存在时延，与真实网络场景存在显著差异。

综上所述，已有研究大多着重于网络共性，试图解释网络抗毁性的一般规律，忽视了不同应用背景网络对抗毁性的特殊需求，缺乏系统融合拓扑控制与路由控制的网络抗毁性提升方法，难以有效应用于环境复杂恶劣、网络特征动态多变的农田无线传感器网络，因此如何构建高抗毁性方法仍是亟待解决的关键问题。

1.3　研究内容

（1）蛛网的抗毁信息传输方式研究

为深入挖掘蛛网结构特性与振动信息传输规律间的映射关系，本书基于 3D 打印的螺旋式人工蛛网，应用高速摄影系统与机械辅助装置构建蛛网振动测试试验装置，分析蛛网不同完整程度对振动信息传输路径、强度、速度的影响规律，对比蛛网中心的振动数值，评估传输效果。

（2）网络拓扑模型传输性能抗毁研究

通过创建具有普遍适用性的人工蛛网网络拓扑模型定义，研究其抗毁性拓扑特点及蛛网网络模型在通信链路、节点损坏情况下，网络吞吐量、端到端延时的变化规律，总结蛛网模型联通度改变对通信质量的影响规律。

（3）网络结构模型各组件抗毁性量化研究

为解决人工蛛网模型抗毁性量化指标缺失的问题，针对人工蛛网模型中心对称性、分层分簇、链路冗余等特点，利用节点、链路的使用频次与重要程度呈现显著正相关关系，建立人工蛛网模型抗毁性量化指标，描述网络组件失效前后系统抗毁性能的动态演化，总结节点、链路的耦合、级联失效规律，用于指导仿蛛网农田无线传感器网络部署策略和分层路由协议的建立。

（4）抑制网络级联失效抗毁方法研究

探究蛛网核心结构单元（三角形结构和梯形结构）在应对蛛网组件失效时的振动表现，总结提取蛛网核心结构单元并进行结构抗级联故障特征属性分析。通过建立仿蛛网模型的负载容量模型及流量分配机制，以最小的级联影响为目标，以较优的流量分配策略为优化手段，探求能有效抑制级联失效的抗毁方案。

（5）均衡能耗的旋转抗毁路由研究

为提高节点的能量利用效率，延长无线传感器网络的使用寿命，达到降低、均衡能耗的目的。建立仿蛛网无线传感器网络拓扑结构参数模型，通过调整参数寻求一种能耗均衡，同时，以网络仿真轮数和网络能量消耗速率为评价指标用于寻优参数组合。

（6）抗毁拓扑结构研究

将层次路由能量利用率高、网络拓扑可扩展性强、数据融合技术应用其中等优势与蛛网的网络联通性、能量均衡性、通信抗毁性等特点结合起来，设计网络分簇方法和通信协议，建立仿蛛网分层分簇模型，解析结构特征与网络抗毁性和全网平均剩余能量之间的关联机制，量化分析各网络模型参数的重要性程度。

（7）网络模型参数优化研究

利用统计学方法对网络模型参数变化引起的网络演变过程进行分析，获得不同网络模型参数对网络性能的影响因子，将影响程度作为网络模型参数优化计算的依据，将网络抗毁性和全网平均剩余能量作为优化目标函数，利用多目标优化算法进行网络参数优化。

（8）基于博弈论的路由方法研究

提出一种基于抗毁度和剩余能量博弈的簇头选举方法，节点通过抗毁度和剩余能量的博弈获得其成为簇头的最佳概率，为避免一个簇区出现多个簇头，提出候选簇头优势函数，为均衡网络能耗，将能量消耗过快的节点轮转到新的簇中，提出簇区更新机制。分析网络节点受到外界攻击（随机攻击、最大程度攻击、最大介数攻击）时，网络抗毁度和平均剩余能量的变化。

1.4　研究目标

通过开展蛛网形态结构研究，建立蛛网结构模型，解析结构特征与抗毁性之间的关联机制，对比分析蛛网结构参数对振动信息传播的影响，探索网络破坏对信息传输的作用规律，构建具有抗毁性拓扑结构与信息传输特征的人工蛛网模型，以联通度、成本、功耗和可靠性为约束优化条件，探寻抗毁性能驱动条件下的静动态拓扑管理机制，设计路由抗毁度综合评判算法，利用多目标路由优化方法求解满足较少跳数、较少能耗和较好网络负载均衡能力等性能指标的优化规则，制定局部重构容错的动态分层路由控制策略，提出一套保障农田无线传感器网络高抗毁性的建模与控制算法，提高农田无线传感器网络的可靠性。

1.5　研究方案

1.5.1　探寻抗毁信息传输方式

解析振动信息传输方式。本书走硬件仿真试验线路，类比不同类型蛛网组成成分的差异，使用两种绳索搭建模拟蛛网，其中放射丝采用尼龙绳，捕丝采用缆绳，通过可移动的扬声器提供振动信号源，同时在蛛网上固定应变式传感器，着重利用现有成熟的信号采集技术，并对其改进以适应绳缆振动信号的处理，经信号分析系统提取后，提取出模拟蛛网的振动特征信息。经数值滤波与整形处理后，通过数据重构技术综合建立蛛网振动新样本，应用有限单元法求解行波波动方程，研究振动包络线的形成与衰减过程，确定影响振动的特征参数。

通过破坏部分网眼结构，分析振动信息传输过程中路径、振幅、频率、速度的变化趋势，对比蛛网中心振幅，评估传输性能与传输效果，总结信息转发、路径选择规则，构建仿蛛网路由模型。其方案及设计参见图 1-1、图 1-2。

至此，从蛛网结构、信息传输方式出发，分别建立仿蛛网的拓扑结构构造方法与路由模型，在理论上建立人工蛛网网络模型的坚实基础，应可实现蛛网高抗毁性特征的移植。

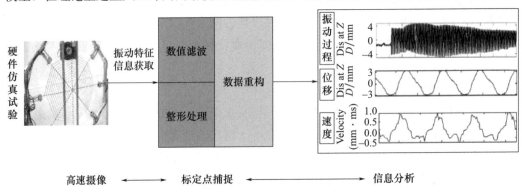

图 1-1　蛛网振动信息处理技术方案

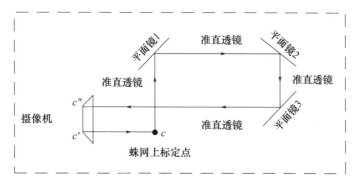

图 1-2 蛛网三维振动高速摄影光路设计

1.5.2 创建静动态拓扑管理机制

（1）构建人工蛛网网络模型。基于小世界网络理论和代数图论的分析技术，探索蛛网宏观统计特性内在的形成机制，分析蛛网结构与功能的映射关系，建立拓扑描述符表征蛛网的环性、对称性、形状、分支、大小和复杂度等方面的结构信息，解析计算度与度分布、平均路径长度、簇类系数、度度相关性、簇度相关性、图谱性质等网络特性，确定拓扑结构生成规则；构建通信命令帧、数据帧、应答帧、组网帧结构，定义路由关系表，制定路由寻址策略、路径选择算法、节点加入与退出机制、路由更新方法等，提升路由的容错性和健壮性。通过约束演绎、典型归纳方法，捕捉并抽象包含拓扑规则与路由协议的人工蛛网网络模型和整体行为功能。

（2）建立静态节点部署策略与动态协同调度机制。根据节点感知能力和质量的差异，构造节点的各向异性概率感知模型，利用贝叶斯网络方法计算节点协同感知概率，采用禁忌搜索算法推导理想覆盖率和覆盖均匀性所需的节点配置要求，确定估算节点数目的解析表达式，结合人工蛛网网络模型层次性特征，以最大网络联通度和最少节点使用成本为目标，应用约束遗传算法优化节点分布，确定静态节点部署全局策略。

采用接收信号强度指示 RSSI（Receive signal strength indication）的测距方法，获取节点的邻居节点个数与距离信息，计算节点的联合覆盖概率，建立覆盖效果评价与预警模型，判别全网的覆盖冗余与覆盖空洞，设计节点功耗和网络可靠性的均衡优化算法，动态调度节点状态，自适应模糊控制节点的休眠概率和发射功率，构建能量平衡与可靠性约束的动态协同调度机制。覆盖类型参见图 1-3。

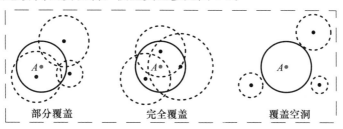

图 1-3 覆盖类型

1.5.3 建立动态分层路由控制策略

（1）量化评估路由抗毁性。解析表征网络拓扑结构变化的特征参数（网络节点度变化/概率分布、平均路径长度、群集系数及拥塞影响等）受失效节点/链路的影响规律，择优选取敏感性特征参数作为路由风险评估指标，评估各网络组件对网络的潜在破坏程度，建立其在网络路由中的权重函数，综合节点剩余能量，基于专家模糊推理机制构建路由抗毁度评判算法。

（2）创立抗毁局部路由重构方法。利用路由抗毁度综合评判算法定量分析网络路由风险，并且继承蛛网的抗毁信息传输方式，确定链路补偿机制及发起自愈路由寻找的时机，解构网络拓扑结构和路由重构的耦合演化规律，以最大化修复节点之间的联通性和最大化修复关键节点邻域内节点的通信覆盖率为目标，采用功耗控制和负载均衡的优化策略，修复目标区域的路径，寻找局部路由重构方法。

（3）构建动态分层路由控制策略。分析人工蛛网网络模型拓扑结构路由的特征与属性关联，以中心接近度、关联度、重要度为指标参数建立节点重要性多元评价函数，基于节点重要性的动态差异，引入模糊聚类方法层次化划分网络节点，各层次区域内采用不同概率分簇，形成不等的簇分布密度和规模，利用 Pareto 遗传算法求解约束跳数、能耗和网络负载等性能指标的路由混合优化规则，搜索相邻层次节点间传输路径的最优选择概率，寻找最佳传输链路，构造动态分层路由控制策略。

1.5.4 搭建农田无线传感器网络试验平台

借鉴相关高校、科研院所农田无线传感器网络试验平台建设和应用情况，基于已有 Micaz 传感器节点，研发 Micaz 传感器节点的扩展硬件和性能测量模块，完善与升级现有的软硬件测量分析系统，建立支持网络部署与路由性能测量的农田无线传感器网络试验床，通过对试验区域的现场测量以及节点功耗、吞吐量、链路负载、单向延时、网络拓扑等性能参数的高效可信获取，评估节点、链路、网络三级的行为与性能，验证项目所提出的"农田无线传感器网络仿蛛网建模及高抗毁关键技术"的有效性。

1.6 本书内容组织安排

本书将分成 10 章进行阐述：

第 1 章介绍了本课题研究的背景和意义，分析了国内外的研究现状，并提出了需要研究的技术路线及主要研究内容，最后列出本书的内容组织安排。

第 2 章提出一种基于 3D 打印的螺旋式人工蛛网及配套的振动测试试验装置，用于研究给定激励条件下蛛网的振动信息传输规律。

第 3 章分析了蛛网的结构特征、蜘蛛捕食机制和人工蛛网通信拓扑结构等问题，建立了双层六边形人工蛛网的逻辑拓扑模型。

第 4 章通过建立人工蛛网网络拓扑模型，对人工蛛网网络拓扑抗毁性能进行量化研究，进而总结人工蛛网模型链路、节点重要性分布规律及对网络中信息传输性能的影响规律。

第5章提出了基于节点平均路径数和节点、链路平均使用次数的人工蛛网模型抗毁性量化指标，用于评测失效网络组件的全网影响度和权重。

第6章通过探究蛛网核心结构单元在应对蛛网组件失效时的振动表现，解析了其结构抗级联故障特征属性，继而提出贴合仿蛛网模型的负载容量模型及流量分配机制。

第7章利用统计学方法对网络模型参数变化引起的网络演变过程进行分析，获得不同网络模型参数及网络参数的不同取值对网络性能的影响程度，将影响程度作为网络模型参数优化计算的依据，将网络抗毁性和全网平均剩余能量作为优化目标函数，利用多目标优化算法进行网络参数优化。

第8章为了进一步均衡网络能耗，延长网络寿命，提出一种基于仿蛛网分层分簇拓扑结构的旋转路由能量均衡协议（CHRERP），以有效提升网络的抗毁性，延长网络的寿命。

第9章提出一种基于抗毁度和剩余能量博弈的簇头选举方法，节点通过抗毁度和剩余能量的博弈获得其最佳概率，提出候选簇头优势函数，避免一个簇区出现多个簇头，并提出簇区更新机制，使能量消耗过快的节点轮转到新的簇中，分析网络节点受到外界攻击时，网络抗毁度和平均剩余能量的变化。

第10章验证网络模型可行性，田间试验分为两部分进行，其中预试验测试节点功耗、节点通信距离及通信效果，路由试验测试不同网络部署下的节点功耗、丢包率、延时及跳数。

参考文献

［1］　汪懋华．"精细农业"发展与工程技术创新［J］．农业工程学报，1999，15（1）：1-8.

［2］　罗锡文，臧英，周志艳．精细农业中农情信息采集技术的研究进展［J］．农业工程学报，2006，22（1）：167-173.

［3］　王俊．温室无线传感器网络关键技术研究［D］．北京：中国农业大学，2012.

［4］　王凤花，张淑娟．精细农业田间信息采集关键技术的研究进展［J］．农业机械学报，2008，39（5）：112-121.

［5］　李文锋，符修文．无线传感器网络抗毁性［J］．计算机学报，2015，38（3）：625-647.

［6］　黄亦豪，卓燕萍，王显韬．关于蛛网结构的定量分析［J］．西南师范大学学报：自然科学版，2013（2）：44-48.

［7］　卓春晖，蒋平，王昌河．蛛网结构性能及其适应性［J］．四川动物，2006，25（4）：898-902.

［8］　WANG J，GAO S，ZHAO S M，et al. Research on artificial spider web model for farmland wireless sensor network［J］. Wireless Communications and Mobile Computing，2018，1-11.

［9］　王强，陈杰，方浩．一种多智能体系统抗毁性拓扑结构构建方法［J］．模式识别与人工智能，2014，27（4）：356-362.

［10］　KATIYAR M，SINHA H P，GUPTA D. On reliability modeling in wireless sensor networks-areview［J］. International Journal of Computer Science Issues，2012，9（6-3）：99-105.

[11] CHEN Q H, SHI D H. The modeling of scale-free networks [J]. Physica A: Statistical Mechanics and its Applications, 2004, 335 (1): 240-248.

[12] FU X W, PACE P, ALOI G, et al. Toward robust and energy-efficient clustering wireless sensor networks: a double-stage scale-free topology evolution model [J]. Computer Networks, 2021, 200: 108521.

[13] ZHAO N, ZHANG X F. The Model of the Invulnerability of Scale-Free Networks Based on "Honeypot" [C] //2008 4th International Conference on Wireless Communications, Networking and Mobile Computing. IEEE, 2008: 1-4.

[14] LI K J, WANG H. Research on invulnerability of scale-free network with a unified method [J]. International Journal of Arts and Technology, 2019, 11 (3): 266-284.

[15] HU X Y, LI W F, FU X W. Analysis of cascading failure based on wireless sensor networks [C] //2015 IEEE International Conference on Systems, Man, and Cybernetics. IEEE, 2015: 1279-1284.

[16] FU X W, YANG Y S, POSTOLACHE O. Invulnerability of clustering wireless sensor networks against cascading failures [J]. IEEE Systems Journal, 2018, 13 (2): 1431-1442.

[17] ZHAO Z G. Research on invulnerability of wireless sensor networks based on complex network topology structure [J]. International Journal of Online Engineering, 2017, 13 (3): 100-112.

[18] FU X W, YAO H Q, YANG Y S. Modeling and analyzing the cascading invulnerability of wireless sensor networks [J]. IEEE Sensors Journal, 2019, 19 (11): 4349-4358.

[19] WANG L L, DANG J X, JIN Y, et al. Scale-free topology for large-scale wireless sensor networks [C] //2007 3rd IEEE/IFIP International Conference in Central Asia on Internet. IEEE, 2007: 1-5.

[20] WANG F, LIN L. Spare parts supply chain network modeling based on a novel scale-free network and replenishment path optimization with Q learning [J]. Computers & Industrial Engineering, 2021, 157: 107312.

[21] USMAN M, JAVAID N, ABBAS S M, et al. A novel approach to network's topology evolution and robustness optimization of scale free networks [C] //Conference on Complex, Intelligent, and Software Intensive Systems. Springer, Cham, 2021: 214-224.

[22] USMAN M, JAVAID N, KHALID A, et al. Robustness optimization of scale-free iot networks [C] //2020 International Wireless Communications and Mobile Computing (IWCMC). IEEE, 2020: 2240-2244.

[23] YAKUBO K, FUJIKI Y. A general model of hierarchical fractal scale-free networks [J]. Plos one, 2022, 17 (3): e0264589.

[24] MA J L, KONG L K, WANG J X. Enhancing traffic capacity of scale-free networks by employing structural hole theory [J]. International Journal of Modern Physics C, 2022: 2250149.

[25] LI W, SUN B, HUANG Y, et al. Adaptive particle swarm optimization using scale-free network topology [J]. Journal of Network Intelligence, 2021, 6 (3): 500-517.

[26] CHEN N, QIU T, LU Z L, et al. An adaptive robustness evolution algorithm with self-competition and its 3d deployment for internet of things [J]. IEEE/ACM Transactions on Networking, 2021, 30 (1): 368-381.

[27] LI K P, GU S, YAN D Y. A link prediction method based on neural networks [J]. Applied Sciences, 2021, 11 (11): 5186.

［28］　ZHENG G Z，LIU S Y，QI X G. Scale-free topology evolution for wireless sensor networks with reconstruction mechanism ［J］. Computers and Electrical Engineering，2012，38（3）：643-651.

［29］　张德干，戴文博，牛庆肖. 基于局域世界的 WSN 拓扑加权演化模型 ［J］. 电子学报，2012，40（5）：1000-1004.

［30］　陈力军，刘明，陈道蓄，等. 基于随机行走的无线传感器网络簇间拓扑演化 ［J］. 计算机学报，2009，32（1）：69-76.

［31］　WANG Y，FU X W，YANG Y S，et al. Analysis on cascading robustness of energy-balanced scale-free wireless sensor networks ［J］. AEU-International Journal of Electronics and Communications，2021，140：153933.

［32］　HU C M，LIU S Y，ZHANG Z H. Load-weighted dynamic and evolution model for wireless sensor networks ［C］//2016 IEEE Advanced Information Management，Communicates，Electronic and Automation Control Conference（IMCEC）. IEEE，2016：854-858.

［33］　ZHANG X H，ZHU J，WANG Q，et al. Identifying influential nodes in complex networks with community structure ［J］. Knowledge-Based Systems，2013，42（2）：74-84.

［34］　AGRYZKOV T，OLIVER J L，TORTOSA L，et al. A new betweenness centrality measure based on an algorithm for ranking the nodes of a network ［J］. Applied Mathematics & Computation，2014，244（2）：467-478.

［35］　WANG Y，SHI Z，KANG Z M，et al. Research on importance evaluation method of power communication network node based on node damage resistance ［C］//Journal of Physics：Conference Series. IOP Publishing，2019，1168（3）：0321384.

［36］　JIA C F，MA J，LIU Q，et al. Linkboost：a link prediction algorithm to solve the problem of network vulnerability in cases involving incomplete information ［J］. Complexity，2020，2020（3）：1-14.

［37］　WU H，CHEN W B，HAO C，et al. Restoration of minimum cascade mobile for wireless sensor networks ［J］. 微电子学与计算机，2021，38（11）：31-37.

［38］　JIA Z R，QI F Q. Network clustering algorithm based on fast detection of central node ［J］. Scientific Programming，2022，2022.

［39］　PRAN R H，TODOROVSKI L. Predicting hidden links and missing nodes in scale-free networks with artificial neural networks ［J］. arXive-prints，2021，arXiv：2109. 12331.

［40］　YU A Q，WANG N. Node-importance ranking in scale-free networks：a network metric response model and its solution algorithm ［J］. The Journal of Supercomputing，2022：1-20.

［41］　ZENG Y H，YAN J C，HUANG G H，et al. Traffic transfer assisted by super nodes for strip-shaped wireless sensor networks ［J］. IEEE Internet of Things Journal，2021，9（10）：7120-7127.

［42］　任卓明，邵凤，刘建国，等. 基于度与集聚系数的网络节点重要性度量方法研究 ［J］. 物理学报，2013，62（12）：522-526.

［43］　陈静，孙林夫. 复杂网络中节点重要度评估 ［J］. 西南交通大学学报，2009，44（3）：426-429.

［44］　NARAYANAM R，NARAHARI Y. A shapley value-based approach to discover influential nodes in social networks ［J］. IEEE Transactions on Automation Science and Engineering，2010（99）：1-18.

[45] ZOU S, NIKOLAIDIS I, HARMS J J. ENCAST: energy-critical node aware spanning tree for sensor networks [C]. Proceedings of the 3rd Annual Communication Networks and Services Research Conference, Montreal, Canada, 2005: 249-254.

[46] CHEN G L, ZHOU S M, LIU J F, et al. Influential node detection of social networks based on network invulnerability [J]. Physics Letters A, 2020, 384 (34): 126879.

[47] SUHARJONO A, HENDRANTORO G. Dynamic overlapping clustering algorithm for wireless sensor networks [C] //Proceedings of the 2011 International Conference on Electrical Engineering and Informatics. IEEE, 2011: 1-6.

[48] HASAN M M, JUE J P. Survivable self-organization for prolonged lifetime in wireless sensor networks [J]. International Journal of Distributed Sensor Networks, 2011, 2011 (1): 1-11.

[49] 胡升泽, 包卫东, 王博, 等. 无线传感器网络基于多元簇首的分簇数据收集算法 [J]. 电子与信息学报, 2014, 36 (2): 403-408.

[50] 李天池. 无线传感器网络 LEACH 协议的算法改进 [D]. 济南: 山东大学, 2012.

[51] LIN K, CHEN M, ZEADALLY S, et al. Balancing energy consumption with mobile agents in wireless sensor networks [J]. Future Generation Computer Systems, 2012, 28 (2): 446-456.

[52] WEI D L, CHAN H A. Clustering algorithm to balance and to reduce power consumptions for homogeneous sensor networks [C] //2007 International Conference on Wireless Communications, Networking and Mobile Computing. IEEE, 2007: 2723-2726.

[53] ZHANG D Y, XIE Z W. An Energy-Balanced Clustering Routing Strategy for wireless sensor networks [C] //2013 6th International Conference on Biomedical Engineering and Informatics. IEEE, 2013: 782-786.

[54] RAHIMI P, DARMANI Y, Ghasemi A. Developing a gradient-based clustering algorithm for energy-efficient routing in wireless sensor networks [J]. Iranian Journal of Science and Technology, Transactions of Electrical Engineering, 2017, 41 (1): 39-49.

[55] YU Y C, WEI G. Energy aware routing algorithm based on layered chain in wireless sensor network [C] //2007 International Conference on Wireless Communications, Networking and Mobile Computing. IEEE, 2007: 2701-2704.

[56] LI C F, YE M, CHEN G H, et al. An energy-efficient unequal clustering mechanism for wireless sensor networks [C] //IEEE International Conference on Mobile Adhoc and Sensor Systems Conference, 2005. IEEE, 2005: 8 pp. -604.

[57] YOUNIS O, FAHMY S. HEED: a hybrid, energy-efficient, distributed clustering approach for ad hoc sensor networks [J]. IEEE Transactions on Mobile Computing, 2004, 3 (4): 366-379.

[58] YOUNIS O, FAHMY S, SANTI P. Robust communications for sensor networks in hostile environments [C] //Twelfth IEEE International Workshop on Quality of Service, 2004. IWQOS 2004. IEEE, 2004: 10-19.

[59] 张海燕, 刘虹. 基于 K-means 聚类的 WSN 能耗均衡路由算法 [J]. 传感技术学报, 2011, 24 (11): 1639-1643.

[60] KHEDIRI S E, FAKHET W, MOULAHI T, et al. Improved node localization using K-means clustering for wireless sensor networks [J]. Computer Science Review, 2020, 37: 100284.

[61] OMEKE K G, MOLLEL M S, OZTURK M, et al. DEKCS: a dynamic clustering protocol to prolong underwater sensor networks [J]. IEEE Sensors Journal, 2021, 21 (7): 9457-9464.

[62] RAY A, DE D. Energy efficient clustering protocol based on K-means (EECPK-means) -midpoint

algorithm for enhanced network lifetime in wireless sensor network［J］. IET Wireless Sensor Systems，2016，6（6）：181-191.

［63］ GUPTA C，SHARMA R，AGARWAL N，et al. Fault tolerant event detection in distributed WSN via pivotal messaging［J］. International Journal of Computers & Technology，2013，7（1）：463-472.

［64］ QU Z Y，XU H H，ZHAO X，et al. An energy-efficient dynamic clustering protocol for event monitoring in large-scale WSN［J］. IEEE Sensors Journal，2021，21（20）：23614-23625.

［65］ DANESHVAR S M M H，MOHAJER P A A，MAZINANI S M. Energy-efficient routing in WSN：a centralized cluster-based approach via grey wolf optimizer［J］. IEEE Access，2019，7：170019-170031.

［66］ 冯冬芹，李光辉，全剑敏，等. 基于簇头冗余的无线传感器网络可靠性研究［J］. 浙江大学学报（工学版），2009，43（5）：849-854.

［67］ LOU W J. An efficient N-to-1 multipath routing protocol in wireless sensor networks［C］// IEEE International Conference on Mobile Adhoc and Sensor Systems Conference，2005. IEEE，2005：8 pp. -672.

［68］ YANG J，LIN Y，XIONG W L，et al. Ant colony-based multi-path routing algorithm for wireless sensor networks［C］//2009 International Workshop on Intelligent Systems and Applications. IEEE，2009：1-4.

［69］ 方效林，石胜飞，李建中. 无线传感器网络一种不相交路径路由算法［J］. 计算机研究与发展，2009，46（12）：2053-2061.

［70］ 于磊磊，陈冬岩，刘月美，等. 中心计算的无线传感器网络 2-不相交路径路由算法［J］. 计算机研究与发展，2013，50（3）：517-523.

［71］ LIU S H，ZENG W，LOU Y，et al. A reliable multi-path routing approach for medical wireless sensor networks［C］//2015 international conference on identification，information，and knowledge in the internet of things（IIKI）. IEEE，2015：126-129.

［72］ ALI H A，AREED M F，ELEWELY D I. An on-demand power and load-aware multi-path node-disjoint source routing scheme implementation using NS-2 for mobile ad-hoc networks［J］. Simulation Modelling Practice and Theory，2018，80：50-65.

［73］ ZHANG D G，CHEN L，ZHANG J，et al. A multi-path routing protocol based on link lifetime and energy consumption prediction for mobile edge computing［J］. IEEE Access，2020，8：69058-69071.

［74］ ZHEN Y，Wu M Q，Wu D P，et al. Toward path reliability by using adaptive multi-path routing mechanism for multimedia service in mobile Ad-hoc network［J］. The Journal of China Universities of Posts and Telecommunications，2010，17（1）：93-100.

第 2 章　仿生人工蛛网振动传输规律研究

2.1　引　　言

蛛网是蜘蛛捕猎与栖息的必备媒介，经历了亿万年的进化已经是一种优雅而近乎完美的存在。许多学者的研究表明，蛛网不仅能保持强力有效的连接，而且在若干网格单元破损情况下，仍可以对振动信息快速感知，这是因为蜘蛛会不断地修复威胁到蛛网完整性的损伤，恢复蛛网的结构性能，并在放射状的蛛丝上重新建立张力，从而保持蛛网作为猎物陷阱和感觉系统的能力[1-4]。经进一步研究发现，蛛网与无线传感器网络在拓扑结构方面具有显著的相似之处，将现实中蜘蛛捕食猎物时对振动信息的敏感性以及蛛网所具备的抗毁性、网络强壮性等独特优势与无线传感器网络抗毁通信技术相结合有较高研究价值。本章设计了一种基于 3D 打印的螺旋式人工蛛网及配套的振动测试试验装置，用于研究给定激励条件下蛛网的振动信息传输规律。

2.2　相关工作

近年来，在常见的节肢动物中，蜘蛛一直是仿生工程的一个主要研究对象[5]。蛛网独特的机械性能与特殊的生物拓扑结构引起了众多学者的关注，蛛网的结构可以近似为一种特殊的带中心的拓扑结构，它由星形拓扑和环形拓扑组成，元素之间以环形和放射状的形式纵横交错，其中圆形蛛网是蛛网中比较常见的一种，圆形蛛网通常呈椭圆形，并且具有一定的对称性，其简约美观而又充满韧性的结构极具启发性，因此对蛛网结构和功能进行研究具有重要的意义[6-10]。Ko 等研究了蛛网在拉伸、横向压缩和扭转变形条件下，通过一组微型测试设备获得蜘蛛丝的应力-应变特性，结果表明在拉伸和横向压缩条件下，蛛网比现有技术下的纤维具有更高的韧性[11]。Yu 等利用 Ansys 软件成功模拟了蛛网的捕食过程，首先从力学角度研究了蛛网的耗能机制，然后对单蜘蛛丝在横向冲击下的动力响应和能量耗散进行了分析和数值研究，最后利用有限元方法对整个网络进行建模，得到了模拟猎物撞击过程每条路径对总能量耗散的贡献，通过分析蛛网张力状态和能量耗散的关系，揭示了蛛网的能量耗散行为[12]。Xu 等根据仿生学原理和机构设计方法，对蛛网的结构进行了研究，并对其捕获性能进行了分析，首先建立了蛛网图像处理系统，对蛛网图像进行数字化处理，提取出蛛网的结构形状，然后根据蛛网的结构，提出了一种简化的类蛛网柔性结构，设计了一种"类蛛网"柔性捕获装置，接着基于有限元方法建立了柔性网络模型，并与传统四边形网络进行了捕获效果比较，试验结果表明，柔性网络模型具有更好的耗散性能和容错能力[13]。Watanabe 等探讨了改变径向或螺旋线的张力是否会影响蜘蛛的响应速度，结果表明，改变螺旋线的张力对蜘蛛感知振动信息几乎没有影响，而增加径向线的张力可以使蜘蛛感知更小的猎物[14]。Sadati等初步研究了自然旋转网中的形态计算，为机械信号处理系统的形成提供分析支持，首先对自然旋转蛛网作为形态计算装置的实部进行了试验和分析，以响应横向步长输入，然后基于有限元模型的参数建立了集总系统模型作为形态计算的理论部分，最后简要讨论了蛛网横向信号的滤波、衰减、延迟、记忆效应和变形模式[15]。Cranford等研究了蛛丝的机械特性如何影响蛛网的完整性和性能，首先对蛛网进行了变形试验和模拟，通过这些试验和模拟确定了丝线对应力的非线性响应，最后控制模拟证实，蛛网中蛛丝的优异性能不仅仅是由于其特殊的极限强度和张力，还源于丝线对张力的非线性响应及其在蛛网中的几何排列[16]。Zaera等研究了气动阻力对风载荷和猎物冲击的影响，首先重新考虑了前人关于单位长度螺旋阻力的假设，然后建立了一种适合于处理冲击事件非线性特征的有限元模型，用于识别空气阻力作为减少蛛网退化的相关因素，揭示了蛛网结构拓扑和增强其对抗猎物冲击性能的空气动力之间的相互作用[17]。Tarakanova等使用粗粒度网络模型来研究螺旋捕获丝的力学特性如何影响整网行为，试验结果表明，更有弹性的螺旋捕获丝会降低网络系统的能量吸收，捕获螺旋的功能从猎物捕获转移到其他结构的作用，此外，在捕获丝可扩展程度较高的蛛网中，丝线强度对蛛网性能的影响较小，这表明丝线弹性是蛛网多样化的主要驱动因素[18]。

　　有关研究表明，典型圆形蛛网的网络拓扑与无线传感器网络模型有较多的相似性[19-20]，具体体现在：蛛网可以看作环形网络与星形网络的结合；中枢区作为蛛网的信息中心，属于典型的有中心网络；局部破损的蛛网，并不影响振动信号的传递和猎物的捕获，而无线传感器网络中部分网络组件的失效同样不会影响整个网络的正常工作。振动信息传输方式是蛛网的独特网络拓扑结构的外在表现，探明蛛网振动信息传输方式对于近似拓扑结构的无线传感器网络的研究可能具有一定的借鉴意义。蜘蛛不仅用它们的圆网来捕捉猎物，而且还把它当作传感器来探测受影响区域的位置。蛛网就像一个波导，把振动信息传递给它的八条腿，这样蜘蛛就能定位自己朝向猎物[21]，为了更好地理解蛛网中蜘蛛可用的信息。近十年来，相关学者已对蛛网启发的无线传感器网络中信息传递方式进行了初步探索。一般来说，无线传感器用于感知私有数据。其中一些还可以传输关键数据，因此，保护收集数据的安全，检测和规避外部入侵是非常重要的[22-23]。Canovas等报道了一种基于点对点通信的入侵检测系统，它模仿了网络蜘蛛想要捕获猎物时所采取的狩猎程序，其中，假无线传感器节点被部署为蜘蛛，攻击者充当了猎物[24]，一旦假无线传感器节点检测到连接，它将联系网络管理员，网络管理员将跟踪连接并从入侵者那里获得信息，安全级别非常低的伪无线传感器节点将使用任何入侵检测系统检测入侵者，他们会将数据作为常规节点发送到接收数据节点，但这些虚假数据将会被接收节点丢弃，为了让入侵者保持忙碌，假无线传感器节点会减慢对入侵者消息的回复速度[25]。Otto等通过计算蛛网的物理模型，建立了由两种尼龙制成的降落伞扩大的、适合物理测量的直径为1.2m的人工蛛网，来模拟蜘蛛在织网时使用的不同蛛丝，通过放置在网络中心的加速度计来测量人工网络的振动响应，然后使用基于频率的动态子结构（Frequency based dynamic substructuring，FBS）建立了横向振动弦的大型网络模型，随后根据 FBS 模型，进一步研究了不同振源位置蜘蛛腿所在位置相对应的频率响应函数，最终试验结果表明，可以通过计算每个腿位置的频谱能量和平均腿谱质心来获得刺激方位和距离线索，定位振动的方位和范围是可能的[26]。Mortimer 等使用有限元分析（Finite-element analysis，FEA）计算机模型，验证了球网振动中是否包含了振源位置信息的假设，还进一步检验了两个特定的假设，即鬼蛛属蛛网和楚蛛属蛛网在振动源位置的信息含量上存在差异和蛛网结构在蜘蛛的控制下会改变振动源位置的信息内容[27]。Liu 等在蜘蛛行为和蛛网结构的启发下，探讨了蛛网结构原理和结构特点，从仿生智能的角度研究了蛛网的信号传递机制，首先在对比分析蛛网与通信网络在网元、通信机制等相似性的基础上，给出了球面网的重构准则，然后采用 OPNET 软件建立了对称的二层六边形结构模型来研究网络的端到端延迟特性，通过对人造蛛网的稳定性进行初步分析，为建立蛛网的通信导向数学模型和实现相关算法提供了参考[28]。Wang 等以圆网作为蛛网拓扑类型的代表，首先建立了具有普遍适用性人工蛛网结构的定义和数学模型，为以后蛛网模型研究提供了理论依据，然后将人工蛛网与传统蛛网进行比较，探究了蛛网的结构特点与抗毁性能，探讨了将蛛网的网络强壮性、抗毁性等优点与农田无线传感器网络相结合的可能性[29]，最后通过仿真分析，人工蛛网的组网结构在提高通信系统的整体可靠性和抗毁性方面优于传统网格、星形网络和树形网络。现有蛛网启发无线传感器网络的研究主要集中在仿蛛网路由策略及通信机制上，而深入挖掘、继承蛛网的振动信息传输方式，并应用于无线传感器网络领域的研究还相对较少。同时，已经对自供电传感器节点成功进行了多项研究，以克服压电材料对能量的限制，这凸显了增强网络通信能力对提高生存能力的重要性。Araneo 等旨在了解机械、电和压电特性之间的耦合效应，首先对传感器用 ZnO 纳米线的理论和试验结果进行了深入讨论，初步对 ZnO 纳米线的力学特性和可靠性进行了概述，然后提出了一种基于 C-AFM 的技术表征氧化锌纳米线的方法，接着研究了氧化锌纳米线的电学效应和机械尺寸效应的相互作用，最后提出了 ZnO 纳米线的精确数值模型，这可以为设计自供电有源传感器提供可行的解决方案，以促进无线传感器网络的广泛应用[30,31]。

目前，蛛网振动信息传输方式的研究方法主要有两种方式。一种是软件仿真方式，即通过建立蛛网仿真模型，研究不同属性材料对蛛网固有频率及能量吸收的影响，Sensenig 等研究表明，当昆虫被球形蛛网减速时，它的动能和引力能沿着三条路线传递，径向的内部应变能、蛛网内的螺旋丝以及运动丝线周围的空气，首先根据自猎物冲击下蛛网变形的高速视频数据，量化了不同种类蜘蛛织成的蛛网的能量耗散，然后将视频数据与蛛丝的材料测试相结合，比较了径向蛛丝、捕获螺旋和气动耗散的相对贡献，结果表明蛛网的结构参数会直接影响振动传播的大小[32]。Zheng 等设计了一种自适应网来控制蛛网的总能量吸收能力，首先研究了自适应网络的可控性，然后用不同的材料制作了几个人工蛛网来研究人工网络的固有频率和吸能能力，接着利用 Ansys 建立了径向蛛网有限元模型，同时利用该模型对不同材料性质和杨氏模量的蛛网的固有频率和总能量进行了分析，最后分析了径向线的张紧力对蛛网固有频率和总能量的影响，证明了通过调整径向线的张紧力可以改变蛛网的固有频率和总能量，且张紧力越大，蛛网的固有频率和总能量愈大[33]。软件仿真方式具有快速灵活、成本低廉的优点，但仿真结果受参数设置和模型构建方法的影响很大，致使仿真结果无法完全反映蛛网的振动信息传输特点。另一种是硬件仿真方式，即通过人工造网的方式，模拟自然界中蛛网的结构特性，用橡胶、树脂、尼龙等弹性材料仿造蛛网，进而研究蛛网的机械特性和振动信息传输特性。Eberhard 等研究了一种尼龙单丝缝制蛛网，为昆虫样本的采集提出了一种新的工具方法[34]，Qin 等创建了由弹性细丝组成的模拟蛛网。具体而言，将计算模型和微尺度 3D 打印相结合，以聚二甲基硅氧烷（PDMS）为单一弹性材料，采用微观 3D 打印技术重复生产同一规格的蛛网，应用粗粒度数值模型与 3D 打印蛛网相结合的方法，研究蛛网局部载荷的机械响应[35]。硬件仿真方式能够快速制备相同规格的蛛网，可为研究蛛网振动信息传输规律提供一种高效可行的方案。

基于上述考虑，本章设计一种基于 3D 打印的螺旋式人工蛛网，应用高速摄影系统与机械辅助装置构建蛛网振动测试试验装置，以深入研究蛛网振动特性，总结振动信息传输规律，为建立蛛网启发下的无线传感器网络抗毁通信规则提供有益思路。具体来说，在相同的激励条件下，对完整蛛网和不同破坏程度下的蛛网进行高速摄影成像，记录各标记点的振动，研究完整和不同破坏程度下蛛网振动传输规律，探索蛛网的振动传输特性对无线传感器网络的启示价值。

2.3　蛛网振动测试试验装置开发

圆网是自然界蛛网构造进化过程中最为典型的代表，圆形蛛网主要由放射丝和捕丝构成，如图 2-1（a）所示，放射丝又称作半径丝，从中枢区向外辐射，维持并支撑整个蛛网网体结构的稳定，同时，放射丝具有良好的延展性能，可以传递网内振动信息[36-37]。捕丝是从蛛网的中枢区向外螺旋织出，主要作用是参与捕获猎物，捕丝的架构形式反映蛛网捕捉猎物的策略，一般来说，捕丝的直径和能量耗散能力均小于放射丝[38-40]。网眼是相邻两根放射丝和相邻两圈捕丝围成的区域，其大小反映出蛛网的强度，网眼越小，蛛网越牢固。中枢区（Hub）位于圆形蛛网的中心位置，是蜘蛛接收被捕获猎物振动信号的核心区域，中枢区可以通过均衡放射丝的拉伸以保持整个网体的架构平衡。从图 2-1 可以发现，圆形蛛网的螺旋分层结构与有中心分层式无线传感器网络在拓扑形式、结构功能方面具有惊人的相似之处，无线传感器网络中的系统架构要素均能在圆形蛛网中找到相对应的单元或结构。放射丝、捕丝的交点近似于无线传感器网络的感知或中继节点；放射丝、捕丝的连接功能与无线传感器网络节点间的通信链路相似；网眼相当于无线传感器网络中由数个节点围成的分块监测区；捕食面则相当于无线传感器网络的整个监测区；中心区相当于无线传感器网络中的汇聚节点。同时，相关研究已经表明，蛛网在振动信息传输方面具有独特的优势[41-42]，故而本章的主要目的就是开发一种人工蛛网振动测试试验装置，用于测试人工蛛网在相同的激励条件下全网和部分破坏情况下振动传播方式，归纳人工蛛网的振动传播规律，为无线传感器网络的抗毁通信研究提供初步思路。

试验装置由高速摄影系统、人工蛛网固定装置、人工蛛网、张力传感器、游标卡尺、小球固定支架、小球构成，如图 2-2 所示。

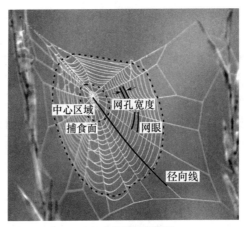

(a) 自然界圆形蛛网

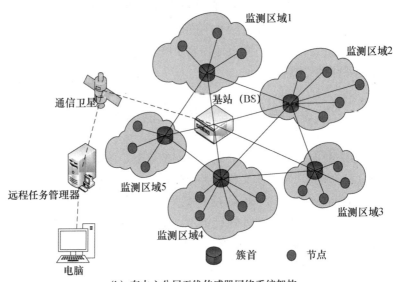

(b) 有中心分层无线传感器网络系统架构

图 2-1 圆形蛛网与无线传感器网络结构比较

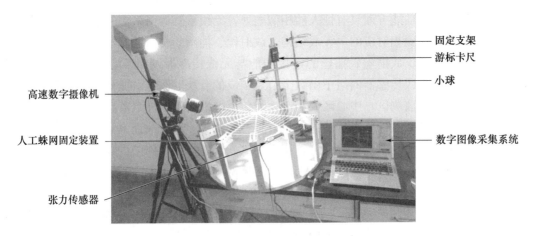

图 2-2 人工蛛网试验装置

（1）高速摄影系统由一台高速数字摄像机（Phantom Miro LC111，Vision Research Inc.，USA）和数字图像采集系统组成。该高速数字摄像机的最小曝光时间为 $2\mu s$，试验时设置分辨率为 1024×768，拍摄速度为 100 帧/秒。移动计算机（PC-20160811UXVU，Acer Inc.，China）的处理器为 Intel Core i3-2367M，运行内存为 4GB。

（2）人工蛛网固定装置由直径 800mm、厚度 20mm 的铝制圆形底座与 12 根规格一致的铝制支撑杆架组成，支撑杆架高度可调，且设计有放射丝线固定点、单滑轮张力传感器固定位置及张力调节旋钮，实现放射丝线张紧力可测可调，试验时径向线的张力为 (2.5 ± 0.2) N。

（3）人工蛛网由 12 条径向线（相当于放射丝）和 11 层螺旋线（相当于捕丝）构成，径向线位置处开有直径 3mm 的圆槽，螺旋线位置处开有直径 1.5mm 的圆槽。如图 2-3所示，人工蛛网的制备分 3 步完成：①设计人工蛛网的三维模具，模具采用等距螺旋线放大结构，间距为 25.74mm，整网半径为 300mm，面积为 282,600mm^2，并将模具编码后分解成：圆形区域包含 A1 模块、环形区域 1 包含 B1-B12 扇形模块、环形区域 2 包含梯形模块 C1-C12；②采用 3D 打印机（Z603S，Jgaurora Ltd.，China），使用光敏树脂材料打印人工蛛网模具，打印完成后，按照编号拼接完整的人工蛛网模具；③采用直径 3mm、抗张强度 20N/cm 和直径 1.5mm、抗张强度 10N/cm 的硅胶圆条分别嵌入槽中，然后用 706 硅橡胶在两种硅胶条相交位置涂抹将网线粘在一起。第一次少量均匀涂抹固定节点连接处，待 5～6 小时固化充分后，将蛛网悬空挂起，在节点处进行第二次涂胶以增加抗张强度，一般抗张强度能达到 15N/cm。

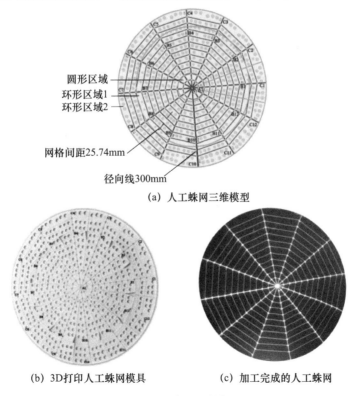

（a）人工蛛网三维模型

（b）3D打印人工蛛网模具　　（c）加工完成的人工蛛网

图 2-3　人工蛛网的制备流程

（4）张力传感器选用单滑轮张力传感器（Bangbu Sensor System Engineering co Ltd.，China），量程0～10N，精度0.01N。游标卡尺采用数显高精度游标卡尺（Guilin Guiliang Tools co Ltd.，China），量程为0～500mm，精确度0.01mm。采用收缩夹固定与释放小球，利用可调节旋钮将收缩夹固定于垂直支架上，支架的高度调节范围为0～1000mm，可调节固定小球的下落位置。小球为质量20g、直径50mm的橡胶材质圆球。

2.4 蛛网编码规则

人工蛛网的振动试验需要对节点、径向线、螺旋线振动情况进行追踪分析，我们建立一套完善的编码规则对其加以区分。图2-4所示为人工蛛网编码方式，径向线和螺旋线分别表示为径向线1-12、螺旋线1-11，以径向线作为横坐标，螺旋线作为纵坐标，采用平面坐标系中坐标点标注方式对径向线与螺旋线相交位置的节点进行编码，按照螺旋放大方向从里到外节点依次编号为1-132，则任意编号为 n 的节点，横坐标为 n 与径向线总条数相比所得余数，纵坐标为 n 与径向线总条数相比取整后加1，该编号方式可准确定位人工蛛网上的任意节点。定义从节点1开始，沿螺旋放大方向每12个节点螺旋线编号递增1，共计11层；经过节点1的径向线定义为径向线1，沿逆时针方向径向线编号依次递增，共计12条。

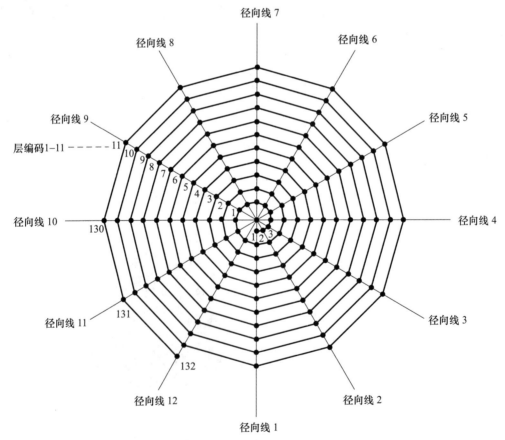

图2-4 人工蛛网模型的编码方式

2.5　蛛网振动分析试验方案

为全面分析人工蛛网振动传输规律，将小球由高于人工蛛网面 30cm 的不同位置处自由释放，在弹起时人工抓取确保其不二次落回到人工蛛网平面上，分别研究不同类型蛛网结构部件和不同破坏方式对蛛网振动传输的影响，同时为提高试验的准确性，所有试验均重复进行 3 次。试验时，利用高速摄影分析软件 PCC 2.6 对记录的人工蛛网振动影像进行分析，追踪记录各标记点的运动情况，获得连续时间内标记点的振动数据；应用 Excel 对振动数据进行处理，采用振动峰峰值分析标记点的振动情况；采用 SPSS Statistics 24.0 对振动数据进行显著性和相关性分析，试验方案如下：

（1）小球落至中心点，通过追踪径向线 8 上的 11 个节点和径向线 8～9 间 11 段螺旋线的纵向振动（垂直于人工蛛网平面的方向），分析激励源在人工蛛网中心点时蛛网纵向振动表现。

（2）小球落至中心点，通过追踪径向线 8～10 上的 33 个节点和径向线 8～11 间 33 段螺旋线的纵向振动，分析激励源在人工蛛网中心点时蛛网纵向振动表现。

（3）小球落至节点（7，10）、（7，11）、（8，10）、（8，11）所围成的网眼区域，通过追踪径向线 8～10 上的 33 个节点和径向线 8～11 间 33 段螺旋线的纵向振动，分析激励源在边缘位置时蛛网纵向振动表现。

（4）小球分别落至中心点和节点（7，10）、（7，11）、（8，10）、（8，11）所围成的网眼区域，通过追踪径向线 8～10 上的 33 个节点的横向振动（平行于人工蛛网平面的方向），分析激励源在中心点、边缘位置时蛛网横向振动表现。

（5）小球落至中心点，通过追踪径向线 6～11 与螺旋线 3～8 相交的 36 个节点的纵向振动，分析激励源在中心点时蛛网同层纵向振动表现。

（6）小球落至中心点，依次剪除径向线 6～7 与螺旋线 1～2、3～4、5～6、7～8、9～10、11 相交的节点，追踪径向线 8～10 上的 33 个节点的纵向、横向振动，分析破坏节点时蛛网振动变化情况，研究节点破坏程度与人工蛛网振动表现之间的相关关系。

（7）小球落至中心点，依次剪除径向线 5、5～6、5～7 时，径向线 6～10、7～11、8～12 上节点的纵向振动峰峰值变化情况，分析径向线破坏对周边区域的影响。

（8）小球落至中心点，逐层剪除节点之间的螺旋线 1～11，追踪径向线 8～10 上的 33 个节点的纵向、横向振动，分析破坏螺旋线时人工蛛网振动变化情况，研究螺旋线破坏程度与人工蛛网振动表现之间的相关关系。

（9）小球落至中心点，逐层剪除节点之间的螺旋线 1～5，追踪径向线 8～11 间 6～11 层螺旋线的纵向振动，分析破坏螺旋线时人工蛛网振动变化情况，研究螺旋线破坏程度与人工蛛网纵向振动表现之间的相关关系。

2.6　结果与分析

2.6.1　整网振动

小球距人工蛛网中心点 30cm 处自由下落时，冲击网面形成的纵向振动波形如图 2-5

所示，可以看出，由内层至外层节点和螺旋线起振均存在延时现象，节点起振的延迟程度要明显大于螺旋线，同时同一层上节点的振动强度大于螺旋线上的振动强度，节点相较螺旋线传递了更多的振动能量。如图2-5（a）所示，人工蛛网从内到外振动峰峰值逐渐衰减，中心点附近振动峰峰值约为8cm，随着距离中心点越远，能量衰减越大，当振动传到第10、11层螺旋线位置节点时，振动峰峰值约为1.5cm，仅相当于中心点振动峰峰值的1/6～1/5。对比图2-5（a）与图2-5（b）可以发现，螺旋线的振动峰峰值的衰减速度明显快于节点的振动峰峰值，至第6个周期时同一位置螺旋线振动峰峰值衰减了约1/3，而径向线上节点变化不显著。人工蛛网各层纵向振动延时规律、从内到外逐层衰减规律与无线传感器网络通信过程中，网络延时（信道接入时延、传输时延和发送/接收部件启动时延）和信息传输过程中的信号衰减现象类似[43-45]。此外，节点和螺旋线振动强度的差异，反映出节点所处的径向线为振动传输的主路径，螺旋线为辅助路径，这与无线传感器网络数据转发中的主路由和辅路由的配置相似。

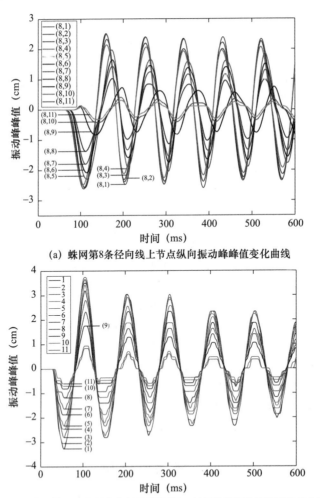

（a）蛛网第8条径向线上节点纵向振动峰峰值变化曲线

（b）蛛网第8、9条径向线间的螺旋线1～11层纵向振动峰峰值变化曲线

图2-5　节点和螺旋线振动峰峰值变化情况

小球距人工蛛网中心点 30cm 处自由下落时，径向线 8～10 上 33 个节点和径向线 8～11 间的螺旋线纵向振动峰峰值变化情况如图 2-6 所示，可以看出，随着层数的增加，节点和螺旋线上振动强度逐渐减小，径向线 8～10 上节点峰峰值由第 1 层的约 7～7.5cm 衰减至第 11 层的约 1～2cm，且径向线 8～10 上内层节点的振幅衰减速度明显小于外层节点，螺旋线上峰峰值变化由第 1 层的约 7.3cm 衰减至 11 层的约 1cm，略小于同层节点的振动峰峰值。通过对比发现，人工蛛网内层节点、螺旋线所承担的纵向振动分别远大于外层节点、螺旋线的纵向振动，内层中枢区节点的层次位置和振动传递功能与簇头近似，在无线传感器网络分层结构中，簇头地理位置上更加靠近中心节点，其收发的信息量远大于外围普通节点[46]。螺旋线的振动转发功能，内层节点与簇头节点间高效通信链路类似，外层则与普通节点间为确保网络覆盖度和联通性、减小通信拥塞的辅助通信链路相似。

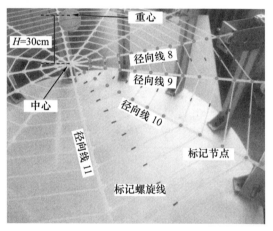

（a）节点和螺旋线的分布

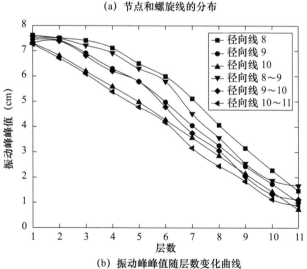

（b）振动峰峰值随层数变化曲线

图 2-6　中心振源时径向线 8～10 上 33 个节点和径向线 8～11 间螺旋线纵向振动峰峰值变化情况

图 2-7 为小球在距人工蛛网节点（7，10）、（7，11）、（8，10）、（8，11）所围成的网眼区域垂直上方 30cm 处自由下落时，径向线 8～10 上 33 个节点和径向线 8～11 间

螺旋线纵向振动峰峰值变化情况，可以发现，人工蛛网节点、螺旋线振动规律与在中心点处释放小球时基本保持一致，均是外层振动强度小于内层振动强度。试验结果分析表明蛛网的独特结构对振动具有中心集聚效应，这与有中心分层无线传感器网络中PEGASIS[47]、LEACH＿EE 协议的节点部署及网络信息传输方式一致[48]，即外层普通节点将收集的信息首先传递给簇头节点，再由簇头节点转发给中心节点，内层网络收发的信息量远大于外层普通节点的信息量，且内层区域节点部署密度高于外层节点。

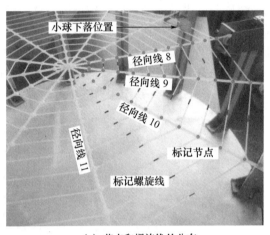

(a) 节点和螺旋线的分布

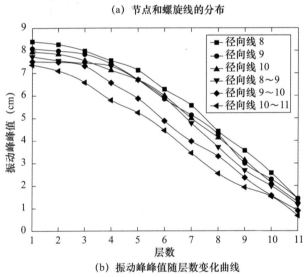

(b) 振动峰峰值随层数变化曲线

图 2-7　边缘振源时径向线 8～10 上 33 个节点和径向线 8～11 间螺旋线纵向振动峰峰值变化情况

图 2-8 为小球分别在中心点、外层网眼位置，距网面垂直上方 30cm 处自由下落时，所追踪的径向线 8～10 上 33 个节点横向振动峰峰值变化曲线，可以看出，人工蛛网不仅存在与蛛网平面垂直方向的振动，而且沿平行于网面的方向同样存在着轻微的横向振动，螺旋线的横向振动规律与节点的纵向振动规律大体一致，均是从内到外振动逐渐衰减。比较分析图 2-6、图 2-7、图 2-8 可知，节点纵向振动峰峰值最大值是螺旋线横向振动峰峰值最大值的 7 倍左右；螺旋线 1～5 层范围内节点存在横向振动，且从内向外振动幅度越来越小，螺旋线 6～11 层范围内节点无明显横向振动。该现象说明节点横向振

动与距中心点距离、纵向振幅有关，节点位于内层且纵向振幅大于 5cm 时会产生横向振动，纵向振动的增大越大横向振动越强，而当节点处于外层且纵向振幅小于 5cm 时，纵向振动的衰减导致横向振动无法产生。通过对比分析发现，人工蛛网的节点纵向、横向振动传播规律与无线传感器网络节点传输功率调节方式近似，纵向振动相当于节点的正常传输功率，横向振动则相当于节点动态调节增大的传输功率，正常情况下节点主要通过正常传输功率进行跨层或同层信息传递，当靠近汇聚节点的簇头节点的流量超过某一阈值时，节点才会调节增大传输功率承担更多的流量。

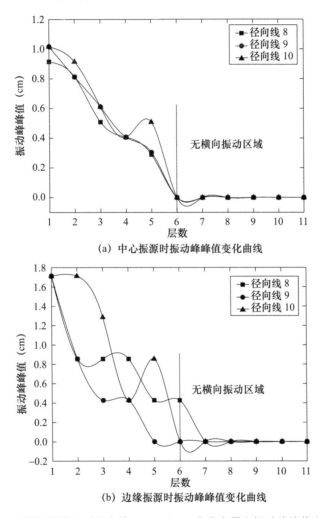

(a) 中心振源时振动峰峰值变化曲线

(b) 边缘振源时振动峰峰值变化曲线

图 2-8　不同振源位置时径向线 8~10 上 33 个节点横向振动峰峰值变化情况

中心振源时螺旋线 3~8 层与径向线 6~11 相交的 36 个节点纵向振动峰峰值的变化情况如图 2-9 所示，可以看出，同层径向线上节点振动规律基本相同，振动峰峰值沿螺旋线放大方向递减，同一条径向线上振动峰峰值从内到外逐层递减，即距中心节点越远，振动呈现愈加明显的衰减趋势。试验结果说明，人工蛛网同层节点间具有相同的振动特征，该现象与有中心分层无线传感器网络 MEBC 协议中按照通过同一最小跳数与汇聚节点通信的节点定位于同一层，同层节点具有相近的通信能力并且功耗近似[49]。

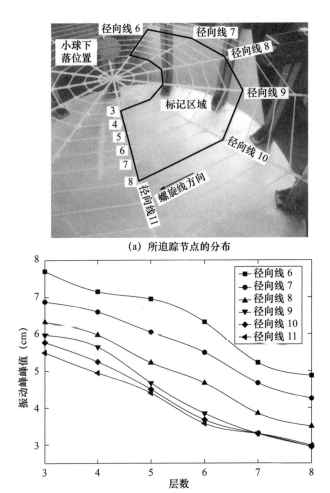

(a) 所追踪节点的分布

(b) 所追踪节点振动峰峰值的变化曲线

图 2-9　中心振源时螺旋线 3～8 层与径向线 6～11 相交的 36 个节点纵向振动峰峰值的变化情况

2.6.2 破坏试验

图 2-10 为从内到外依次剪除径向线 6～7 与螺旋线 1～2、3～4、5～6、7～8、9～10、11 相交的节点，分别追踪径向线 8～10 上 33 个节点的纵向、横向振动峰峰值的变化情况。可以看出，随着剪除节点数目增多，人工蛛网的振动强度逐渐增大，且表现出显著的正相关关系（$r^2 \geqslant 0.954$，$p \leqslant 0.01$）。当完全破坏径向线 6～7 后，同一节点纵向振动峰峰值、横向振动峰峰值较完整网时分别增大了近 1 倍、0.6 倍。结果表明，人工蛛网在未破坏前，小球的冲击由整网所有节点承担，剪除部分节点后，剩余节点承担了小球的冲击，振动呈现增强的趋势且内层节点增加的幅度较大。剪除径向线 6、7 时，径向线 8、9、10、11、12 上节点纵向振动峰峰值随层数变化的曲线如图 2-10 所示，可以看出，从破坏区域附近到远离破坏区域，同层节点振动峰峰值逐渐减小。上述现象表明，遭受节点严重破坏时，人工蛛网进行自主调节，人工蛛网可以将其对周边蛛网振动传输的影响限定在有限的范围内，完成振动信息的有效传输。具体的调节情况如下：首

先增大节点的纵向振动，当破坏少量节点时纵向振动峰峰值增大能有效分担螺旋线 1～5 层的横向振动，使横向振动峰峰值减小；当破坏节点增多时，纵向振动的增大无法继续减轻破坏的影响，则更多的振动信息会通过横向传播，其振动峰峰值呈增大趋势。人工蛛网在节点破坏条件下的振动传输方式对无线传感器网络的抗毁性研究具有较强的指导意义，即在无线传感器网络中，当网络受损程度低时，可通过合理地增强少数关键节点（簇头节点或跨层路由节点）的信息处理能力，有效降低网络破坏的影响；而当网络受损程度高时，必须加入更多的关键节点、普通节点以承担信息传输任务，才能有效地消除网络破坏带来的不利影响。同时，本试验仅是对无线传感器网络的仿蛛网抗毁通信的初步探索，更加精确的、可移植于无线传感器网络的蛛网振动信息传输的动力学理论和定量分析数据，有待于进一步的深入试验与研究。

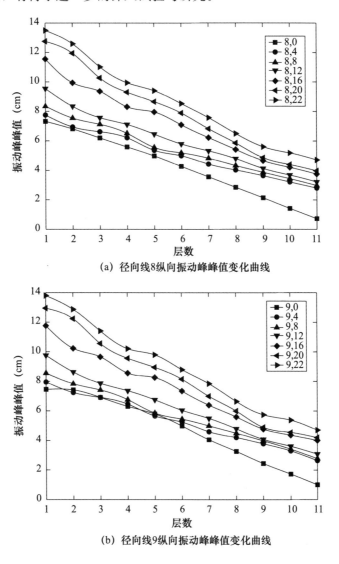

(a) 径向线 8 纵向振动峰峰值变化曲线

(b) 径向线 9 纵向振动峰峰值变化曲线

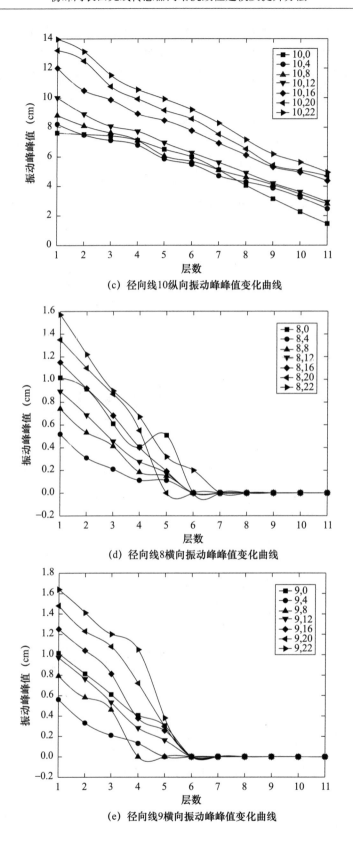

（c）径向线10纵向振动峰峰值变化曲线

（d）径向线8横向振动峰峰值变化曲线

（e）径向线9横向振动峰峰值变化曲线

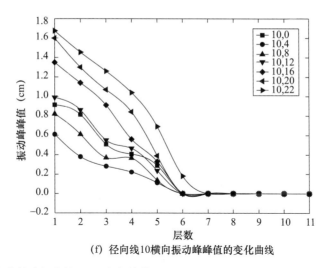

(f) 径向线10横向振动峰峰值的变化曲线

图 2-10　依次剪除径向线 6～7 与螺旋线 1～2、3～4、5～6、7～8、9～10、11 相交的
节点时径向线 8～10 上 33 个节点的纵向、横向振动峰峰值的变化情况

依次剪除径向线 5、5～6、5～7 时，径向线 6～10、7～11、8～12 上节点的纵向振动峰峰值变化情况如图 2-11 所示。图 2-11（b）为径向线 5 破坏时，所追踪节点纵向振动峰峰值随层数变化曲线，其中 C6～C10 表示整网时径向线 6～10 上 55 个节点的纵向振动；R6～R10 表示径向线 5 破坏时，径向线 6～10 上 55 个节点的纵向振动。可以看出，剪除径向线 5 使得径向线 6～10 上的节点振动峰峰值显著增强，具体结合图 2-11（a）径向线 5 破坏时，区域内各节点振动分布规律，Z1 表示节点损坏区域，A1～G1 表示振动强度分区，可以得出 A1、B1、C1、D1、E1 区域相较于完整网，振动峰峰值分别增大了 2.0、1.9、1.8、1.6、1.4 倍，F1、G1 区域分别增大为完整网时的 1.3、1.2 倍。由此可知，距离失效位置越近，所在径向线上节点振动愈剧烈，且节点振动幅度与距离失效位置远近表现出显著的负相关性。

图 2-11（d）表示径向线 5～6 破坏时，所追踪节点纵向振动峰峰值随层数变化曲线，其中 C7～C11 表示整网时径向线 7～11 上 55 个节点的纵向振动；R7～R11 表示径向线 5～6 破坏时，径向线 7～11 上 55 个节点的纵向振动，可以看出，径向线 5～6 剪除后，径向线 7～11 振动峰峰值明显增大，结合图 2-11（c）径向线 5～6 破坏时，区域内各节点振动分布规律，Z1 表示节点损坏区域，A1～E3 表示振动强度分区，可知，相较于整网相同位置时，A1、B1、C1、D1、E1 区域振动峰峰值平均增大至 2.2、2.0、1.8、1.6、1.6 倍，B2、C2、D2、E2 区域平均增大至 2.4、2.2、1.4、1.3 倍，D3、E3 区域平均增大至 2.1、1.8 倍，可以看出，随着剪除径向线增多，同一径向线上节点可分为 1、2、3 个振动区域，振动扩散带来影响的复杂性显著提高。由此可知，蛛网振动行为因层间和相邻径向线间耦合关系易发生扩散转移。

图 2-11（e）为径向线 5～7 破坏时，区域内各节点振动分布规律，Z1 表示节点损坏区域，A1～E2 表示振动强度分区，以及图 2-11（f）径向线 5～7 破坏时，所追踪节点纵向振动峰峰值随层数变化曲线，其中 C8～C12 表示整网时径向线 8～12 上 55 个节点的纵向振动；R8～R12 表示径向线 5～7 破坏时，径向线 8～12 上 55 个节点的纵向振动。可知，与剪除径向线 5、径向线 5～6 不同的是，当剪除径向线 5～7 时，径向线

8～12 均可分成两种规格的振动峰峰值变化规律，相较于完整网的同一位置，A1、B1、C1、D1、E1 区域振动峰峰值平均增大至 2.31、2.07、1.80、1.61、1.57 倍；A2、B2、C2、D2、E2 区域振动峰峰值平均增大至 3.30、2.83、1.60、1.33、1.31 倍。由此可知，当径向线破坏数增加至 3 条时，第 1～5 层节点因部署密集，节点之间可以共同承担因破坏带来的振动增强，故振动峰峰值相较于部署稀疏的第 6～11 层反而有所下降。

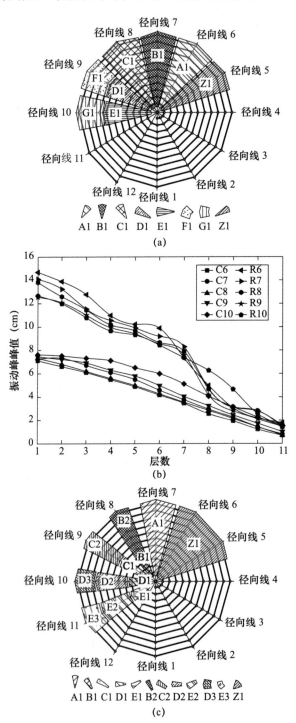

(a)

(b)

(c)

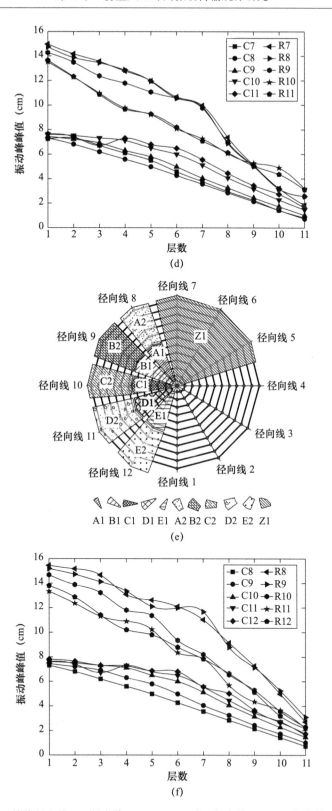

图 2-11　剪除径向线 5、径向线 5～6、5～7 时，径向线 6～10、径向线 7～11、
径向线 8～12 上节点的纵向振动峰峰值变化情况

由上述分析可知，随着径向线剪除数量的增多，剩余各径向线上节点振动随之增强，且表现出显著的就近分担原则，这一现象与WSN中节点失效导致的级联扩散现象表现一致。当网络中局部节点受损时，相邻节点需要承担更多的数据收发工作才能维持正常的数据传输，此时节点寿命会急剧下降，严重时会造成大面积级联效应的发生。此外，随着径向线破坏条数增加，振动差异化分区数量随之增加，且这种分区分块主要包含三角形和梯形拓扑结构，分区间及分区内部节点振动均存在差异化，但分区内部节点振动增幅差异化相对较小，这与三角形、梯形拓扑结构内部的振动分级递减表现出显著的相关性。

图2-12为从内到外依次剪除螺旋线1～11，追踪径向线8～10上33个节点的纵向、横向振动峰峰值的变化情况。可以看出，随着剪除螺旋线数目增多，人工蛛网的振动强度逐渐增大，且表现出显著的相关性（$r^2 \geq 0.978$，$p \leq 0.01$）。逐层剪除螺旋线时，每增加一层，则同一节点纵向振动峰峰值增加约为0.25cm，为整网振幅的3.3%；横向振动的变化规律与剪除节点类似，当剪除螺旋线数达到7～8层时，径向振动的增大无法继续减少破坏的影响，更多的振动信息会通过横向传播，其振动峰峰值呈增大趋势。当完全剪除11层螺旋线时，同一节点径向振动峰峰值、横向振动峰峰值较完整网时分别增大了近0.2倍、0.3倍，与破坏节点相比可知，破坏螺旋线时同一位置处节点振动峰峰值的增大速度和强度要弱很多，表明螺旋线承担的振动比例很小，振动主要出以径向线为主的路径进行传播，螺旋线作为辅助路径会承担少部分振动；在节点和螺旋线单独剪除时，剪除节点对全网振动的影响程度要远大于剪除螺旋线对全网振动的影响程度。人工蛛网在螺旋线破坏条件下的振动表现对于无线传感器网络的抗毁性研究具有重要的借鉴意义，即在无线传感器网络中，同层节点之间通信链路对信息传输具有辅助作用，若损毁会增大周边节点跨层通信的负担；随着网络损坏程度的增大，同层节点之间通信链路在网络所起的信息转发作用逐渐增强，这可以相应减轻网络破坏的影响；簇头节点、跨层路由节点之间通信链路相较于同层节点之间通信链路应给予更大的关注和保护，两种通信链路的有效组合，能够保证网络局部受损情况下网络的通信能力。未来的研究需要更多地关注人工蛛网节点、螺旋线和径向线的排布方式及排布密度对网络振动传输性能的影响，在保证网络具有较强抗毁能力的前提下优化网络拓扑结构。

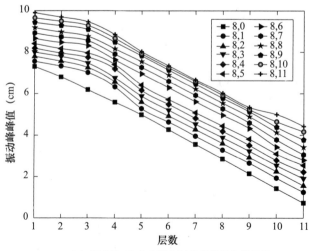

(a) 径向线8上节点纵向振动峰峰值变化曲线

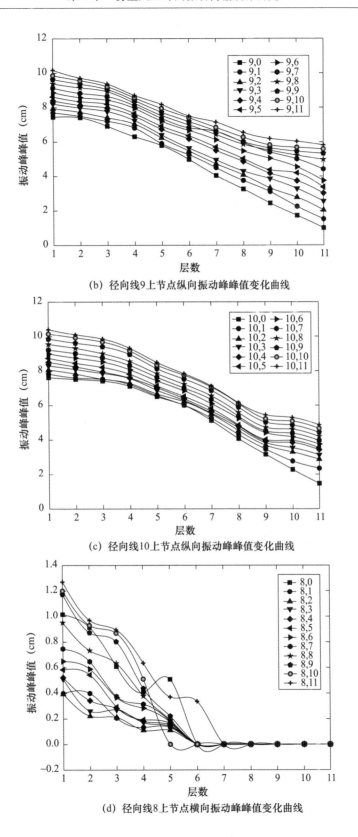

(b) 径向线9上节点纵向振动峰峰值变化曲线

(c) 径向线10上节点纵向振动峰峰值变化曲线

(d) 径向线8上节点横向振动峰峰值变化曲线

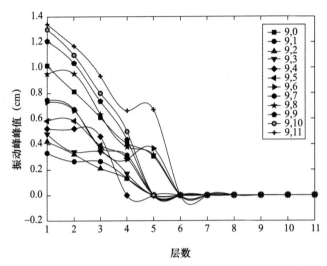

(e) 径向线9上节点横向振动峰峰值变化曲线

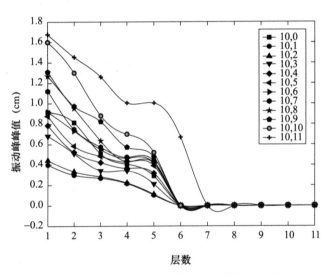

(f) 径向线10上节点横向振动峰峰值变化曲线

图 2-12　破坏螺旋线时径向线 8～10 上 33 个节点的
纵向、横向振动峰峰值的变化情况

　　逐层剪除 1～5 层螺旋线时，径向线 8～11 间 6～11 层螺旋线振动峰峰值变化曲线如图2-13所示，可以看出，随着剪除螺旋线从 1 层增加至 5 层时，6、7、8、9 层螺旋线上的振动峰峰值增加了约 4cm，10、11 层螺旋线上增加了约 2cm，表明随着剪除螺旋线的增多，剩余螺旋线上的振动均会增强，最外两层的增加幅度小于其余层的增加幅度，螺旋线与节点具有相近的破坏应对机制。

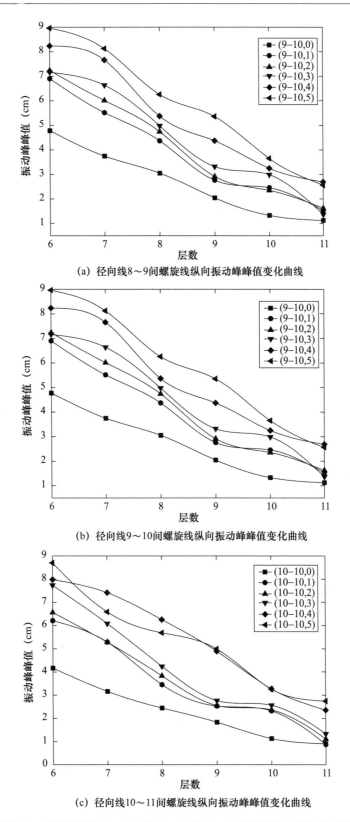

(a) 径向线8～9间螺旋线纵向振动峰峰值变化曲线

(b) 径向线9～10间螺旋线纵向振动峰峰值变化曲线

(c) 径向线10～11间螺旋线纵向振动峰峰值变化曲线

图 2-13　逐层剪除 1～5 层螺旋线时，径向线 8～11 间 6～11 层螺旋线上纵向振动峰峰值变化情况

2.7　本章小结

自然界蛛网特殊的生物拓扑结构对于无线传感器网络抗毁性研究有很大的应用启示。通过本章中的试验结果可以发现，人工蛛网在拓扑架构、信息传输方式等多个方面与有中心分层无线传感器网络存在惊人的相似。

（1）人工蛛网在节点和链路遭到严重破坏时，人工蛛网剩余结构仍可以承担全网振动信息的有效传递，人工蛛网优异的抗毁能力对于无线传感器网络中网络拓扑构建、关键节点或链路评判、分层路由协议开发等方面均具有重要的参考意义。

（2）人工蛛网分层冗余、向内收缩的拓扑结构易造成中心集聚现象，但节点的分层排布、单位面积节点部署密度的差异化可有效缓解内层节点的压力，因此，有中心分层式的 FWSNs 通过合理部署冗余链路存在机制及节点分布规律可有效增强网络的生存能力。

（3）当有节点、链路损坏时，周边节点及链路组件会主动承担绝大部分振动量，仿蛛网结构在调节组件损坏带来的影响时，是通过向外辐射的形式分层递减式地承担多余的振动量，并且在分层的过程中形成了众多的三角形和梯形拓扑结构以达到消化多余振动增强的目的，保证了全网结构中仅通过调节重点区域内有限增幅达到控制全网振动动态平衡的效果，若组件受损程度较小，则小范围内调节即可有效抑制振动的扩散。

（4）除节点、径向链路外，螺旋链路也会承担相应的振动，仿蛛网拓扑结构中大部分节点可同时与周围 4 个节点建立紧密联系，即与前后层节点通过径向链路连接，与同层节点通过螺旋链路连接，因此，链路备份机制在仿蛛网拓扑结构中具体体现在相邻层节点间的径向链路联系程度要强于同层节点间的螺旋链路联系。

参考文献

[1]　SOLER A，ZAERA R. The secondary frame in spider orb webs：the detail that makes the difference [J] . Scientific reports, 2016, 6 (1)：1-10.

[2]　OMENETTO F G，KAPLAN D L. New opportunities for an ancient material [J] . Science, 2010, 329 (5991)：528-531.

[3]　CRANFORD S W，TARAKANOVA A，PUGNO N M，et al. Nonlinear material behaviour of spider silk yields robust webs [J] . Nature, 2012, 482 (7383)：72-76.

[4]　GUO Y，CHANG Z，LI B，et al. Functional gradient effects on the energy absorption of spider orb webs [J] . Applied Physics Letters, 2018, 113 (10)：103701.

[5]　YU J J Q，Li V O K. A social spider algorithm for global optimization [J] . Applied soft computing, 2015, 30：614-627.

[6]　AGNARSSON I，KUNTNER M，BLACKLEDGE T A. Bioprospecting finds the toughest biological material：extraordinary silk from a giant riverine orb spider [J] . PloS one, 2010, 5 (9)：e11234.

[7]　HEIM M，ROMER L，SCHEIBEL T. Hierarchical structures made of proteins. The complex ar-

chitecture of spider webs and their constituent silk proteins [J]. Chemical Society Reviews, 2010, 39 (1): 156-164.

[8]　OMENETTO F G, KAPLAN D L. New opportunities for an ancient material [J]. Science, 2010, 329 (5991): 528-531.

[9]　KRINK T, VOLLRATH F. A virtual robot to model the use of regenerated legs in a web-building spider [J]. Animal behaviour, 1999, 57 (1): 223-232.

[10]　林建伟. 面向智能电网的人工蛛网路由算法研究 [D]. 哈尔滨: 哈尔滨工业大学, 2011.

[11]　KO F K, JOVICIC J. Modeling of mechanical properties and structural design of spider web [J]. Biomacromolecules, 2004, 5 (3): 780-785.

[12]　YU H, YANG J L, SUN Y X. Energy absorption of spider orb webs during prey capture: A mechanical analysis [J]. Journal of Bionic Engineering, 2015, 12 (3): 453-463.

[13]　XU B T, YANG Y N, ZHANG B, et al. Bionic design and experimental study for the space flexible webs capture system [J]. IEEE Access, 2020, 8: 45411-45420.

[14]　WATANABE T. Web tuning of an orb-web spider, Octonoba sybotides, regulates prey-catching behaviour [J]. Proceedings of the Royal Society of London. Series B: Biological Sciences, 2000, 267 (1443): 565-569.

[15]　SADATI S M H, WILLIAMS T. Toward computing with spider webs: computational setup realization [C] //Conference on Biomimetic and Biohybrid Systems. Springer, Cham, 2018: 391-402.

[16]　CRANFORD S W, TARAKANOVA A, PUGNO N M, et al. Nonlinear material behaviour of spider silk yields robust webs [J]. Nature, 2012, 482 (7383): 72-76.

[17]　ZAERA R, SOLER A, TEUS J. Uncovering changes in spider orb-web topology owing to aerodynamic effects [J]. Journal of the Royal Society Interface, 2014, 11 (98): 20140484.

[18]　TARAKANOVA A, BUEHLER M J. The role of capture spiral silk properties in the diversification of orb webs [J]. Journal of the Royal Society Interface, 2012, 9 (77): 3240-3248.

[19]　ZHOU Y Q, ZHAO R X, LUO Q F, et al. Sensor deployment scheme based on social spider optimization algorithm for wireless sensor networks [J]. Neural Processing Letters, 2018, 48 (1): 71-94.

[20]　LANZARA G, SALOWITZ N, GUO Z Q, et al. A spider-web-like highly expandable sensor network for multifunctional materials [J]. Advanced Materials, 2010, 22 (41): 4643-4648.

[21]　KAWANO A, MORASSI A, ZAERA R. The prey's catching problem in an elastically supported spider orb-web [J]. Mechanical Systems and Signal Processing, 2021, 151: 107310.

[22]　NARKAR N G, SHEKOKAR N M. A rule based intrusion detection system to identify vindictive web spider [C] //2016 International Conference on Computing, Analytics and Security Trends (CAST). IEEE, 2016: 271-275.

[23]　JACOBSEN R H, ZHANG Q, TOFTEGAARD T S. Bioinspired principles for large-scale networked sensor systems: An overview [J]. Sensors, 2011, 11 (4): 4137-4151.

[24]　CANOVAS A, LLORET J, MACIAS E, et al. Web spider defense technique in wireless sensor networks [J]. International Journal of Distributed Sensor Networks, 2014, 10 (7): 348606.

[25]　MALEH Y, EZZATI A. A review of security attacks and Intrusion Detection Schemes in Wireless Sensor Networks [J]. arXiv preprint arXiv: 1401.1982, 2014.

[26]　OTTO A W, ELIAS D O, HATTON R L. Modeling transverse vibration in spider webs using

frequency-based dynamic substructuring [M] //Dynamics of Coupled Structures, Volume 4. Springer, Cham, 2018: 143-155.

[27] MORTIMER B, SOLER A, WILKINS L, et al. Decoding the locational information in the orb web vibrations of Araneus diadematus and Zygiella x-notata [J]. Journal of the Royal Society Interface, 2019, 16 (154): 20190201.

[28] LIU X S, ZHANG L, LIN J W. Communication network-oiented analysis of transmission mechanism of nature orb-web [C] //2010 First International Conference on Pervasive Computing, Signal Processing and Applications. IEEE, 2010: 224-229.

[29] WANG J, GAO S, ZHAO S M, et al. Research on artificial spider web model for farmland wireless sensor network [J]. Wireless Communications and Mobile Computing, 2018, 2018: 1-11.

[30] ARANEO R, RINALDI A, NOTARGIACOMO A, et al. Design concepts, fabrication and advanced characterization methods of innovative piezoelectric sensors based on ZnO nanowires [J]. Sensors, 2014, 14 (12): 23539-23562.

[31] ARANEO R, RINALDI A, NOTARGIACOMO A, et al. Effect of the scaling of the mechanical properties on the performances of ZnO piezo-semiconductive nanowires [C] //AIP conference proceedings. American Institute of Physics, 2014, 1603 (1): 14-22.

[32] SENSENIG A T, LORENTZ K A, KELLY S P, et al. Spider orb webs rely on radial threads to absorb prey kinetic energy [J]. Journal of The Royal Society Interface, 2012, 9 (73): 1880-1891.

[33] ZHENG L Y, BEHROOZ M, HUIE A, et al. Behavior of an adaptive bio-inspired spider web [C] //Bioinspiration, Biomimetics, and Bioreplication 2015. SPIE, 2015, 9429: 216-225.

[34] Eberhard W G. Function and phylogeny of spider webs [J]. Annual review of Ecology and Systematics, 1990: 341-372.

[35] QIN Z, COMPTON B G, LEWIS J A, et al. Structural optimization of 3D-printed synthetic spider webs for high strength [J]. Nature Communications, 2015, 6 (1): 1-7.

[36] OPELL B D, BOND J E. Capture thread extensibility of orb-weaving spiders: testing punctuated and associative explanations of character evolution [J]. Biological Journal of the Linnean Society, 2000, 70 (1): 107-120.

[37] LANDOLFA M A, BARTH F G. Vibrations in the orb web of the spider Nephila clavipes: cues for discrimination and orientation [J]. Journal of Comparative Physiology A, 1996, 179 (4): 493-508.

[38] YU H, YANG J L, SUN Y X. Energy absorption of spider orb webs during prey capture: A mechanical analysis [J]. Journal of Bionic Engineering, 2015, 12 (3): 453-463.

[39] ZHENG L, BEHROOZ M, GORDANINEJAD F. A bioinspired adaptive spider web [J]. Bioinspiration & Biomimetics, 2017, 12 (1): 016012.

[40] TIETSCH V, ALENCASTRE J, WITTE H, et al. Exploring the shock response of spider webs [J]. Journal of the Mechanical Behavior of Biomedical Materials, 2016, 56: 1-5.

[41] FROHLICH C, BUSKIRK R E. Transmission and attenuation of vibration in orb spider webs [J]. Journal of Theoretical Biology, 1982, 95 (1): 13-36.

[42] HATTON R, OTTO A, ELIAS D. Vibration Propagation in Spider Webs [C] //APS March Meeting Abstracts. 2016, 2016: Y40. 015.

[43] AMBIGAVATHI M，SRIDHARAN D. Traffic priority based channel assignment technique for critical data transmission in wireless body area network［J］. Journal of medical systems，2018，42（11）：1-19.

[44] BOGENA H R，HUISMAN J A，MEIER H，et al. Hybrid wireless underground sensor networks：Quantification of signal attenuation in soil［J］. Vadose Zone Journal，2009，8（3）：755-761.

[45] XU B，XU S Z，WANG Q，et al. Attenuation model of antenna signal with barriers in wireless sensor network［C］//Applied Mechanics and Materials. Trans Tech Publications Ltd，2013，380：3908-3911.

[46] MOCANU B，POP F，MOCANU A M，et al. SPIDER：a bio-inspired structured peer-to-peer overlay for data dissemination［C］//2015 10th International Conference on P2P，Parallel，Grid，Cloud and Internet Computing（3PGCIC）. IEEE，2015：291-295.

[47] LINDSEY S，RAGHAVENDRA C S. PEGASIS：Power-efficient gathering in sensor information systems［C］//Proceedings，IEEE aerospace conference. IEEE，2002，3：3-3.

[48] PATEL P S.；SAXSNA P P.；Research，S.；Assistant，P. Energy efficient routing protocol in wireless sensor network advance LEACH-EE［C］// International Journal of Engineering Development and Research. 2014，2，2624-2634.

[49] YANG Y，TIAN H C，GU S J，et al. A hierarchical clustering-based routing algorithm in wireless sensor networks［J］. Journal of Computer Research and Development，2011，48（2）：158-165.

第3章 农田无线传感器网络人工蛛网模型研究

3.1 引　言

无线传感器网络（Wireless sensor network，WSN）是一种空间上分散的、固定的传感器的集合，用于观察和记录自然的物理状态，并将收集到的信息安排在一个局部区域，这个网络使用了大量的传感器[1-2]。无线传感器网络可以很好地支持精准农业的信息感知[3-4]。作为IOT（物联网）的重要组成部分，它不仅可以通过部署的节点携带的各种传感器检测农作物生长所需的各种环境因素，如温度、湿度、光照强度、土壤湿度、土壤养分、二氧化碳浓度等，而且与传统的有线方式相比，具有精度高、灵活性强、可靠性好等优点[5-6]。近年来，国内外学者通过信息科学与仿生学的交叉融合，从生物系统中汲取灵感，提出许多具有自适应性、鲁棒性和自修复等特点的生物智能系统，并成功用于解决各种科学及工程领域的实际问题，对研究高抗毁性农田无线传感器网络具有借鉴价值。蛛网拥有优异的抗毁能力、变织网结构能力和修复能力，同时其捕获猎物时的信号传递方式和传输效率，值得深入探讨和挖掘。因此，开展仿蛛网农田无线传感器网络抗毁性提升关键方法研究对于提升农田环境、实时精准监测具有重要的理论意义和应用价值。

3.2　相关工作

尽管无线传感器网络仍然可以被视为一个新兴的研究领域，但在过去十年中，低成本、低功耗无线传感器网络的通信技术已经非常成熟，农业监测是无线传感器网络的应用之一，对农场主有着重要的利益。有的学者探讨了传感器网络技术的发展历程以及传感器在农业中的运用现状。例如，Yin等研究了农业应用中重要的土壤传感器的最新进展，包括温度传感器、湿度传感器、有机物传感器、pH传感器、害虫传感器和土壤污染物传感器，同时还研究了各传感器类别的主要传感技术、设计、性能以及优缺点，最后讨论了植物可穿戴设备、无线传感器网络等新兴技术在精准农业中的应用[7]。Singh等研究了传统传感器走向微电机系统（Micro-electro-mechainical system，MEMS）传感器的历程，研究了传感器的优缺点，最后提出了传感器商业化的发展方向[8]。为了能够为农作物的栽培、采后管理和销售提供始终如一的服务，有的学者研究了传感器网络技术在监测农作物生长状态和农作物营养水平上的应用。例如，Kameoka等研究了无线传感器网络下植物光学传感技术的应用，在光学和光谱传感方面，结合一些传感技术可以提取出更丰富、更宝贵的信息[9]。Yang等研究了新的农业检测方法，通过测量pH、电导值和气味3个特征数据，采用多传感器信息融合技术对淡水鱼肉的新鲜度进行识别[10]。Li 等研制了一种叶面积指数传感器（Leaf area index sensor，LAIS），可在多个采样点连续监测农作物生长情况，并应用 3G/Wi-Fi 通信技术，实现农作物照片的远程实时采集（远程设置和升级），然后对农作物照片进行自动处理，并基于 LAIS 中改进的 LAILX 算法估算叶面积指数，可以准确、快速地获取农作物的生长参数，对农业经营和粮食安全具有重要意义[11]。Diaz 等人提出了一种由一组定义良好的阶段组成的方法，一共包含七个阶段，分别为地形研究、网络体系结构、定义作用和功能、传感器网络实现、仿真和评估、部署和开发、传感器网络维护，这些阶段涵盖了用于农业监测的无线传感器网络应用的整个生命周期，最后通过参与西班牙的一个名为（Control automatizado de procesos agrícolas，CAPA）的农业过程自动化控制的研究项目来进行验证，最终结果表明该方法可以成功地指导基于无线传感器网络技术建立农业生产监测应用程序[12]。水资源是农业生产的重要一环，因此有的学者研究了传感器网络技术在管理水资源上的应用。例如，Khan 设计了一种水井管理系统（Water well management system，WWMS），该系统不仅能够测量水位，还能够提供完整的监测和管理井的解决方案，包括水的特性，包括毒性、温度、溶解固体等，这些特性可以提供适宜饮用的指示[13]。土壤的质量也是农业系统进步的一个重大因素，它是植物生长的介质，因此一些学者研究了利用传感器网络技术来获取土壤的信息。例如，Vincent 等研究将传感器网络与神经网络、多层感知器（Multi-layer perceptron，MLP）等人工智能系统相结合，提出一套农业土地适宜性评估的专家系统，该系统可帮助农民对农用地进行评估[14]。Fahmi 等设计并制作了一个简单的基于无线传感器模块的精密农业监测系统原型，该原型利用无线传感器网络实现对温度、湿度、气压和土壤湿度的监测，最终测试结果成功实现了农业实时数据的测量[15]。Wang 等设计了一种基于（Radio-frequency identification，RFID）的土壤底层感知系统，该系统能承载一系列传感器，并将测量结果传输给农业用车[16]。Avinash 等研究利用 XBee 技术对农田进行远距离监测，使用各种传感器来检测农业区域，跟踪土壤和农作物的状态，减少农民的劳动，提高土地产量[17]。Zhang 等基于当前无线传感器网络在农业应用的现状，分析了设计体积小、工作时间长的农业信息采集无线传感器网络节点的必要性，设计了基于 ATmega128L 单片机和 CC1000 射频芯片的无线传感器网络节点通信电路，用于采集土壤湿度/温度/电导率、空气湿度/温度和光照[18]。Bogena 等人利用无线传感器网络 SoilNet 对农田土壤水分（Soic water content，SWC）变异性进行近实时监测[19]，但目前还没有在更大尺度上以可操作的方式进行测量。Dam 等研究了一种用于农业硝酸盐快速检测的柔性微型传感器，该传感器是在聚对苯二甲酸乙二醇酯（Polyethylene terephthalate，PET）箔上制作的，采用了可以大规模生产的技术，降低了制造成本，并且该柔性传感器在一定浓度范围内对硝酸盐具有良好的敏感性，适合于土壤养分分析[20]。近些年物联网的进步也使农业管理变得更加智能，因此一些学者开始了基于物联网开发的传感器网络在农业上的应用研究。例如，Khoa 等研究了一种使用 LoRa 模块传输的低成本、高效的智能农业系统，该系统可以持续观察测量值，如水分、湿度和温度等，并通过网络和移动应用程序与用户沟通，此外，该系统还可以向用户发送报警，激活还原设备[21]。Ferrández-pastor 等人开发和测试了一个低成本的传感器网络平台，基于物联网，集成机器对机器和人机接口协议，用这种多协议方法开发精确农业场景的控制过程。最后试验结果表明，将互联网技术与智能对象通信模式相结合，可以促进精准农业的发展[22]。对农田无线传感器网络的研究主要集中在节点开发、节能策略、网络协议等方面，对网络的抗毁性分析和讨论较少。但农田无线传感器网络具有超大规模、超低成本、拓扑复杂等特点。这些特点对网络的抗毁性提出了更为严格的要求。例如，在不同的生长时期，种植高度、密度、枝叶密度的动态变化对网络传输特性和链路传输质量有显著影响，容易造成链路失效。

面对复杂的农田环境和众多的不确定因素，传统农田无线传感器网络的聚类方法具有动态性能差、抗干扰性弱的特点[23]。在分簇结构中，集群成员节点与数据中心之间的所有链接都是单线程的[24]。由于农作物种类转换、生长期变化、精准作业各环节的差异等因素，农田中的环境和网络节点的位置往往变化很大，容易造成通信链路故障。一旦数据中心和某些节点之间发生通信故障，整个网络系统需要重新初始化，否则这些节点将一直失去通信功能。集群结构的重新路由和不可抗力是制约农田无线传感器网络应用的关键问题。

自然界中的蛛网具有超轻的结构，不仅可以黏住猎物，还可以将网中的信息有效地传递给蜘蛛[25]。其简单、优雅、坚韧的结构对农田无线传感器网络有很大的启迪作用。目前，国内外许多学者对蛛网的构造原理、结构特点等进行了有力的探索[26]。研究结果表明，蛛网在受到高负荷的冲击后，尽管有多个网格受损，但仍能保持强大而有效的连接。Alam 等利用有限元方法研究了蛛网的损伤容限设计，研究了应力重分布和切割元素对蛛网动态响应的影响[27-28]。Aoyanagi 等设计了一个圆球网的简化模型，来研究蛛网的损伤容限并对受损蛛网进行了力分布的分析[29]。Tew 等描述了蜘蛛修复受损蛛网的步骤，以及如何恢复蛛网的结构完整性[30]。Aoyanagi 和 Okumura 提出了完整和受损的蛛网模型，并分析了蛛网的机械完整性[31]。Jyoti 等研究了蛛网结构的可持续性，通过试验分析了健康蛛网与受损蛛网阻尼、刚度和固有频率，通过试验结果表明健康网络和 25% 损伤网络的刚度，阻尼基本相同，部分受损的蛛网仍有能力捕获猎物[32]。Jiang 等建立了具有两个"集总"质量的蛛网模型（蜘蛛在蛛网中心和猎物撞击在一条径向线上），研究了其在猎物撞击下的动态响应和损伤（缺失径向线）对模型网络动力响应的影响[33]。Kaewunruen 等利用有限元分析方法研究了四种不同类型的不完美蛛网的大振幅自由振动特性——螺旋型不完美蛛网、放射状不完美蛛网、中心型不完美蛛网和环状不完美蛛网的大振幅自由振动特性[34]。Tietsch 等使用弹丸撞击蛛网，并用激光干涉仪测量了蛛网的横向位移，以此来得到蛛网振荡的振幅、周期和能量耗散，试验结果证实蛛网是能够消散大型飞行猎物的动能的[35]。本章分析了蛛网的结构特征、蜘蛛捕食机制和人工蛛网通信拓扑结构等问题，建立了双层六边形人工蛛网的逻辑拓扑模型。Liu 等将网络结构和路由维护作为通信可靠性的衡量指标，结合马尔可夫概率模型，采用因子分解方法对网络通信的所有终端可靠性进行了理论分析，首先比较了单层人工蛛网结构与其他网络结构的全端可靠性，然后依据人工蛛网特殊结构，制定了局部路由重构方法，证明了人工蛛网网络结构的全端可靠性高于传统的树形、星形网络，最后通过仿真试验得到以下结论：①以单层人工蛛网为子网的组网结构在提高载波通信系统整体可靠性及抗毁性方面优于传统网络结构；②制定的重路由算法在原有网络结构高可靠性的前提下，进一步提高了系统的可靠性与抗毁性，从数据流量与时间延迟角度，能满足载波通信的通信质量，在网络局部子网内解决了盲点问题，不需要对网络所有节点进行路由重构，提高了系统的效率，进一步证明了人工蛛网网络结构的高通信可靠性[36]。

本章以球状网为最有代表性的蛛网拓扑类型，研究蛛网的结构特点和无损性，总结和提炼其结构稳定性的特点，探讨将蛛网的网络健壮性、无损性等优点与农田无线传感器网络相结合的可能性。

3.3　圆形蛛网的结构和网络特征

经过数亿年的进化，蛛网已经成为一种集优雅、自然外观和超轻质量于一体的特殊结构[37]，如图 3-1 所示。常见的蛛网是椭圆形的，具有一定的对称性[38]。蛛网的一般结构是由拖丝、捕丝和加强丝组成[39-40]。根据功能，拖丝可进一步分为三种类型（框丝、锚丝和放射丝）。框丝位于蛛网的外围，它构成了蛛网的整体框架，形成各种网面，并决定了网体的大小和方向。锚定丝作为网的支撑物，固定了整个蛛网。放射丝，又称辐射丝，从中心区域向外辐射，与框丝相连，维持和支撑整个蛛网的稳定性。放射丝具有很高的延展性。通常情况下，有 16～46 条放射丝。这种类型的丝线能够在网中传达振动信息，以便蜘蛛定位其猎物。中心区位于球状蛛网的中心，是蛛网的核心。

捕丝具有从中心区域向外旋转的螺旋结构，是黏住和捕捉猎物的主要蛛丝。捕丝反映了捕食政策信息的传递。单元是由两根相邻的放射丝和两根相邻的捕丝围成的小空间，其大小反映了蛛网的强度；单元越小，蛛网一般越强。加强丝是蜘蛛根据实际位置的条件，用来固定整个网的丝，它是随机的，可以适应不同的环境。

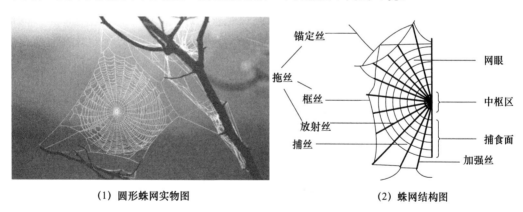

（1）圆形蛛网实物图　　　　　　　　　　（2）蛛网结构图

图 3-1　自然界中的蛛网及其结构

在各种恶劣的自然环境和动物环境的影响下，蛛网已经进化出了满足科学规律的特征。这些特征描述如下。

（1）蛛网的结构可以近似为一种特殊的带中心的拓扑结构，它由星形拓扑和环状拓扑组成，元素之间以环状和放射状的形式纵横交错；这种结构有利于有效覆盖捕食区和协同监测目标猎物；此外，蛛网的密度决定了猎物的大小。

（2）猎物的碰撞或挣扎信号通过放射线和捕捉线传到中心区域，蜘蛛通过腿部感知振动信号的振幅和频率，从而确定猎物在蛛网上的准确位置。

（3）蛛网的结构特点是具有很强的抗毁性，即使一些蛛网被破坏，信息仍能通过其他路径在蛛网的节点之间传递，保证了有效的连接；对于蛛网的外围区域，通过编织加固线，增加了网体的强度和信息沟通能力。

（4）丝线的强度和间距因其功能、位置和重要性而异。

蛛网的结构有点类似于无线传感器网络的拓扑结构。蛛网的中心区域通常是各种振动信息的收集点，它类似于无线传感器网络的汇聚节点，控制整个网络内的通信。由于蛛网上的振动主要是通过放射线传输的，所以这些线被认为是无线传感器网络的主路由路径，由于蛛网上的部分振动可以通过捕捉线传输，所以这些线被认为是无线传感器网络的辅助路径，当主路由路径失效或其上的流量超过阈值时，就会使用这些辅助路径。

3.4　人工蛛网模型

受自然界中圆形蛛网结构特征的启发，本书通过观察、归纳和总结，给出了一个普遍适用的人工蛛网结构定义。

（1）人工蛛网是由一个星形拓扑结构和几个环形拓扑结构组成。环形拓扑结构的子节点也包括在星形拓扑结构的所有子节点中。

（2）人工蛛网中必须有一个中心区域，它可以由一个或多个节点组成，并能够与其他子节点建立径向连接。

（3）在人工蛛网同一层的子节点内部，子节点之间可以建立径向连接，每个子节点最多可以与其他子节点建立两条直接径向连接路径。

一个典型的人工蛛网如图 3-2 所示。节点 O 是整个蛛网的中心区域，它以星形的形式向外放射，并与其他节点建立直接或间接的径向连接。每个子节点都包含在它所在层的环形结构中。这种抽象的拓扑结构很好地模拟了自然界中的球状蛛网的结构特征。其核心思想是将星形拓扑结构与环形拓扑结构相结合，形成网状拓扑结构。蛛网的拓扑结构为农田无线传感器网络的通信提供了多条备份链路，从而大大提高了通信的可靠性。

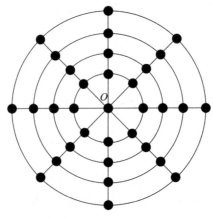

图 3-2　人工蛛网模型

为了更清楚地解释人工蛛网的结构特点，为进一步研究蛛网提供理论依据，现将人工蛛网的主要特征参数定义如下。

（1）m 是围绕中心节点 O 的蛛网层数，即同心圆层数。

（2）n 是中心节点 O 和外围节点之间连接的蛛网放射线的数量，即中心节点 O 和相邻外围节点之间的通信路径数量。

（3）p 是人工蛛网的总节点数，它与 m 和 n 的关系如公式（3-1）所示。

$$p＝m×n＋1 \tag{3-1}$$

（4）R 是蛛网的直径，它直接反映了蛛网覆盖的物理面积。

（5）n 是蛛网的扇形角，即两个相邻的径向路径之间的包含角。

3.5　人工蛛网的结构模型

在蛛网中选择一个扇形单元进行数据分析，并确定该扇形单元的结构。如图 3-3 所示，选择蛛网第一层的第一个扇形单元进行分析。

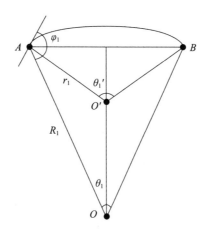

图 3-3　扇形单元

假设节点 A、B 与蛛网中心的距离为 R_1；AO 与 BO 之间的包含角为 θ_1；弧线 AB 在 A 点上的切线与 AO 之间的包含角为 φ_1；弧线 AB 的相应圆的半径为 r_1，包含角为 θ'_1。

那么 ABO 三角形的面积为：
$$S_{\triangle ABO}=\frac{1}{2}R_1^2\sin\theta_1 \tag{3-2}$$

三角形 ABO' 的面积是：
$$S_{\triangle ABO'}=\frac{1}{2}r_1^2\sin\theta_1' \tag{3-3}$$

弧线 AB 的相应包含角为：
$$\theta_1'=2\varphi_1+\theta_1-\pi \tag{3-4}$$

扇形 ABO' 的面积是：
$$S_{ABO'}=\frac{(2\varphi_1+\theta_1-\pi)\ \pi r_1^2}{2\pi} \tag{3-5}$$

A 点和 B 点之间的直线距离是：
$$l_{AB}=\sqrt{2R_1^2-2R_1^2\cos\theta_1} \tag{3-6}$$

$$l_{AB}=\sqrt{2r_1^2-2r_1^2\cos\ (2\varphi_1+\theta_1-\pi)} \tag{3-7}$$

所选扇形单元的面积为：
$$S_{ABO}=S_{\triangle ABO}+S_{ABO'}-S_{\triangle ABO'} \tag{3-8}$$

所选扇形单元的面积可以从公式（2）～公式（8）中得到。

$$S_{ABO} = \frac{1}{2}R_1^2\sin\theta_1 + \frac{R_1 - R_1\cos\theta_1}{2 - 2\cos(2\varphi_1 + \theta_1 - \pi)}\left[2\varphi_1 + \theta_1 - \pi - \sin(2\varphi_1 + \theta_1 - \pi)\right] \qquad (3\text{-}9)$$

这被推广到人工蛛网模型中，同一层的子节点之间的切向连接不是标准圆，径向线之间的包含角也不均匀。假设蛛网结构中有 m 层，n 条切线；θ_i 是径向线 i 与前一径向线之间的包含角；φ_{ij} 是第 j 层中径向线 i 上某一节点的切线与径向线之间的包含角；R_j 是蛛网第 j 层相应的径向线的长度；A_{ij} 是蛛网第 j 层中单元 i 的面积，S_{ij} 是扇形单元的面积。因此可以确定，整个人工蛛网的结构参数可以表示为 $D = [i, j, \theta_i, \varphi_{ij}, R_j]$。人工蛛网的结构模型参见图 3-4。

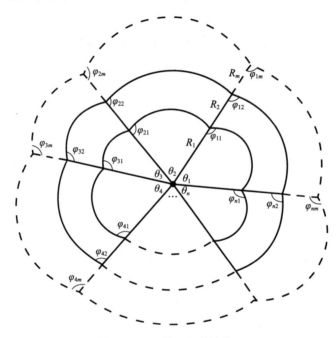

图 3-4　人工蛛网的结构模型

$$A_{ij} = \begin{cases} S_{i1}, & j = 1 \\ S_{ij} - S_{i(j-1)}, & 1 < j < m \end{cases} \qquad (1 \leqslant i \leqslant n) \qquad (3\text{-}10)$$

分析了典型的人工球状蛛网的最优覆盖问题，其中最优覆盖是指在给定的目标监测区域内，用最少的节点数达到的最优覆盖率。假设节点的最大通信距离为 L，目标监控区域为 $D \times D$ 正方形。可以推断出，具有最优网络覆盖率的人工蛛网的结构模型参数应满足以下条件。

$$\begin{aligned} &\theta_1' \times R_m = L \\ &n = \mathrm{ceil}\left(\frac{2\pi}{n}\right) \\ &\theta_1 = \theta_2 = \cdots = \theta_n = \frac{2\pi}{n} \\ &m = \mathrm{ceil}\left(\frac{D}{2L}\right) \end{aligned} \qquad (3\text{-}11)$$

那么，这个典型的人造球状蛛网的最大覆盖面积是

$$A_1 = \pi R_m^2 \tag{3-12}$$

如图 3-5 所示，目标检测区域的覆盖面积为 $P_1 = \dfrac{A_1}{D^2}$

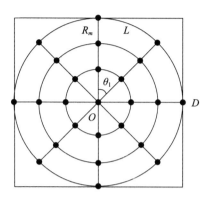

图 3-5　人工蛛网的区域覆盖结构

这种典型的圆形人工蛛网的覆盖率与多边形网络的覆盖率进行了比较。当多边形网络达到最佳覆盖率时，其结构参数应满足以下条件（图 3-6）。

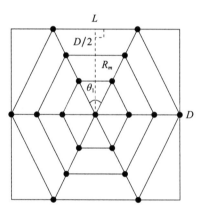

图 3-6　多边形网络的区域覆盖结构

$$
\begin{cases}
R_m = \sqrt{\left(\dfrac{D}{2}\right)^2 + \left(\dfrac{L}{2}\right)^2} \\[2mm]
\theta_i' = 2\arcsin\left(\dfrac{L}{R_m}\right) \\[2mm]
n = \mathrm{ceil}\left(\dfrac{2\pi}{\theta_1'}\right) \\[2mm]
\theta_1 = \theta_2 = \cdots = \theta_n = \dfrac{2\pi}{n} \\[2mm]
m = \mathrm{ceil}\left(\dfrac{R_m}{L}\right)
\end{cases}
\tag{3-13}
$$

那么，这个多边形网络结构的最大覆盖面积为

$$A_2 = \sum_{i=1}^{n} \frac{1}{2} R_m^2 \sin\theta_1 \tag{3-14}$$

现在，目标检测区域覆盖面积为 $P_2 = \dfrac{A_2}{D_2}$。

3.6　人工蛛网拓扑结构的特殊参数

人工蛛网的拓扑特征符合复杂网络的特征，这为利用和改进复杂网络中的相关定义来描述蛛网特征提供了可能。通过定义 6 个特征参数，实现了对人工蛛网拓扑结构的统计分析。

（1）多路径的数量

网络路径的方向是指沿着同一层的节点，或者从下层的节点到上层的传输路径，不能颠倒。人工蛛网的中心节点 O 和任意节点 a 之间的总路径数表示为：

$$L_m = (2n-1)^m \tag{3-15}$$

其中 m 是节点 a 所在的层，n 是径向线的数量，L_m 是路径的总数。多路径的数量表示节点之间连接的冗余度。

（2）跳数

当任何节点通过径向线或切向线到达另一节点时，称为一跳。假设中心节点 O 和人工蛛网的任意节点 a 之间的跳数为 h，那么

$$\begin{cases} h_{\min} = m \\ h_{\max} = m \times q \end{cases} \tag{3-16}$$

其中 m 是节点 a 所在的层，q 是人工蛛网中切线的数量。

（3）节点不相交路径数

除了中央节点 O 和当前节点，路径上没有相交的节点或链接。用节点不相交路径数来表示网络的鲁棒性。节点不相交路径越多，网络鲁棒性越强。节点不相交的路径数为 3。

（4）平均度

每个节点连接的平均通信线路数。平均度在某种意义上表达了网络节点的整体重要性。

$$k = \frac{2m}{p} \tag{3-17}$$

（5）节点介数

网络 G 中经过节点 i 的最短路径数的比例反映了节点 i 的重要性。节点介数的值描述了在传输过程中通过该节点的信息量。

$$R_1(i) = \frac{\sum\limits_{a \neq b \in G} N_{a,b}(i)}{\sum\limits_{a \neq b \in G} N_{a,b}} \tag{3-18}$$

其中，$\sum\limits_{a \neq b \in G} N_{a,b}(i)$ 是网络 G 中中心节点 O 和任意节点 a 之间经过节点 $i \in G$ 的最短

路径数，$\sum\limits_{a\neq b\in G} N_{a,b}$ 是网络 G 中中心节点 O 和任意节点 a 之间的最短路径总数。蛛网节点的距离是 $R_1(i)=1$。

（6）节点内聚力

由节点 i 和与之直接连接的其他节点组成的本地网络 G 的连接性。

$$R(G_i) = \frac{k_i - 1}{2\sum\limits_{a,b\in G} d_{a,b}(i)} \tag{3-19}$$

其中，k_i 是节点 i 的度数，$d_{a,b}(i)$ 是网络 G 中任意节点 a 和任意节点 b 之间经过节点 i 的最小跳数。网络的内聚性直接反映了网络中节点间的联通性。节点内聚力的定义包括分子和分母两部分。分子部分用来表示节点连接多条通信线路的能力，分母部分用来表示节点与网络中其他节点的联通性水平。

将人工蛛网、网格网络、星形网络和树形网络的拓扑结构的特征参数进行比较，并测量了这些网络拓扑结构的可靠性，即抗毁性，如图 3-7 所示。

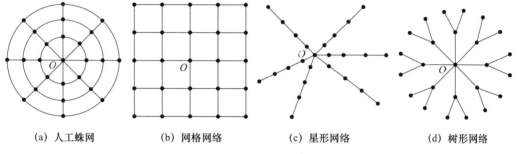

(a) 人工蛛网　　　　(b) 网格网络　　　　(c) 星形网络　　　　(d) 树形网络

图 3-7　网络拓扑结构

对于不同的网络结构，选取相同的节点数（平均 25 个节点），计算对应的特征参数值。利用图论工具箱（Matlab），即 Matlab BGL V4.01 计算了这四种网络结构的特征参数。各网络拓扑结构的特征参数值如表 3-1 所示。从表 3-1 中可以看出，人工蛛网在多路径数、节点不相交路径数、平均度、节点内聚力等方面都比其他网络结构具有明显的优势。多路径人工蛛网的优势最大，可达 3375 条。

此外，蛛网各层的节点凝聚力也优于其他网络结构。但其最小跳数小于网格网络和星形网络。蛛网的拓扑结构具有很强的连接稳定性，当网络局部遭到破坏时，更有可能维持或恢复无线通信和移动计算。

表 3-1　网络拓扑结构的特殊参数值

特征参数	网络类型			
	人工蛛网	网格网络	星形网络	树形网络
多路径数量	3375	184	1	1
最小跳数	3	4	4	2
节点不相交路径数	3	2	1	1
平均度	3.84	3.2	1.92	1.92

特征参数	网络类型			
	人工蛛网	网格网络	星形网络	树形网络
节点介数	1	0.67	0 或 1	0 或 1
节点内聚力	内层节点：1.75 中间层节点：0.75 外层节点：0.5	内层节点：0.75 中间层节点：0.75 外层节点：0.25	内层节点 1.25； 中间层节点：0.25 外层节点：0	内层节点：1.75 中间层节点：0.25 外层节点：0

注：内层为第一层，中间层包括第二层至最外层的第二层；外层为最外层。

3.7 仿真分析

为了验证人工蛛网模型的抗毁性，利用 MATLAB 进行了相应的仿真测试。本书采用了基于最短信息传输时间的网络无损性评价方法。相应的定义如下。

定义 1. 在一个人工蛛网网络中，如果节点 i 和节点 j 之间的最小跳数为 $H_{\min}$，则节点 i 和节点 j 之间最短的信息传输时间定义为

$$T_{ij} = H_{\min} \times t \tag{3-20}$$

其中 t 是每一跳的持续时间。

定义 2. 对于节点总数为 p 的人工蛛网模型，假设中心节点通过洪泛路由向网络中的其他节点传播一个兴趣信息，并忽略外层节点将此信息传回内部，那么目标监控区域内所有节点接收此兴趣信息的最小平均时间称为平均最短传输时间 T，即

$$T = \frac{\sum\limits_{i=1}^{p} T_i}{p} \tag{3-21}$$

定义 3. 抗毁性测量指标

$$\mathrm{Inv} = \left| \frac{T_0}{T} - 1 \right| \tag{3-22}$$

其中 T_0 是全连接网络的平均传输时间，T 是实际的平均传输时间。用式（3-22）来确定网络的抗毁性，其取值范围为 [0，1]。当网络结构完整时，T_0 和 T 的值正好相等，此时网络的抗毁性测量指标的值为 0，表示网络最稳定。相反，一旦网络结构被破坏，T 值必然会增加。网络结构的联通性越好，实际平均传输时间越小，Inv 值越低，网络破坏后的抗毁性越强。

利用 simulink 软件包对图 3-7 中的四种网络结构进行分析，得到平均最短传输时间、最小传输时间和最大传输时间，如图 3-8 所示。在整个模拟不同网络结构传输时间的过程中，假设网络中心获取网络扩散消息的时间为 0.2s，单跳时间 t 为 0.2s。这些测试是在一台拥有 2.5GHz CPU 和 4GB 物理 RAM 的 IBM ThinkPad T430 上进行的。从图 3-8 中可以看出，树形网络的三个指标最短，星形网络和蛛网在中层的指标相同，网格网络的指标最长。

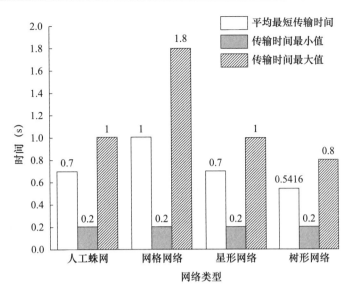

图 3-8　不同网络结构的传输时间

对人工蛛网模型进行抗毁性仿真时，人工蛛网模型参数设置为：$m=4$，$n=6$，$p=25$，单跳时间 $t=0.2$s。节点由内到外逐层移除，从最少的节点开始，然后统计相应的平均最短传输时间和网络损坏后的抗毁性指标。仿真结果见表 3-2。同时，对图 3-7 中的网格网络、星形网络和树形网络也进行了相同的仿真分析，其节点总数与蛛网相同。仿真结果分别见表 3-3、表 3-4、表 3-5。通过对仿真结果的比较，可以得出网络在受到破坏时的抗毁性能。

表 3-2　人工蛛网仿真结果

层数	剩余节点能量	平均最短传输时间（s）	抗毁性指标
	5	0.7391	0.053
	4	0.7818	0.105
1	3	0.8286	0.155
	2	0.9400	0.255
	1	1.0630	0.341
	5	0.7217	0.030
	4	0.7455	0.061
2	3	0.7905	0.114
	2	0.8400	0.167
	1	0.9158	0.236
	5	0.7043	0.006
	4	0.7091	0.013
3	3	0.7238	0.033
	2	0.7400	0.054
	1	0.7684	0.089

续表

层数	剩余节点能量	平均最短传输时间（s）	抗毁性指标
	5	0.6870	0.019
	4	0.6727	0.041
4	3	0.6571	0.065
	2	0.6400	0.094
	1	0.6211	0.127

表 3-3　网格网络仿真结果

层数	剩余节点的数量	平均最短传输时间（s）	抗毁性指标
	7	0.9819	0.018
	6	0.9709	0.030
	5	0.9600	0.042
1	4	0.9589	0.043
	3	0.9573	0.045
	2	0.9552	0.047
	1	0.9512	0.051
	15	0.9736	0.027
	14	0.9667	0.034
	13	0.9447	0.059
	12	0.9223	0.084
	11	0.9098	0.099
	10	0.8976	0.114
	9	0.8804	0.136
	8	0.8720	0.147
2	7	0.8613	0.161
	6	0.8548	0.170
	5	0.8513	0.175
	4	0.8400	0.191
	3	0.8400	0.191
	2	0.8400	0.191
	1	0.2640	1.000

表 3-4　星形网络仿真结果

层数	剩余节点的数量	平均最短传输时间（s）	抗毁性指标
1	5	0.9500	0.263
	4	0.9500	0.263
	3	0.9500	0.263
	2	0.9500	0.263
	1	0.9500	0.263
2	5	0.6857	0.021
	4	0.6667	0.050
	3	0.6400	0.094
	2	0.6000	0.167
	1	0.5333	0.313
3	5	0.6818	0.027
	4	0.6600	0.061
	3	0.6333	0.105
	2	0.6000	0.167
	1	0.5571	0.256
4	5	0.6870	0.019
	4	0.6727	0.041
	3	0.6571	0.065
	2	0.6400	0.094
	1	0.6211	0.127

表 3-5　树状网络仿真结果

层数	剩余节点的数量	平均最短传输时间（s）	抗毁性指标
1	7	0.5333	0
	6	0.5333	0
	5	0.5333	0
	4	0.5333	0
	3	0.5333	0
	2	0.5333	0
	1	0.5333	0

层数	剩余节点的数量	平均最短传输时间（s）	抗毁性指标
	15	0.5304	0.005
	14	0.5273	0.011
	13	0.5238	0.018
	12	0.5200	0.026
	11	0.5158	0.034
	10	0.5111	0.043
	9	0.5059	0.054
2	8	0.5000	0.067
	7	0.4933	0.081
	6	0.4857	0.098
	5	0.4769	0.118
	4	0.4667	0.143
	3	0.4545	0.173
	2	0.4400	0.212
	1	0.4222	0.263

从表3-2的数据可以看出，移除的同一层节点越多，网络的抗毁性指标越大，网络抗毁性越差；不同层、节点所在层数越小，节点移除后抗毁性测量指标越大，抗毁性越差，表明内层节点的重要性高于外层节点。将表3-2与表3-3、表3-4、表3-5进行对比，可以清楚地看到，在节点失效情况下，人工蛛网的整体无坚性指标明显优于其他网络类型，这意味着其拓扑结构具有更好的可靠性。以网络结构最外层为例，这些网络类型的抗毁性指标最大值分别为人工蛛网（0.127）、网格网（1）、星形网（0.127）和树形网（0.263）。

由于工作环境的不可预测性，农田无线传感器网络的抗毁性直接关系到网络的稳定性、准确性和可靠性，以及网络功能的实现。提高农田无线传感器网络的抗毁性已成为农田无线传感器网络研究的一个关键问题。人工蛛网网络结构的鲁棒性和抗毁性有助于改进现有农田无线传感器网络的路由协议，通过网络结构的容错自愈来优化路径选择结果，平衡每条路径上的工作量和数据传输，减少流量拥塞，农田无线传感器网络可延长网络寿命，提高可靠性，避免通信故障和网络空化。

本章以蛛网为仿生研究对象，分析了其拓扑结构的结构特点和抗损伤性能。在此基础上，基于语义和数学公式，精确构建了人工蛛网模型。研究发现，农田无线传感器网络的特性与蛛网有很大的相似性。无线传感器网络的建立、工作、决策和维护与蛛网类似，这为蛛网应用于农田无线传感器网络提供了前提条件。利用本书所建立的人工蛛网模型，可以对蛛网的抗毁性进行计算和模拟。研究结果可为农田无线传感器网络的优化提供相关依据，并可作为网络拓扑结构和路由融合可能性的直接指标。

下一步的研究重点是继承和创新蛛网的抗毁机制，解决农田无线传感器网络的应用问题。为提高农田无线传感器网络的可靠性提出了一套建模和控制算法。首先，建立以联通性、成本、功耗、可靠性为约束条件的静态节点部署和动态协同调度的拓扑管理机制；其次，在多目标优化条件下，应以更少的跳数、更少的能耗和更好的负载均衡能力为目标，设计具有多路径特性的路由控制策略。因此，深入研究将蛛网的优势特性与农田无线传感器网络相结合的机制，对于促进自愈路由的研究，促进农田无线传感器网络的发展和应用具有重要的理论、现实意义。

3.8　本章小结

本章建立了蛛网的数学模型，比较了蛛网结构与其他网络结构的特征参数，并进行了仿真计算，验证了人工蛛网的无损性。得出了以下结论。

（1）建立一个普遍适用的人工蛛网结构和数学模型，为今后有关蛛网模型的研究提供了理论基础。

（2）人工蛛网结构的特征参数优于传统的网格网络、星形网络和树形网络；人工蛛网的组网结构在提高通信系统的整体可靠性和抗毁性方面优于传统网络。

（3）通过对蛛网的结构特点和不可抗力的系统分析，提供了几种结合蛛网的优势特点与农田无线传感器网络的可生存路由方法的研究方法。

参考文献

［1］ SHI L，MIAO Q L，DU J L. Architecture of wireless sensor networks for environmental monitoring ［C］//2008 International Workshop on Education Technology and Training & 2008 International Workshop on Geoscience and Remote Sensing. IEEE，2008，1：579-582.

［2］ SRIVASTAVA S，SINGH M，GUPTA S. Wireless sensor network：a survey ［C］//2018 International Conference on Automation and Computational Engineering（ICACE）. IEEE，2018：159-163.

［3］ NDZI D L，HARUN A，RAMLI F M，et al. Wireless sensor network coverage measurement and planning in mixed crop farming ［J］. Computers and Electronics in Agriculture，2014，105：83-94.

［4］ XIAO D Q，GU Z C，FENG J Z，et al. Design and experiment of wireless sensor networks for paddyfield moisture monitoring ［J］. Transactions of the Chinese Society of Agricultural Engineering，2011，27（2）：174-179.

［5］ XIAO K H，XIAO D Q，LUO X W. Smart water-saving irrigation system in precision agriculture based on wireless sensor network ［J］. Transactions of the Chinese Society of Agricultural Engineering，2010，26（11）：170-175.

［6］ HE Y，NIE P C，LIU F. Advancement and trend of internet of things in agriculture and sensing instrument ［J］. Nongye Jixie Xuebao= Transactions of the Chinese Society for Agricultural Machinery，2013，44（10）：216-226.

［7］ YIN H Y，CAO Y T，MARELLI B，et al. Soil sensors and plant wearables for smart and precision agriculture ［J］. Advanced Materials，2021，33（20）：2007764.

［8］ SINGH N，SINGH A N. Odysseys of agriculture sensors：Current challenges and forthcoming prospects [J]. Computers and Electronics in Agriculture, 2020, 171: 105328.

[9] KAMEOKA T, HASHIMOTO A. Optical sensing for plant toward science-based smart farming with wireless sensor network [C] //2014 Annual SRII Global Conference. IEEE, 2014: 230-231.

[10] YANG X J, YAN Z H. Identification of freshwater fish meat freshness based on multi-sensor fusion technology [C] //Applied Mechanics and Materials. Trans Tech Publications Ltd, 2013, 303: 912-917.

[11] LI X H, LIU Q, YANG R J, et al. The design and implementation of the leaf area index sensor [J]. Sensors, 2015, 15 (3): 6250-6269.

[12] DIAZ S E, PEREZ J C, MATEOS A C, et al. A novel methodology for the monitoring of the agricultural production process based on wireless sensor networks [J]. Computers and Electronics in Agriculture, 2011, 76 (2): 252-265.

[13] KHAN S. Wireless sensor network based water well management system for precision agriculture [C] //2016 26th international telecommunication networks and applications conference (ITNAC). IEEE, 2016: 44-46.

[14] VINCENT D R, DEEPA N, ELAVARASAN D, et al. Sensors driven AI-based agriculture recommendation model for assessing land suitability [J]. Sensors, 2019, 19 (17): 3667.

[15] FAHMI N, HUDA S, PRAYITNO E, et al. A prototype of monitoring precision agriculture system based on WSN [C] //2017 International Seminar on Intelligent Technology and Its Applications (ISITIA). IEEE, 2017: 323-328.

[16] WANG C, GEORGE D, GREEN P R. Development of plough-able RFID sensor network systems for precision agriculture [C] //2014 IEEE Topical Conference on Wireless Sensors and Sensor Networks (WiSNet). IEEE, 2014: 64-66.

[17] AVINASH J L, KUMAR K N S, KUMAR G B A, et al. A Wireless Sensor Network Based Precision Agriculture [C] //2020 International Conference on Recent Trends on Electronics, Information, Communication & Technology (RTEICT). IEEE, 2020: 413-417.

[18] ZHANG R R, ZHAO C J, CHEN L P, et al. Design of wireless sensor network node for field information acquisition [J]. Transactions of the Chinese Society of Agricultural Engineering, 2009, 25 (11): 213-218.

[19] BOGENA H R, HERBST M, HUISMAN J A, et al. Potential of wireless sensor networks for measuring soil water content variability [J]. Vadose Zone Journal, 2010, 9 (4): 1002-1013.

[20] DAM V A T, ZEVENBERGEN M A G. Low cost nitrate sensor for agricultural applications [C] //Proc. of TRANSDUCERS & EUROSENSORS XXXⅢ. 2019: 1286-1288.

[21] KHOA T A, MAN M M, NGUYEN T Y, et al. Smart agriculture using IoT multi-sensors: a novel watering management system [J]. Journal of Sensor and Actuator Networks, 2019, 8 (3): 45.

[22] FERRÁNDEZ-PASTOR F J, GARCIA-CHAMIZO J M, NIETO-HIDALGO M, et al. Developing ubiquitous sensor network platform using internet of things: Application in precision agriculture [J]. Sensors, 2016, 16 (7): 1141.

[23] SUN X, WU B, WU H, et al. Topology based energy efficient routing algorithm in farmland wireless sensor network [J]. Trans. Chin. Soc. Agric. Mach, 2015, 46: 232-238.

[24] MIAO Y S, YUAN L, WU H R, et al. Optimization of energy heterogeneous cluster-head se-

lection in farmland WSN［C］//Applied Mechanics and Materials. Trans Tech Publications Ltd，2014，441：1010-1015.

［25］ZHENG L，BEHROOZ M，GORDANINEJAD F. A bioinspired adaptive spider web［J］. Bioinspiration & Biomimetics，2017，12（1）：016012.

［26］MOCANU B，POP F，MOCANU A M，et al. SPIDER：a bio-inspired structured peer-to-peer overlay for data dissemination［C］//2015 10th International Conference on P2P，Parallel，Grid，Cloud and Internet Computing（3PGCIC）. IEEE，2015：291-295.

［27］ALAM M S，JENKINS C H. Damage tolerance in naturally compliant structures［J］. International Journal of Damage Mechanics，2005，14（4）：365-384.

［28］ALAM M S，WAHAB M A，JENKINS C H. Mechanics in naturally compliant structures［J］. Mechanics of materials，2007，39（2）：145-160.

［29］AOYANAGI Y，OKUMURA K. Simple model for the mechanics of spider webs［J］. Physical review letters，2010，104（3）：038102.

［30］TEW E R，ADAMSON A，HESSELBERG T. The web repair behaviour of an orb spider［J］. Animal Behaviour，2015，103：137-146.

［31］AOYANAGI Y，OKUMURA K. Simple model for the mechanics of spider webs［J］. Physical review letters，2010，104（3）：038102.

［32］JYOTI J，KUMAR A，LAKHANI P，et al. Structural properties and their influence on the prey retention in the spider web［J］. Philosophical Transactions of the Royal Society A，2019，377（2138）：20180271.

［33］JIANG Y H，NAYEB-HASHEMI H. Dynamic response of spider orb webs subject to prey impact［J］. International Journal of Mechanical Sciences，2020，186：105899.

［34］KAEWUNRUEN S，NGAMKHANONG C，XU S M. Large amplitude vibrations of imperfect spider web structures［J］. Scientific Reports，2020，10（1）：1-9.

［35］TIETSCH V，ALENCASTRE J，WITTE H，et al. Exploring the shock response of spider webs［J］. Journal of the Mechanical Behavior of Biomedical Materials，2016，56：1-5.

［36］LIU X S，ZHANG L，ZHOU Y，et al. Reliability analysis of artificial cobweb structure for power-line communication of low-voltage distribution networks［C］//Zhongguo Dianji Gongcheng Xuebao（Proceedings of the Chinese Society of Electrical Engineering）. Chinese Society for Electrical Engineering，2012，32（28）：142-149.

［37］BLACKLEDGE T A，KUNTNER M，AGNARSSON I. The form and function of spider orb webs：evolution from silk to ecosystems［M］//Advances in insect physiology. Academic Press，2011，41：175-262.

［38］KELLY S P，SENSENIG A，LORENTZ K A，et al. Damping capacity is evolutionarily conserved in the radial silk of orb-weaving spiders［J］. Zoology，2011，114（4）：233-238.

［39］HARMER A M T，BLACKLEDGE T A，MADIN J S，et al. High-performance spider webs：integrating biomechanics，ecology and behaviour［J］. Journal of the Royal Society Interface，2011，8（57）：457-471.

［40］YU H，YANG J J，LIU H. Simulation of prey stopping process by spider webs based on finite element method［J］. Journal of Beijing University of Aeronautics and Astronautics，2016，42（2）：280.

第4章　人工蛛网农田网络传输性能抗毁性分析

4.1　引　　言

由第2章仿生人工蛛网振动试验结果分析可以得出以下的结论，人工蛛网拓扑结构具有较优的网络联通性这一突出的特性，同时它的振动多路径性传输与无线传感器网络的流量分配承担机制具有极大的相似性。为了能够深入探究人工蛛网网络的传输性能的抗毁性强弱变化规律与节点、链路位置的映射关系，本章通过建立人工蛛网网络拓扑模型，采用中心节点、蛛网层数、单层节点总数、辐链、弦链、扇区角等相关参数描述网络拓扑结构，然后以该拓扑模型为原型建立人工蛛网分簇分层通信原则，对网络结构内的节点分别进行簇首定义以及簇内节点定义，并进行基站 BS 与簇首、簇内节点通信的规定；使用 OPNET14.5 仿真平台建立网络模型，基于吞吐量和端到端延时两个参数分析链路、节点破坏时对单层蛛网模型和三层蛛网模型的网络传输性能的影响，通过对人工蛛网网络拓扑抗毁性能进行量化研究，进而总结人工蛛网模型链路、节点重要性的分布规律以及对网络中信息传输性能的影响规律，对部署网络拓扑结构节点和链路提供了指导，同时对于人工蛛网网络模型的抗毁性研究具有极大的意义。

4.2　相关工作

近年来，拓扑控制技术成为无线传感器网络抗毁性研究的热点问题，相关研究对于延长网络的生存时间、减小通信干扰、提高路由协议的效率等具有显著意义。Chiwewe 等提出了一种提高无线传感器网络的能量效率并减少无线干扰的新型分布式拓扑控制技术，其核心是新型智能边界 Yao-Gabriel 图和优化，以确保网络中的所有链路对称且节能，使用仿真程序对该算法进行了评估，结果表明该算法性能良好[1]。Lata 等提出了一个结合模糊分簇的（Low energy adaptive clustering hierarchy，LEACH）算法，实现了基于模糊逻辑的簇头选择和簇的形成，最大限度地延长网络的生存期，该算法能够有效地平衡节点的能量负载，从而提高无线传感器网络的可靠性[2]。Kumaran 等提出了一种能量感知分簇的模糊算法来考虑剩余能量，在基于簇的无线传感器网络中，簇头从每个节点收集各种信息，并负责将收集到的数据传递给各个目标节点，仿真试验结果表明减少了消息开销、延迟，提高了数据包的投递率，延长了网络的生存时间[3]。Idrissi 等提出了一种新的路由技术，将网络区域划分为分簇网格，每个分簇网格的簇头都是根据每个节点的剩余能量和到基站的距离来选择的，仿真结果表明，该方法可以最大限度地延长网络生存期，提高无线传感器网络的能量效率[4]。Suman 等利用节点的剩余能量来延长网络的生存期，仿真试验结果表明，与现有的基于能量的无线传感器网络路由协议相比，网络的平均寿命提高了 50%[5]。Asadollahi 等提出了一个在多对一网络中寻找临界区域的方程，通过完全平衡能量消耗和不增加额外节点来解决网络寿命最大化和消除能量空洞问题，结果表明，所提出的方法可以使网络寿命最大化，需要的总能量更少[6]。Jaiswal 等设计了一种基于无线传感器网络的节能路由协议，考虑了生存期、可靠性和下一跳地址的流量强度这三个因素来选择最优路径，通过严格的模拟，结果表明该协议在节能、数据包投递率、端到端延迟和网络寿命等方面表现良好[7]。Sabah 等采用容错技术，利用自检过程和休眠调度机制，提出了节能容错策略，以避免可能导致全网功耗增加的故障，同时提高全网的节能效率，仿真结果表明该方法在功耗方面具有很高的效率，并且可以延长网络的生存时间，还可以检测出消耗高能量的潜在错误并使之恢复[8]。Yogita 等提出了一种分布式动态分簇协议，利用节点能量异质性对节点产生的随机数进行重构，使重构后的剩余能量高的节点数量少，剩余能量低的节点数量多。仿真结果表明，分布式动态聚类协议的网络生命周期适合，吞吐量达标[9]。Daanoune 等根据低能量自适应聚类层次方法在簇首选择和数据传输方面的有效性，提出了一个增强协议，从而降低了网络的能量消耗，延长了无线传感器网络的生命周期[10]。目前，国内外学者对抗毁拓扑结构的研究主要集中于无标度模型，Zheng 将无标度网络理论引入拓扑演化，提出了一种基于（Barabási-Albert，BA）无标度网络的拓扑演化模型，模型采用贝叶斯博弈分簇算法实现均匀分簇，簇头之间按照随机游走方式进行拓扑进化，仿真结果表明，该模型形成的网络拓扑适用于无线传感器网络的实际应用，在恶劣环境下具有良好的鲁棒性[11]。Zheng 等借助于复杂的网络理论，提出了线性增长演化模型和加速增长演化模型，在模型的演化过程中考虑节点的增加、节点的删除以及链接重建等因素，结果表明，两个模型的度分布具有无标度的特点，并且两个模型生成的拓扑结构在随机和故意攻击下均显示出良好的生存能力[12]。Sarshar 等引入了一种局部和普遍的补偿重接线方法，表明该方法即使在插入率和删除率相等的限制下，依旧出现真正的无标度结构，其中度分布服从指数可调的幂律，指数可以任意接近 2[13]。然而，无标度拓扑虽然对复杂网络具有较强的抗毁性，但将其应用于能量受限的无线传感器网络时，应结合网络自身特点改进无标度机制，Li 等提出了一种新的具有传感器节点和汇聚节点的无线传感器网络局部世界模型，该模型通过限制汇聚节点的连接来平衡能量消耗，从而延长网络寿命[14]。Hu 提出了一种适用于无标度传感器网络的增强鲁棒性的拓扑修改策略，在算法设计中考虑了不同类型的恶意攻击，使该策略更能抵抗现实的攻击，仿真结果表明，其能有效提高鲁棒性[15]。Yin 等提出了具有各因素均衡特性的多属性决策模型，将节点的能量传输效率、负载和丢包率定义为节点属性，通过相对熵计算各属性的权重值，仿真试验结果表明，基于决策模型的路由算法能有效避免节点遭受选择性前向攻击，提高能量利用率，延长节点生命周期[16]。Lei 等提出了一种自定义的无标度网络鲁棒性分析算法，并将该算法应用于不同网络结构的无标度网络，采取保护网络关键部件、重新连接优先相邻边缘（Rewiring the preferential neighboring edges，RPNE）和吸收超载边的部分负载等策略，通过数值试验验证了这些策略对提高无标度网络对级联故障的鲁棒性的有效性[17]。Geng 提出了一种全局对称重接线策略（Global disassortative rewiring strategy，GDRS），在不改变度分布的前提下增强无标度网络对局部攻击的鲁棒性，在模拟的无标度网络和两个真实网络上的验证可以证明它在增强网络对局部攻击的鲁棒性方面是有效的，并且可能有助于未来的网络风险降低[18]。Gao等为了克服过度依赖单一路径对网络平衡性能的影响，提出了一种基于无标度拓扑的加密多路径路由算法，通过对网络拓扑结构的分析，可以找到最高等级的网络节点，最终无线传感器网络的安全性提高了17%[19]。生物人工蛛网的应用对无线传感器网络的发展具有巨大的研究价值。目前，一些学者已经开始将生物启发的网络拓扑模型用于网络抗毁性研究，Charalambous 等基于生物启发的横向抑制原理，提出了一个受生物细胞间信号方案启发的节能拓扑管理模型，并在有限大小的网络上对感应算法进行仿真，结果表明模型的聚类阶段通过构建紧凑集群可以提高能源效率[20]。Wu 等研究了腺苷酸激酶分子结构的抗毁性及其与空间结构刚性的关系，结果表明，原子拓扑结构图保留了蛋白质分子结构的刚性信息，通过自然联通度测度，抗毁性与空间结构的刚性具有很强的关联性[21]。Goulas 等研究了构建循环神经网络（Recurrent neural networks，RNN）的策略，展示了神经网络数据如何用于构建循环神经网络，有利于进一步试验生物学上的现实网络拓扑结构[22]。以上研究成果的网络模型过于复杂，建立困难，尤其是大范围的传感器节点布置时无法保证通信的质量，一个结构简单稳定、通信质量高的网络模型更适用于现实世界的部署。

由第 2 章分析可知，蛛网是一种集优雅、自然、超轻于一体的特殊结构，其简约稳定而充满韧性的结构对于无线传感器网络的抗毁性研究极具启发性。蛛网可以分为片网、皿网、不规则网和圆网等几种类型，由于圆网在蛛网进化上的地位特殊，且结构简单、规则，因此对蛛网的研究大都集中于圆网。蜘蛛在结网时，会先构筑放射状的骨架丝线——纵丝，纵丝主要是支撑蛛网结构的，强度大，无黏性，在骨架完成后，蜘蛛会接着以逆时针的方向织造螺旋状丝线——横丝，横丝的作用是支撑纵丝，搭建球网框架，它的强度小，但有黏性[23]。典型圆形蛛网的网络拓扑与无线传感器网络模型有着一定的相似性，具体体现在：（1）蛛网可以看作环形网络与星形网络的结合，（2）中枢区作为蛛网的信息中心，属于典型的有中心网络，（3）局部破损的蛛网，并不影响其对猎物的捕获和振动信号的传递，而无线传感器网络中部分网络组件的失效同样不应影响整个网络的正常工作。

有些学者已经开始进行人工蛛网网络模型拓扑结构的初步研究，Liu 等提出了一个新的 PLC 网络模型，讨论了模型特点和低压配电网从物理拓扑到人工蛛网逻辑拓扑的转换过程，这种新的网络算法和路由重建算法采用双态马尔可夫模型模拟终端节点，通过建模分析了新算法的时间延迟特性，同时基于 OPNET 14.5 进行了仿真和比较，证明了新的网络模型在提高 PLC 网络的通信可靠性方面具有优势[24]。Yu 等提出了一种结合几种传统拓扑架构特性的蛛网网络拓扑，对不同拓扑结构下低压微电网系统的同步性进行了对比分析，结果表明，在蛛网网络拓扑结构下，低压微电网系统的同步性显著提高，并且在相应的拓扑结构转换过程中可以有效地避免布莱斯悖论[25]。Chen 等基于蛛网网络拓扑，为机器对机器（Machine-to-machine，M2M）无线网络开发了一个基于蛛网的大规模接入管理协议，建立多个无线机器对机器动态蛛网网络拓扑结构，根据不同的数据流量，动态地调整不同的子蛛网的大小，仿真结果最终表明，所提出的机制大大降低了丢包率，并保持了最大的网络寿命，延长了网络的生存期[26]。现有研究仅对蛛网结构模型的抗毁性进行了初步探索，并没有在深入总结蛛网网络模型的基础上对网络拓扑模型抗毁性进行量化研究。

基于上述分析，本章以圆形蛛网为研究对象，创建具有普遍适用性的人工蛛网结构，研究其抗毁性结构特点，分别以单层和 3 层人工蛛网网络模型为例，研究蛛网模型在通信链路、节点损坏情况下，网络吞吐量、端到端延时的变化规律，总结蛛网模型联通度改变对通信质量的影响规律，此研究将为人工蛛网模型应用于无线传感器网络提供理论依据。

4.3　人工蛛网网络拓扑构建

一个典型的圆形蛛网结构是由星形、环形拓扑有机结合的特殊结构。蛛网结构演化示意如图 4-1 所示，（a）是星形结构，（b）是环形结构，（c）为演化而来的人工蛛网结构。通过简单的放射状星形结构与单层环形结构相结合，可得到单层人工蛛网结构。归纳蛛网结构的演化过程，得出人工蛛网模型拓扑结构特征包括：（1）人工蛛网结构由一个星形拓扑和若干环形拓扑组合构成。环形拓扑的子节点同时包含在星形拓扑内的所有子节点中；（2）人工蛛网内部必有一个中心区，它可以由一个或多个节点构成，且该中心区可以与其他的子节点建立径向的连接；（3）在人工蛛网同层的子节点内部，子节点之间可以建立弦向连接，且每个子节点最多可以与其他子节点建立两条弦向直接连接路径。

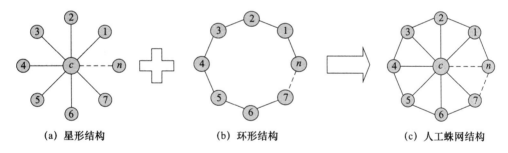

（a）星形结构　　　　　　（b）环形结构　　　　　　（c）人工蛛网结构

图 4-1　蛛网结构演化过程

为了阐释人工蛛网的结构特征，为深入研究提供数学基础，本书定义人工蛛网特征参数如下。

（1）定义中心节点为基站 BS，n 为单层节点总数。

（2）N_l（Number of layers）为围绕基站 BS 的蛛网层数，即同心圆层数，该参数反映人工蛛网的复杂度，同时也决定人工通信蛛网所覆盖的通信范围。

（3）N 为人工蛛网总节点数，与 l、n 具有以下关系：

$$N=l \times n \tag{4-1}$$

（4）将节点沿着螺旋放大方向进行从 1 开始依次编号，i 为任意节点编号，其中 $1 \leqslant i \leqslant N$，定义 $N_1 \sim N_n$ 为簇首节点，$N_n+1 \sim N_N$ 为任意普通节点。

（5）F_{pq}（Floating chain）为沿着半径方向的辐链，辐链定义分为两种情况，如公式（4-2）所示：

① 与基站 BS 直接相连时，$p=c$，$q=i$，其中 p 代表蛛网模型基站 BS，q 代表与之径向相连的第 i 层节点；

② 与中心节点多跳径向连接时，$p=i$，$q=i-n$，其中 p 代表蛛网模型中除去第 i 层节点之外的所有节点，q 代表与之径向相连的相邻内层节点。

$$F_{p-q}=\begin{cases}p=c,\ q=i & (1\leqslant i\leqslant n)\\ p=i,\ q=i-n & (n<i<N_n)\end{cases} \tag{4-2}$$

（6）S_{j-f}（String chain）为环形的弦链，弦链定义分为两种情况，如公式（4-3）所示：

① 第 1 条辐链上节点与第 n 条辐链上节点间同层链路，其中 j 和 f 分别代表第 1 条和第 n 条辐链上的所有节点的取值，其中 k 为从 0 开始的自然数。

② 第 1 条辐链上节点外，其余各辐链上所有节点与同层相邻节点间弦链。

$$S_{j-f}=\begin{cases}j=kn+1,\ f=kn+1 & (i=kn+1,\ k\geqslant0)\\ j=i,\ f=i-1 & (1<i\leqslant N_n,\ i\neq kn+1)\end{cases} \tag{4-3}$$

（7）θ 为蛛网的扇区角，即相邻两径向路径的夹角；

$$\theta=\frac{360^{\circ}}{n} \tag{4-4}$$

4.4　人工蛛网通信规则

我们通过对蛛网结构特性研究发现，蛛网振动信号主要通过径向丝传递，弦向丝仅承担很少一部分振动[27,28]。我们以蛛网拓扑结构为原型建立人工蛛网分簇分层通信规则，人工蛛网中心节点 c 类比为无线传感器网络的基站 BS，所有节点间通过链路连接，定义径向链路阈值为 Y。

（1）簇首定义

为避免频繁选举簇首增加通信开销，保证簇首均匀分布和簇首链路过少带来的网络时延，我们将与基站 BS 直接相连的第 1 层节点 N_1-N_n 指派为簇首，图 4-2 中 $1-n$ 为簇首编码。

（2）簇内节点定义

在网络初始化阶段，每个孤立节点计算出到达基站 BS 的最小跳数，并建立一张最小跳数路由表。在这个过程中采用泛洪算法，计算网络中每个节点到达基站 BS 的最短路径，每经过一个节点则跳数自动加 1，所有传感器节点以跳数形式按层次排列，将那些通过同一最小跳数与基站通信的传感器节点定位于同一层。同层节点中与任一簇首 N_i（$1\leqslant i\leqslant n$）通过最小跳数链接，则该节点为以 N_i（$1\leqslant i\leqslant n$）为簇首的簇内节点，由此可知，每一条径向链路为一个簇。

（3）簇首与基站 BS 通信

任一簇首均与基站 BS、两个相邻簇首和一个普通节点直接相连，簇首接收簇内的信息整合后转发给基站 BS，若某一簇首与基站 BS 间链路通信故障或簇首与基站 BS 间径向链路流量超过阈值 Y，则可以依次选择同层相邻链路节点作为中继点将信息转发到基站 BS。

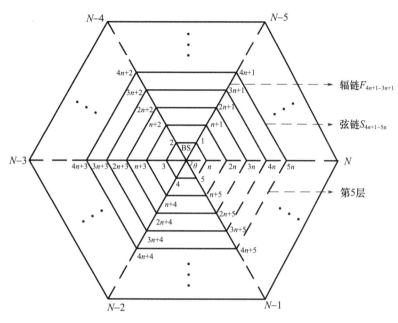

图 4-2　人工蛛网网络拓扑结构

（4）簇内节点通过簇首与基站 BS 通信

每一个普通节点与 4 个节点直接相连，第 2 层和最外层节点除外，普通节点均按照路由表中最短路径优先通信原则，将信息以多跳的形式转发给簇首，再由簇首转发给基站 BS。若最短路径中链路流量超过阈值 Y 或出现节点、链路通信故障，则可以依次选择同层相邻链路节点作为中继节点将信息转发到相邻簇首，再由相邻簇首转发给基站 BS，这与簇首故障时路由规则一致。

4.5　网络通信性能分析方法

大量研究表明，蛛网具有结构简单轻巧、机械强度高、能量耗散能力强[29-31]等优良的生物特性，但在网络抗毁性应用方面的研究仍处于起步阶段。端到端延时是源节点产生数据包的时间同该数据包到达目的节点时间之间的时间差的绝对值，本书将端到端延时 E_d（End-to-end delay）作为研究人工蛛网模型抗毁性的性能评价指标，具体定义如下：

端到端延时：任意节点 N_i 发送数据包到基站 BS 的延时时间为 T_i，其中 $1 \leqslant i \leqslant N_n$，各节点端到端延时总和为 $T_n = \sum\limits_{i=1}^{N_n} T_i$，端到端延时 E_d 定义为各节点数据包发送到基站 BS 延时时间总量与 N_n 的比值，表示为：

$$E_d = \frac{T_n}{N_n} \tag{4-5}$$

为了清楚地表示人工蛛网通信规则，表 4-1 给出了相应的计算步骤：

表 4-1　人工蛛网通信规则算法流程

算法 1　人工蛛网通信规则

---

input 任意节点 i，基站 BS，单层节点总数 n，径向链路阈值 Y，自然数 k，总节点数 N
output 任意节点到基站的路由策略
 while $n < i <= N$ **do**
  for Ni，$n < i <= N$ **do**
    If N_i 与前一径向链路没有故障且链路流量未超过阈值 Y
    then N_i 将信息转发给 N_{i-n}
  end for
  for $i = (k+1) * n$，$1 \leqslant k \leqslant N/n$ **do**
  $N_{(k+1)n}$ 将信息转发给 $N_{(k+1)n-1}$
    If $N_{(k+1)n-1}$ 故障
    then $N_{(k+1)n}$ 将信息转发给 N_{kn+1}
  end for
  for $i = kn+1$，$1 \leqslant k \leqslant N/n$ **do**
   N_{kn+1} 将信息转发给 N_{kn+n}
   If N_{kn+n} 故障
   Then N_{kn+1} 将信息转发给 N_{kn+2}
  end for
  for $i \neq (k+1) * n$ 且 $i \neq kn+1$，$1 \leqslant k \leqslant N/n$ **do**
   N_i 将信息转发给 N_{i-1}，
    If N_{i-1} 故障
    Then N_i 将信息转发给 N_{i+1}
  end for
 end while
 break；
 if $1 =< i <= n$
 then N_i 为簇首节点
 if 簇首节点 N_i 与 BS 之间没有链路通信故障且链路流量未超过阈值 Y
 then 簇首节点 N_i 将信息直接转发给 BS
 else 判断 i 的值
  if $i = 1$
  then N_1 将信息转发给 N_n，N_n 再将信息沿着径向链路转发给 BS，若 N_n 故障，
   则 N_1 将信息转发给 N_2，N_2 再将信息沿着径向链路转发给 BS
  else if $i = n$
  then N_n 将信息转发给 N_{n-1}，N_{n-1} 再将信息沿着径向链路转发给 BS，若 N_{n-1} 故
   障，则 N_n 将信息转发给 N_1，N_1 再将信息沿着径向链路转发给 BS
  else N_i 将信息转发给簇首节点 N_{i-1}，N_{i-1} 再将信息沿着径向链路转发给 BS，若
   N_{i-1} 故障，则 N_i 将信息转发给簇首 N_{i+1}，N_{i+1} 再将信息沿着径向链路转发给 BS
  end if
 end if
end if

为了研究人工蛛网模型的抗毁性能，以单层和 3 层人工蛛网为例，建立网络拓扑模型。单层人工蛛网模型参数为扇区角 $\triangle\theta = 60°$，6 个节点，3 层人工蛛网模型为扇区角 $\triangle\theta = 60°$，18 个节点，单层和 3 层人工蛛网模型均以端到端延时作为抗毁性能评价指标。

单层人工蛛网模型分别进行 3 组仿真试验，具体包括：（1）有噪声/无噪声时网络模型端到端延时试验；（2）不同发包间隔时网络模型端到端延时试验；（3）不同随机种

子时网络模型端到端延时试验；3 组试验分析了不同外界或内部条件变化对网络模型端到端延时的影响。3 层人工蛛网模型下进行 2 组仿真试验，具体包括：（1）逐层破坏单条径向链路和单个节点时网络端到端延时试验；（2）破坏同层节点和链路时网络端到端延时试验。

4.6　结果与分析

OPNET 是通过网络建模、节点建模、进程建模 3 层机制建立起来的网络模型，分别与实际网络的协议、设备、网络层相对应，能全面反映实际网络的相关特性，其突出的表现已成为网络规划和设计中的首选仿真平台[32,33]。本书采用 OPNET 14.5 作为仿真平台对人工蛛网网络模型的抗毁性能进行仿真分析。仿真过程定义了数据包、广播包、噪声包三种包格式，数据包大小定义为 200bit，广播包和噪声包大小为 72bit，链路的带宽定义为 9600bps，仿真时间设置为 1000s，默认外围节点的发包间隔 0.1s。

4.6.1　单层人工蛛网仿真分析

无线传感器网络通信技术应用领域广泛，网络的拓扑结构特性及通信参数设置对网络的稳定性影响很大，一方面网络通信信道易受到多途干扰，引起信道失衡从而导致丢包现象的概率增大；另一方面发包间隔对网络的路由建立时间、控制开销以及发送时延的影响很大；为了验证人工蛛网拓扑模型具有良好的稳定性，我们进行了如下 3 组仿真试验。图 4-3（a）为无噪声和有噪声时单层人工蛛网模型端到端延时的变化波形。无噪声时延时时间稳定在 0.021s（加入噪声之前的端到端理想延时时间），在 100ms 至 500ms 之间增加随机噪声后，延时出现波动，延时时间波动幅度占理想延时时间的 1.59%，与无噪声时基本保持一致，表明噪声对单层人工蛛网模型网络传输影响较小，该模型具有较强的可靠性。图 4-3（b）为在相同的噪声条件下，发包间隔分别为 200ms、100ms 时，单层人工蛛网模型端到端延时的变化波形。2 条端到端延时曲线均在端到端理想延时时间附近波动，发包间隔为 200ms 时，最大波动增幅为 0.66%，最小波动降幅为 0.38%；发包间隔为 100ms 时最大波动增幅为 0.78%，最小波动降幅为 0.57%，表明单层人工蛛网模型受发包间隔的影响很小。图 4-3（c）为在相同的噪声条件下，随机种子分别为 15、150 时，单层人工蛛网模型端到端延时随时间变化的波形，2 条端到端延时曲线均在端到端理想延时时间附近波动，随机种子为 15 时，延时最大波动增幅为 0.80%，最小波动降幅为 0.39%；随机种子为 150 时，最大波动增幅为 0.66%，最小波动降幅为 0.38%，表明单层人工蛛网模型受随机种子的影响很小，该模型具有较好的稳定性。

由图 4-3 可以很明显地看出：数据传输延时集中在 0.021s 左右，此为数据传输延时，基本没有由于数据拥塞造成的延时。仿真结果表明，单层人工蛛网，在保证中心节点处于数据处理能力范围内的情况下，通信流量及延时特性没有大的波动，网络传输的稳定性和可靠性均表现优异，能较好地满足无线传感器网络的服务质量。

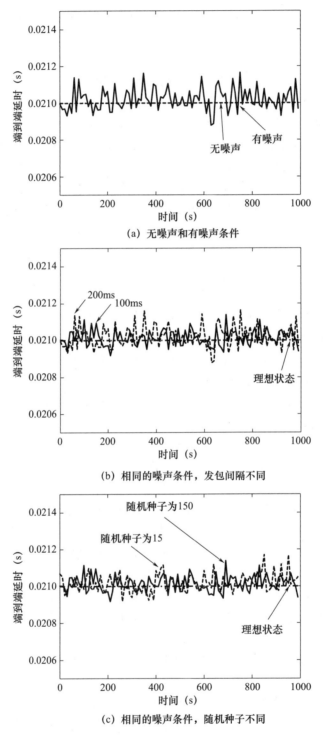

(a) 无噪声和有噪声条件

(b) 相同的噪声条件，发包间隔不同

(c) 相同的噪声条件，随机种子不同

图 4-3 不同条件下单层人工蛛网端到端延时时间仿真结果

4.6.2　三层人工蛛网仿真分析

为探究人工蛛网结构同一径向线上不同层链路对数据传输的影响程度，我们研究了同一径向线上不同层链路损坏情况下对网络端到端延时的影响，并依次进行全网、破坏链路 F_{c-2}、F_{8-2}、F_{14-8} 的仿真试验。图 4-4（a）是三层人工蛛网模型逐层破坏同一径向线上单条径向链路示意图，图 4-4（b）为仿真试验结果，与全网比较可知，破坏链路 F_{c-2}、F_{8-2}、F_{14-8} 时延时依次增加 23.3%，11.6%，2.3%，表明不同层链路的损坏均会造成不同程度的延时增加，且内层链路损坏时端到端延时时间远大于外层链路损坏，链路 F_{c-2}、F_{8-2}、F_{14-8} 被破坏后延时仍然能够分别在 0.053s，0.048s，0.044s 附近波动，表明单条链路从内向外逐层破坏时，人工蛛网模型传输性能具有很好的稳定性。由上述分析可知，当径向链路破坏时，导致与该径向链路同方向的外层节点与内层节点不能直接传递信息，转而通过相关中继节点与内层节点通信，数据传输经过的链路数会增加，同时网络延时也相应增加。人工蛛网结构同一径向线上越靠近基站 BS 链路损坏时，端到端延时时间越增加，表明链路的重要性程度越高，通过对通信网中不同层链路重要性程度的有效评价，为网络中链路的部署密度及链路的安全防护工作提供了重要的参考价值。

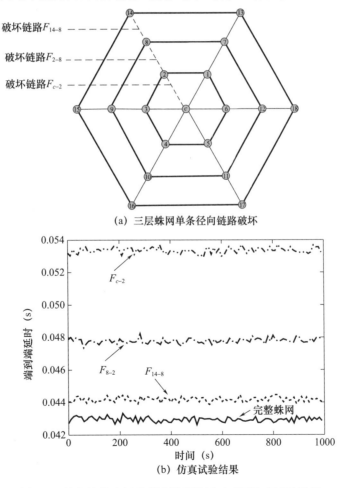

图 4-4　径向链路破坏示意及端到端延时时间仿真试验结果

在实际的通信网中，节点的损坏对网络的生存也具有至关重要的影响。网络中的某些节点承担着大量的通信转发工作，相对网中的其他节点而言具有更加重要的意义，是系统的关键点，这些节点是否正常直接影响整个通信网的性能，因此确定出网络中的最重要节点对提高整个通信网的生存性有着重要的意义。为探究人工蛛网结构同一径向线上不同层节点对数据传输的影响程度，我们研究了同一径向线上不同层节点损坏对网络端到端延时的影响，并依次进行全网、破坏节点 N_2、N_8、N_{14} 仿真试验。图 4-5（a）是三层人工蛛网模型逐层破坏同一径向线上单个节点示意图，图 4-5（b）为仿真试验结果，破坏节点 N_2 和 N_8 时，网络延时分别高于全网网络延时的 14.0% 和 2.3%，表明内层节点破坏增加网络延时，且越靠近基站 BS 网络延时影响越大，而破坏最外层节点 N_{14} 时，网络延时低于全网网络延时的 2.3%，表明最外层节点破坏网络延时反而会下降。节点 N_2、N_8、N_{14} 破坏时，网络延时分别在 0.049s，0.044s，0.042s 附近波动，说明人工蛛网模型传输性能具有很好的稳定性。通过对同一径向线上不同层节点损坏对网络端到端延时影响的分析，我们知道某一节点破坏将导致与之相连的通信链路不能正常通信，外层节点需通过中继节点与内层节点通信，此时通信链路数增加将导致网络延时时间也相应增加，但当最外层节点损坏时，自身不传递信息无延时，相比于全网情况，端到端延时反而会略微减少。人工蛛网结构同一径向线上越靠近基站 BS 节点损坏时，端到端延时时间越增加，表明节点的重要性程度越高。由仿真结果可知，通过对通信网中不同层节点重要性程度的有效评价，一方面可以得出不同层节点损坏下的通信网络拓扑结构的抗毁性，另一方面还指出了网络结构中需要优化加强的节点分布规律，为优化节点部署方案提供了有益的借鉴。

为进一步研究人工蛛网模型同层破坏条件抗毁性的定量分析，分别从破坏节点、链路两种情况分析人工蛛网模型端到端延时时间的差异。

3 层人工蛛网模型分别进行 6 组试验，具体为：（1）破坏第 1 层链路对 3 层人工蛛网模型端到端延时影响试验；（2）破坏第 2 层链路对 3 层人工蛛网模型端到端延时影响试验；（3）破坏第 3 层链路对 3 层人工蛛网模型端到端延时影响试验；（4）破坏第 1 层节点对 3 层人工蛛网模型端到端延时影响试验；（5）破坏第 2 层节点对 3 层人工蛛网模型端到端延时影响试验；（6）破坏第 3 层节点对 3 层人工蛛网模型端到端延时影响试验。

每一层链路或节点的破坏均包含有 10 种情况，图 4-6 以破坏第 1 层链路和破坏第 1 层节点为例说明 10 种情况：（1）仅破坏任意 1 条链路或节点；（2）破坏相邻的 2 条链路或相邻的节点；（3）破坏 2 条不相邻的链路或不相邻的节点；（4）破坏相邻的 3 条链路或相邻的 3 个节点；（5）破坏相邻数为 2 的 3 条链路或相邻数为 2 的 3 个节点；（6）破坏 3 条均不相邻的链路或 3 条均不相邻的节点；（7）破坏相邻的 4 条链路或相邻的 4 个节点；（8）破坏相邻数为 3 的 4 条链路或相邻数为 3 的 4 个节点；（9）破坏两两分别相邻的 4 条链路或两两分别相邻的 4 个节点；（10）破坏相邻的 5 条链路或相邻的 5 个节点。表 4-2 为破坏第 1、2、3 层径向链路时端到端延时和延时增加量的仿真结果。表 4-3 为破坏第 1、2、3 层节点时端到端延时和延时增加量的仿真结果。

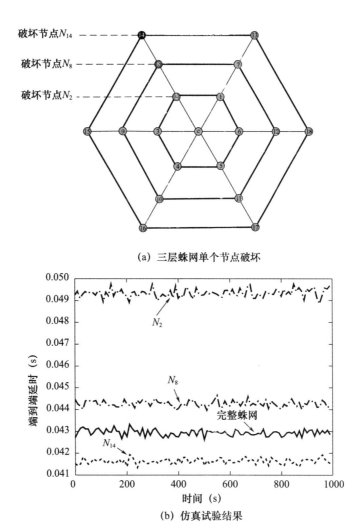

(a) 三层蛛网单个节点破坏

(b) 仿真试验结果

图 4-5　径向链路节点破坏示意及端到端延时时间仿真试验结果

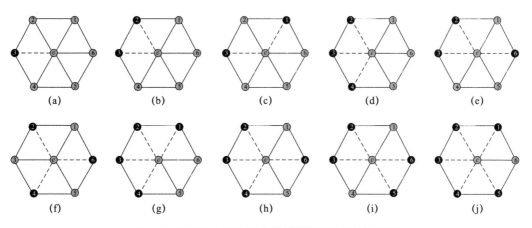

图 4-6　破坏第 1 层链路或节点可能出现的故障类型

表 4-2　破坏第 1、2、3 层链路网络延时时间的变化

破坏径向链路条数	故障类型	端到端延时时间（s）			延时增加量（s）		
		破坏第 1 层	破坏第 2 层	破坏第 3 层	破坏第 1 层	破坏第 2 层	破坏第 3 层
1	任意 1 条	0.053	0.048	0.044	0.010	0.005	0.001
2	相邻	0.075	0.058	0.047	0.032	0.015	0.004
	不相邻	0.064	0.053	0.045	0.021	0.010	0.002
3	3 条相邻	0.107	0.072	0.050	0.064	0.029	0.007
	2 条相邻	0.085	0.062	0.048	0.042	0.019	0.005
	不相邻	0.074	0.057	0.047	0.031	0.014	0.004
4	4 条相邻	0.149	0.092	0.055	0.106	0.049	0.012
	3 条相邻	0.117	0.077	0.052	0.074	0.034	0.009
	2 条相邻	0.106	0.072	0.050	0.063	0.029	0.007
5	5 条相邻	0.203	0.116	0.062	0.160	0.073	0.019

表 4-3　破坏第 1、2、3 层节点网络延时时间的变化

破坏节点数	故障类型	端到端延时时间（s）			延时增加量（s）		
		破坏第 1 层	破坏第 2 层	破坏第 3 层	破坏第 1 层	破坏第 2 层	破坏第 3 层
1	任意 1 节点	0.049	0.044	0.042	0.006	0.001	−0.001
2	相邻	0.062	0.047	0.040	0.019	0.004	−0.003
	不相邻	0.057	0.046	0.040	0.014	0.003	−0.003
3	3 个相邻	0.082	0.052	0.039	0.039	0.009	−0.004
	2 个相邻	0.071	0.049	0.039	0.028	0.006	−0.004
	不相邻	0.065	0.048	0.039	0.022	0.005	−0.004
4	4 个相邻	0.112	0.059	0.037	0.069	0.016	−0.006
	3 个相邻	0.093	0.054	0.037	0.050	0.011	−0.006
	2 个相邻	0.087	0.053	0.037	0.044	0.010	−0.006
5	5 个相邻	0.153	0.069	0.034	0.110	0.026	−0.009

由表 4-2 可知，分别破坏第 1、2、3 层链路条数从 1 增加到 5 时，端到端延时依次增大了 16、14.6、19 倍，表明随着同层径向链路破坏数量的增加，端到端延时增加量呈上升趋势；破坏第 1、2、3 层径向链路数为 3 时，3 条链路相邻端到端延时增加量分别为 0.064s、0.029s、0.007s，2 条链路相邻端到端延时增加量分别为 0.042s、0.019s、0.005s，均不相邻端到端延时增加量分别为 0.031s、0.014s、0.004s，表明同层破坏相同数量、不同位置链路时，相邻链路数愈多，延时增加量愈大；破坏 3 条不相邻链路延时增加量低于破坏 2 条相邻链路时的延时增加量，表明集中损坏链路大于分散损坏链路对端到端延时的影响。通过上述分析可知，当网络中有多条链路同时发生故障时，需要考虑如何确定维修的先后顺序，使通信网遭受的损失最小，或者在设计网络时，需要对某些链路重点维护，减少故障发生的概率，以提高整个通信网的可靠性系数。对通信网链路的重要性进行评价，是提高网络抗毁性的前提与关键，为进一步对不

同位置链路进行有效部署提供了重要的参考价值。

为探究同层节点数量、相同数量不同位置分布的节点对网络中数据传输的影响程度，我们进行了相关的试验，结果如表 4-3 所示，随着节点破坏数量的增加，第 1、2 层节点延时增加量呈上升趋势，破坏第 1 层节点数从 1 增加到 5 时，端到端延时增加量从 0.006s 上升至 0.11s，是原来的 18.3 倍；破坏第 2 层节点数从 1 增加到 5 时，端到端延时增加量从 0.001s 上升至 0.026s，是原来的 26 倍。当破坏节点数为 2，破坏相邻的两个节点和破坏两个不相邻节点时，第 1 层节点端到端延时增加量分别是 0.019s、0.014s，第 2 层节点端到端延时增加量分别是 0.004s、0.003s，表明损坏同层节点时，相邻节点数量越多，影响程度越大，因此，单层节点损坏过多时对网络正常通信功能有严重影响；最外层节点（第 3 层节点）损坏时，随着损坏节点数目的增加，网络延时时间呈现下降趋势；破坏相同的节点数时，破坏节点是否相邻对网络延时无影响。最外层节点呈现的特殊规律与其所处的位置有关，最外层节点根据路由规则仅向内层节点传递信息，所以当最外层节点损坏数目增加时，相比全网时的网络延时反而会变小，表明最外层节点的损坏对网络通信性能的影响较小。通过上述分析可知，节点的重要性程度分布规律与链路基本保持一致，全网范围内的节点重要性有效地反映了节点失效对整个系统的影响程度，因此在进行网络中节点部署时应对重要性节点重点维护，或通过增加重要位置处节点的部署密度来增强网络的抗毁能力。

4.7　本章小结

受蛛网结构优势特性启发，我们建立了人工蛛网网络拓扑模型，定义了相关结构参数，并将端到端延时作为描述人工蛛网模型抗毁性能的指标进行了单层和 3 层仿真试验，得出如下结论：

（1）内层节点、链路对人工蛛网模型的联通质量影响较大，外层节点则影响较小，故内层的链路、节点重要程度远大于外层。

（2）同层相邻链路、节点的破坏更容易使模型瘫痪，节点和链路集中破坏影响程度大于分散破坏时的影响程度，这一结论的提出对部署网络拓扑结构节点和链路提供了理论指导。

（3）最外层节点破坏会减小模型覆盖面积，但对内层的正常通信没有影响。此规律对进一步指导蛛网网络模型的抗毁性研究意义重大。

参考文献

[1]　CHIWEWE T M，HANCKE G P. A distributed topology control technique for low interference and energy efficiency in wireless sensor networks［J］. IEEE Transactions on Industrial Informatics，2011，8（1）：11-19.

[2]　LATA S，MEHFUZ S，UROOJ S，et al. Fuzzy clustering algorithm for enhancing reliability and network lifetime of wireless sensor networks［J］. IEEE Access，2020，8：66013-66024.

[3]　KUMARAN R S，SUGANYA P. Network lifetime enhancement in wireless sensor networks

using energy aware clustering with fuzzy system ［C］//Journal of Physics：Conference Series. IOP Publishing，2021，1717（1）：012069.

［4］ IDRISSI N E，NAJID A，ALAMI H E. New routing technique to enhance energy efficiency and maximize lifetime of the network in WSNs ［J］. International Journal of Wireless Networks and Broadband Technologies（IJWNBT），2020，9（2）：81-93.

［5］ SUMAN J，SHYAMALA K，ROJA G. Improving network lifetime in WSN's based on maximum residual energy ［C］//2021 2nd International Conference for Emerging Technology（INCET）. IEEE，2021：1-5.

［6］ ASADOLLAHI H，ZANDI S，ASHARIOUN H. Maximizing network lifetime in many-to-one wireless sensor networks（WSNs） ［J］. Wireless Personal Communications，2022，123（4）：2971-2983.

［7］ JAISWAL K，ANAND V. EOMR：An energy-efficient optimal multi-path routing protocol to improve QoS in wireless sensor network for IoT applications ［J］. Wireless Personal Communications，2020，111（4）：2493-2515.

［8］ SABAH S H，CROOCK M S. Increasing WSN lifetime using clustering and fault tolerance methods ［J］. Iraqi Journal for Electrical And Electronic Engineering，2021，17（1）：1-6.

［9］ YOGITA Y，PAL V，YADAV A. DDC protocol to protract network lifetime of wireless sensor networks ［J］. International Journal of Computers and Applications，2022，44（4）：316-323.

［10］ DAANOUNE I，BAGHDAD A，BALLOUK A. Improved LEACH protocol for increasing the lifetime of WSNs ［J］. Int. J. Electr. Comput. Eng. IJECE，2021，11：3106-3113.

［11］ ZHENG G Z，LIU Q M. Scale-free topology evolution for wireless sensor networks ［J］. Computers & Electrical Engineering，2013，39（6）：1779-1788.

［12］ ZHENG G Z，LIU S Y，QI X G. Scale-free topology evolution for wireless sensor networks with reconstruction mechanism ［J］. Computers & Electrical Engineering，2012，38（3）：643-651.

［13］ SARSHAR N，ROYCHOWDHURY V. Scale-free and stable structures in complex ad hoc networks ［J］. Physical Review E，2004，69（2）：026101.

［14］ LI S D，LI L X，YANG Y X. A local-world heterogeneous model of wireless sensor networks with node and link diversity ［J］. Physica A：Statistical Mechanics and its Applications，2011，390（6）：1182-1191.

［15］ HU S H，LI G H. TMSE：a topology modification strategy to enhance the robustness of scale-free wireless sensor networks ［J］. Computer Communications，2020，157：53-63.

［16］ YIN R R，ZHANG F F，XU Y H，et al. A security routing algorithm against selective forwarding attacks in scale-free networks ［J］. Procedia Computer Science，2020，174：543-548.

［17］ LEI W，MA S，MA J F. Robustness improvements of scale-free networks against cascading breakdown ［J］. Europhysics Letters，2022，138（3）：31002.

［18］ GENG H R，CAO M，GUO C W，et al. Global disassortative rewiring strategy for enhancing the robustness of scale-free networks against localized attack ［J］. Physical Review E，2021，103（2）：022313.

［19］ GAO Z Y，LIU Y Q，QI F，et al. Scale-free topology security mechanism of wireless sensor network against cascade failure ［J］. International Journal of Communication Systems，2021，34（10）：e4810.

［20］ CHARALAMBOUS C，CUI S G. A biologically inspired networking model for wireless sensor networks [J]. IEEE network, 2010, 24 (3): 6-13.

[21] WU J, TAN Y J, DENG H Z, et al. Heterogeneity of scale-free networks [J]. Systems Engineering-Theory & Practice, 2007, 27 (5): 101-105.

[22] GOULAS A, DAMICELLI F, HILGETAG C C. Bio-instantiated recurrent neural networks: integrating neurobiology-based network topology in artificial networks [J]. Neural Networks, 2021, 142: 608-618.

[23] KASTON B J. The evolution of spider webs [J]. American Zoologist, 1964: 191-207.

[24] LIU X S, ZHNAG L, ZHOU Y, et al. Performance analysis of power line communication network model based on spider web [C] //8th International Conference on Power Electronics-ECCE Asia. IEEE, 2011: 953-959.

[25] YU C, ZHOU H, LU X Q. Frequency control of droop-based low-voltage microgrids with cobweb network topologies [J]. IET Generation, Transmission & Distribution, 2020, 14 (20): 4310-4320.

[26] CHEN Y S, CHIANG W L. A spiderweb-based massive access management protocol for M2M wireless networks [J]. IEEE Sensors Journal, 2015, 15 (10): 5765-5776.

[27] DAS R, KUMAR A, PATEL A, et al. Biomechanical characterization of spider webs [J]. Journal of the mechanical behavior of biomedical materials, 2017, 67: 101-109.

[28] YU H, YANG J L, SUN Y X. Energy absorption of spider orb webs during prey capture: a mechanical analysis [J]. Journal of Bionic Engineering, 2015, 12 (3): 453-463.

[29] TIETSCH V, ALENCASTRE J, WITTE H, et al. Exploring the shock response of spider webs [J]. Journal of the mechanical behavior of biomedical materials, 2016, 56: 1-5.

[30] QIN Z, COMPTON B G, LEWIS J A, et al. Structural optimization of 3D-printed synthetic spider webs for high strength [J]. Nature communications, 2015, 6 (1): 1-7.

[31] OPELL B D, BOND J E. Capture thread extensibility of orb-weaving spiders: testing punctuated and associative explanations of character evolution [J]. Biological Journal of the Linnean Society, 2000, 70 (1): 107-120.

[32] BIEGELEISEN E, EASON M, MICHELSON C, et al. Network in the loop using HLA, distributed OPNET simulations, and 3D visualizations [C] //MILCOM 2005-2005 IEEE Military Communications Conference. IEEE, 2005: 1667-1671.

[33] HASAN M S, YU H N, GRIFFITHS A, et al. Simulation of distributed wireless networked control systems over MANET using OPNET [C] //2007 IEEE International Conference on Networking, Sensing and Control. IEEE, 2007: 699-704.

第5章 仿蛛网农田无线传感器网络
抗毁性量化指标构建

5.1 引　　言

由第4章分析可知，人工蛛网内层节点、链路对人工蛛网模型的联通质量影响较大，外层节点则影响较小，节点和链路集中破坏影响程度大于分散破坏时的影响程度，最外层节点的破坏会减小模型覆盖面积，但对内层正常通信没有影响。为获得更有效的量化评价指标，解决传统抗毁性量化指标无法准确描述网络组件失效的耦合关系和全局作用，难以有效归纳、蛛网抗毁性机制与规律的问题，本章基于圆形蛛网螺旋放大结构建立人工蛛网拓扑，提出了一套基于节点平均路径数和节点、链路平均使用次数的人工蛛网模型抗毁性量化指标体系，评测失效网络组件的全网影响度和权重等指标，旨在为优化农田无线传感器网络部署、实现规模化可靠应用提供参考，通过全网仿真试验、失效仿真试验验证得知所设置的抗毁性量化指标合理有效，能够用于改善农田无线传感器网络的生存能力。

5.2　相关工作

现有农田无线传感器网络的研究工作主要集中于节点部署、组网设计、分簇路由算法开发等方面，江冰等提出了用于农田环境监测的 WSN 路由算法，对簇的形成、簇首选举及簇首更换策略进行研究和改进，研究表明，分簇路由协议的能量效率比平面路由协议有较大的提高，可以将网络生存时间延长 15％以上[1]。Miao 等提出了一种基于有效能耗的非均匀分簇路由协议，该方法结合农田环境信号的多路径衰减的特点，并引入图像分割的思想，通过有效能耗和簇内平均能耗计算能耗成本系数，实现网络整体能耗的最小化和平衡。仿真结果表明，该协议提高了节点间的能量平衡效果，延长了网络生命周期，实现了农田复杂环境下无线传感器网络数据采集的高效能量利用[2]。针对灌区监测范围大、测点分散的特点，在分析灌区需水侧无线传感器网络条形布局特点的基础上，Li 等提出了一种基于无线传感器网络的灌区监测分簇路由算法，研究了簇的形成、簇头的选择、簇与汇聚节点之间的路由过程，试验结果表明，该算法在网络能耗方面有一些优势[3]。Pandiyaraju 等提出了一个使用了模糊规则的智能路由协议，以提高网络寿命，并在路由过程中提高能源效率，用于向灌溉系统提供数据，试验结果表明，拟议的算法表现良好[4]。Rajput 等为了农田监测提出了一种基于模糊逻辑的自组织分簇方案，通过超级簇头来减少簇的数据传输距离，结果所提出的方案在节能和稳定的网络寿命方面有很好的表现[5]。为了克服大规模农田无线传感器网络中传统数据收集方法的局限性，Yang 等提出了一个基于虚拟势场的移动汇聚路径规划策略，仿真结果显示了良好的传输效率和网络寿命，基于虚拟势场策略和传输距离概率策略的结合，使节点的公平性和实时性得到保证，满足了大规模农田数据采集的需要[6]。为了延长节点的寿命并缩短传输距离，Rajput 等提出了一个基于模糊的分布式分簇协议，该协议使用 MAT-LAB 进行了仿真，仿真结果表明，所提出的协议是可扩展和可持续的，可以有效地应用于农田监测系统[7]。张波等提出一种满足南方农田信息获取采样和数据业务需求的三层架构的无线传感器网络体系结构，仿真和试验表明，很好地满足了南方地区农田信息数据采集要求[8]。杜克明等设计了一套将物联网基于"点"的监测数据与 Web GIS 基于"面"的空间数据融合分析的解决方案，结果表明系统能有效地实现农业环境由点到面的区域动态监测[9]。刘卉等设计了等边三角形、正方形、正六边形规则网格的系统节点部署和系统随机节点部署两种方法，为农田环境监测应用中传感器节点的合理布局规划提供了理论依据[10]。孙玉文等利用网络仿真软件从网络性能角度对随机部署、正六边形部署及正四边形部署方式进行了仿真比较，结果表明系统能够实现无缝覆盖，稳定可靠地采集农田信息，为无线传感器网络在农田环境中的进一步应用提供了参考[11]。然而以上对于提高网络的抗毁性研究较少。具有自适应性、鲁棒性和自修复等特点的生物智能系统，对提高农田无线传感器网络抗毁性研究具有重要意义。蛛网是一种集优雅、超轻、抗毁于一体的网状结构，整个网作为一个综合系统来研究，包括其拓扑结构、几何参数（例如，网的大小、线径比、线长等)[12-13]，受其结构启发的人工蛛网模型具有分层分簇和中心对称等特点，继承了蛛网独特的结构优势，具有极高的网络抗毁能力，为农田无线传感器网络高抗毁性模型研究提供了新的参考。刘晓胜等人利用平均端到端延时和丢包率作为指标评价网络的抗毁性，表明人工蛛网相比星形网络具有更优异的联通度和抗毁能力，但未量化分析人工蛛网模型的抗毁性机制[14]。Mocanu 等提出一种基于蛛网自然结构的新型点对点覆盖结构，进而分析两节点之间的链路总数和跳数，表明蛛网结构覆盖类型下数据传播性能优于蜂窝和弦状结构[15]。已有研究主要集中于人工蛛网拓扑结构优势继承方面，Canovas 等提出了一个生物启发系统，该系统使用了网络爬虫捕获其猎物时采取的程序，实现了一个低交互传感器诱捕系统，通过检测入侵者，延迟对入侵者的交互，得以尽早了解入侵者行为[16]。

Bhanu 提出了一个基于代理的蛛网信息收集方案，以促进无线传感器网络中高性能和高能效的数据收集和多路径路由，仿真结果显示，蛛网的网络结构和软件代理在最大限度地减少能量消耗方面比现有方案表现得更好，从而提高了无线传感器网络的网络寿命[17]。为了解决智能电网通信中链路质量预测的准确度问题，Chen 等提出了一种支持 Q-Learning 算法的 PLC 网络拓扑控制方案，建立了基于 Q-Learning 的链路可靠性预测模型，利用相邻节点之间的接收信号强度信息来确定相邻节点之间的连接状态，实现较少的数据包损失和较高的效率，提高 PLC 网络的业务支持能力[18]。Zaera 等开发了一个适合处理影响事件特征的非线性的有限元模型，揭示了圆形网的拓扑结构和空气动力之间的相互作用，提高了球网对抗猎物撞击的性能[19]。对其抗毁性量化的探讨尚为空白。通过对人工蛛网模型中节点、链路的抗毁性进行比较，可优化节点、链路分层部署，为建立仿蛛网的农田无线传感器网络多路径分层分簇路由协议提供决策依据。开展人工蛛网模型组件抗毁性量化研究是实现该目标的前提基础。

已有的网络模型抗毁性量化研究主要通过描述网络拓扑结构的基本统计特征表征其抗毁性，具体包括节点的度、簇系数、介数、平均路径长度、联通度等，陈静等提出了一种基于度值和线的重要性的有效排序方法，该方法能够以较低的计算复杂度很好地识别桥梁节点的重要性，试验结果表明该方法可以有效地评估复杂网络中节点的重要性[20]。Zhang等以复杂网络中的无标度网络为研究对象，提出了一种改良的烟花算法，该算法能够有效提高全局搜索能力和收敛速度，形成具有最大自然联通性的网络，可以有效促进网络抵御级联故障的能力，仿真试验表明，与初始网络相比，用该算法优化的工业无线传感器网络能够显著提高动态和静态无损性的性能[21]。Qu等提出了一个基于级联故障的通信网络模型，在负载容量非线性模型和负载局部优先级再分配原则下，通过数值模拟分析了负载参数、容量参数和网络演化步长对网络级联不可抗力的影响，试验结果表明，在固定负荷参数的条件下，得到了容量参数的最优组合，使网络具有最强的级联抗毁性，对实战网络的级联失效模型设计具有一定的参考价值[22]。Mao等提出了一种通过分离单独节点和连接边缘的简化算法，试验表明这些算法在计算无标度网络的平均最短路径长度时需要较少的内存空间和较短的时间，这使得分析因内存限制而无法分析的大型网络成为可能[23]。Shargel等描述了一个参数化的网络簇，分析了它们的联通性和敏感性，确定了一个互连性更接近无标度网络、攻击鲁棒性更接近指数网络、抗故障能力更好的网络[24]。但是以上这些存在网络抗毁性刻画简单，缺乏对网络拓扑结构中节点和链路间的层间耦合关系、级联失效情况综合考虑等问题，难以准确反映人工蛛网模型中节点、链路失效及其耦合效应引起的抗毁性能动态演化。具体表现在：（1）传统抗毁性量化指标主要用于评价去中心性网络，人工蛛网模型则属于有中心网络，中心节点采用集中式通信控制策略，经由链路和中继节点与外部节点通信，节点、链路的耦合关系易引起级联失效，现有指标无法量化各组件抗毁能力和定量分析级联失效的影响；（2）传统分析指标主要集中于对同一类型组件量化评价，胡爱群等介绍了通信网链路重要性的评估模型，提高了通信网的设计以及提高通信网的可靠性，使通信网遭受的损失为最小[25]。陈勇等提出了一种对通信网中节点重要性进行评价的方法，给出了简洁的归一化解析表达式，试验结果表明，精确地反映了基于网络拓扑的节点重要性[26]。以上未能对网络内部组件进行全局综合考虑，无法解析人工蛛网模型组件的重要程度。因此，需要定义一种适应人工蛛网模型的抗毁性量化指标。

为解决人工蛛网模型抗毁性量化指标缺失的问题，针对人工蛛网模型中心对称性、分层分簇、链路冗余等特点，利用节点、链路的使用频次与重要程度呈现显著正相关关系，提出人工蛛网模型抗毁性量化指标，用于描述网络组件失效前后系统抗毁性能的动态演化，总结节点、链路的耦合、级联失效规律，用于指导仿蛛网农田无线传感器网络部署策略和分层路由协议的建立。

5.3　建立人工蛛网结构模型

圆形蛛网结构在蛛网进化过程中占据着核心地位，本章基于圆形蛛网螺旋放大结构建立人工蛛网模型拓扑结构如图 5-1 所示[27,28]，该模型由节点和连接节点的链路组成，分别与农田无线传感器网络的节点和通信链路对应，节点分为中心节点和普通节点两种类型，对应农田无线传感器网络的汇聚节点和普通节点。中心节点位于模型中心，负责发送控制信息和汇总各节点的信息，普通节点围绕中心节点同心层分布，负责向中心节点发送信息和接收中心节点的控制信息。链路分为弦链和辐链，弦链用于同层节点通信，辐链用于邻层节点通信，人工蛛网模型拓扑结构参数定义如表 5-1 所示。

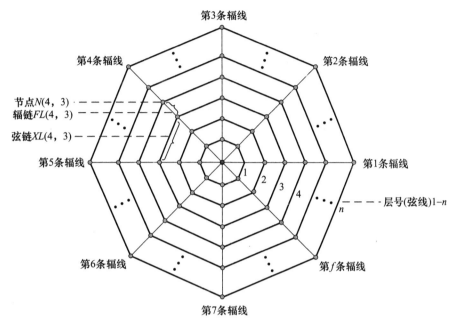

图 5-1　人工蛛网模型拓扑结构

表 5-1　人工蛛网模型拓扑结构参数定义

参数	描述
中心节点	人工蛛网模型拓扑结构中心位置节点定义为中心节点
层数	围绕中心节点 c 且包含所有节点的同心正多边形个数
辐线总数	中心节点 c 与最外层节点径向连线总条数
辐线	中心节点 c 与各最外层节点径向连线
弦线	围绕中心节点 c 且经过同层所有节点的同心正多边形
节点	辐线与弦线相交位置称为节点，$N(p, q)$ 表示第 p 条辐线与第 q 弦线相交的节点
扇形区间	相邻两条辐线中间区域为扇形区间 I_p，其中 p 为辐线编号
弦链	相邻辐线间的弦线定义为弦链，其中 p 为辐线编号，q 为弦线的层数编号
辐链	相邻弦线间的辐线定义为辐链，其中 p 为辐线编号，q 为弦线层数编号

5.4　人工蛛网模型组件抗毁性能评价指标

人工蛛网模型拓扑结构是由星形拓扑和环形拓扑有机结合的特殊结构，属于典型的有中心分层网络，具有一对多、多对一的通信特点，各节点与中心节点通信的所有不重复路径中，经过一个节点或者链路的次数越多，则该节点和链路越重要[29]。节点路径数、节点和链路被使用次数能很好地反映其重要程度，据此定义抗毁性量化指标为：

$$
\begin{cases}
\overline{W_q} = \dfrac{\sum\limits_{p=1}^{n} W(p,q)}{n} \\[4mm]
\overline{C_q} = \dfrac{\sum\limits_{p=1}^{n} C(p,q)}{n} \\[4mm]
\overline{X_q} = \dfrac{\sum\limits_{p=1}^{n} U_{XL(p,q)}}{n} \\[4mm]
\overline{F_q} = \dfrac{\sum\limits_{p=1}^{n} U_{FL(p,q)}}{n}
\end{cases}
\tag{5-1}
$$

式中，$W(p,q)$ 表示第 p 条辐线与第 q 层弦线相交的节点与中心节点通信可选择路径数，$\overline{W_q}$ 表示每个第 q 层节点与中心节点 c 通信可选择的平均路径数；$C(p,q)$ 表示第 p 条辐线与第 q 层弦线相交的节点使用次数，$\overline{C_q}$ 表示每个第 q 层节点平均使用次数；$U_{XL(p,q)}$ 表示弦链 $U_{XL(p,q)}$ 使用次数，$\overline{X_q}$ 表示每个第 q 层弦链平均使用次数；$U_{FL(p,q)}$ 表示辐链 $U_{FL(p,q)}$ 使用次数，$\overline{F_q}$ 表示每个第 q 层辐链平均使用次数。

$\overline{W_q}$ 值随着层数增加而增大，表明外层节点可选择的通信链路多，$\overline{C_q}$、$\overline{X_q}$、$\overline{F_q}$ 值的大小与组件重要性正相关，通过比较 4 个指标在网络受损前后的变化程度能够有效地反映网络抗毁性能的强弱。通过比较节点、链路失效前后平均节点路径数的变化，可以量化评价节点和链路的重要程度。

单一组件失效下各层节点平均路径数 $\overline{AW_q}$ 定义为：

$$
\overline{AW_q} = \dfrac{\sum\limits_{p=1}^{f} \sum\limits_{q=1}^{n} W(p,q) \cdot \dfrac{\overline{W_n}}{\overline{W_q}}}{n \cdot f}
\tag{5-2}
$$

式中，$W(p,q)$ 代表节点 $N(p,q)$ 与中心节点 c 通信可选择的路径数；$n \cdot f$ 代表总节点数；$\dfrac{\overline{W_n}}{\overline{W_q}}$ 表示各层节点路径数的加权系数，用于调整因层数不同带来的路径数的差异性，其中，$\overline{W_n}$ 代表最外层节点与中心节点 c 通信可选择的平均路径数，$\overline{W_q}$ 表示第 q 层节点与中心节点 c 通信可选择的平均路径数；$\overline{AW_q}$ 越小，表明该组件失效对网络影响越大。

失效组件的全网影响度 η_q 定义为：

$$
\eta_q = 1 - \dfrac{\overline{AW_q}}{\overline{W_n}}
\tag{5-3}
$$

式中，η_q 越大，表明该组件失效对网络抗毁性影响越大。

在各组件对全网影响度的基础上，定义人工蛛网各组件的抗毁性权重。各失效组件权重 WW_q 定义为：

$$WW_q = \frac{\eta_q}{\sum\limits_{q=1}^{n} (\eta_{Nq} + \eta_{XLq} + \eta_{FLq}) \cdot f} \tag{5-4}$$

式中，η_{Nq}、η_{XLq} 和 η_{FLq} 分别表示节点、弦链和辐链在拓扑 q 层的影响度；WW_q 可以综合评价模型各组件对全网抗毁性重要程度，WW_q 越大，则该组件对抗毁性能影响越大。

5.5 结果与分析

本章在 MATLAB 2016a 软件环境下对人工蛛网模型抗毁性进行了系列仿真试验。试验分为两部分，第 1 部分为全网试验，通过比较 3 种不同规模人工蛛网模型是否具有一致的抗毁性规律，验证所提指标的合理性；第 2 部分为失效试验，为验证所提指标的有效性，以 $q=5$、$p=8$ 的人工蛛网模型为例，分析全局范围内组件的耦合关系，验证所提指标的有效性。

5.5.1 全网仿真试验

对 $q=4$、$p=7$（模型 1），$q=5$、$p=8$（模型 2），$q=6$、$p=9$（模型 3）3 种规模的人工蛛网模型分别进行仿真试验分析，图 5-2 为不同规模模型下节点路径数随层号变化曲线。从图 5-2 中可以看出，3 种模型中，各层节点平均路径数随层号的增加呈现指数增长的变化规律，符合 $\overline{W_q} = (2p-1)^q$。由此可知，人工蛛网模型节点平均路径数因辐线、弦线条数增加而增大。模型 1、模型 2、模型 3 分别以指数常数 13、15、17 增长，表明随着模型复杂度提高、节点所在层号递增，节点与中心节点间弦链、辐链和中继节点数目增多导致通信路径数急剧上升，任一节点的节点路径数与模型规模、所在层号呈指数正相关关系，体现了人工蛛网模型拓扑结构的层次多径性特点。

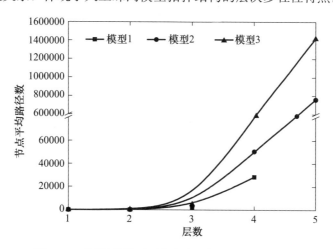

图 5-2 不同规模模型下节点路径数随层号变化曲线

注：模型 1：$q=4$，$p=7$；模型 2：$q=5$，$p=8$；模型 3：$q=6$，$p=9$

为检验不同规模人工蛛网模型节点、链路平均使用次数是否具有一致规律，分别对 3 种模型进行仿真分析，结果如图 5-3 所示。由图 5-3 可知，3 种模型中抗毁性指标均表现出相同的变化规律，随着层号的递增，节点、弦链、辐链平均使用次数逐渐下降，模型1、模型2、模型3中内层节点平均使用次数下降幅度为0.42‰；弦链平均使用次数下降幅度为0.0184‰；辐链平均使用次数下降幅度为0.00066‰，最外层节点、弦链、辐链对应的下降幅度依次是7.1%、6.3%、55.3%，内层下降幅度较小，外层下降趋势显著，且随着模型规模增大，下降趋势愈加明显。结果表明不同规模人工蛛网模型节点、链路平均使用次数具有一致规律，可用于评价人工蛛网模型抗毁性。

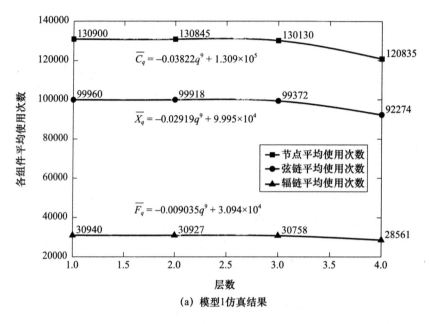

(a) 模型1仿真结果

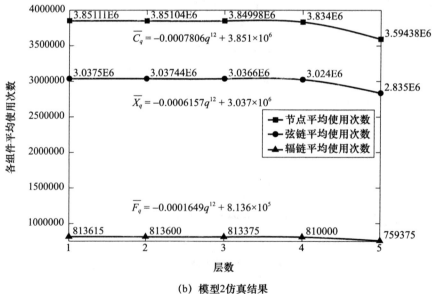

(b) 模型2仿真结果

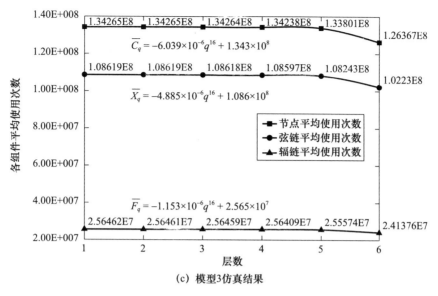

图 5-3　3 种蛛网模型节点、弦链、辐链平均使用次数仿真结果

　　综合分析上述两个仿真试验可知，人工蛛网模型中：（1）模型 1、模型 2、模型 3 节点平均使用次数依次是弦链平均使用次数的 1.31、1.27、1.24 倍，是辐链平均使用次数的 4.23、4.73、5.24 倍，表明相同层号时，节点的重要性最大，弦链次之，辐链最小。（2）节点路径数，节点、弦链、辐链平均使用次数 4 个指标，在评价不同规模人工蛛网模型时具有相同的变化规律，表明本书所提指标能有效评估人工蛛网模型抗毁性。

5.5.2　破坏试验仿真分析

　　为了验证本章所提指标的有效性，以模型 2 为例，逐层破坏第四条辐线上节点、弦链、辐链，仿真试验结果如图 5-4 所示。图 5-4（a）中，节点、弦链、辐链失效时，失效位置内层的节点平均路径数和全网保持一致，失效位置及其外层分别下降至全网的 40.8%、53.3%、87.5%，表明组件失效对失效位置所在层及其外层的节点平均路径数均有影响，影响程度从高到低为：节点＞弦链＞辐链。图 5-4（b）中，节点、弦链、辐链失效时，失效位置所在层节点平均使用次数依次下降至 28.3%、40.8%、87.5%，其余各层分别下降至全网的 40.8%、53.3%、88.3%，表明组件失效对节点平均使用次数具有全网性的影响，失效位置所在层影响程度大于其余各层，影响程度按：节点＞弦链＞辐链的规律排列，图 5-4（c）和图 5-4（d）中，弦链平均使用次数和辐链平均使用次数具有与节点平均使用次数相同的规律。

　　分析可知，节点、弦链、辐链失效时，节点平均路径数衰减具有单向扩散性，即只对失效位置外层产生影响，节点、弦链、辐链平均使用次数衰减则具有双向扩散性，即对失效位置所在层内、外两侧均产生影响，表明层间节点、链路存在明显的相交耦合关系和层间耦合关联特征。通过对人工蛛网模型不同组件失效激励、量化分析网络动态演化规律，对开发高抗毁性路由协议、提高网络抗毁性具有重要意义。

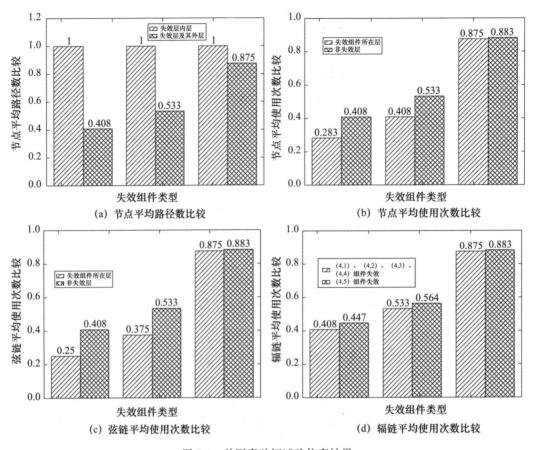

图 5-4　单因素破坏试验仿真结果

为探究人工蛛网模型组件失效的耦合影响规律，进行 5 组试验：（1）试验 1 失效第 1 层节点（N（1，1）$-N$（6，1）），弦链（XL（1，1）$-XL$（6，1）），辐链（FL（1，1）$-FL$（6，1））；（2）试验 2、3、4、5 分别失效 2、3、4、5 层对应位置的组件。仿真试验结果表明，各组试验呈现一致的变化规律，以第 3 层为例进行分析。从图 5-5（a）中可以看出，第 3 层部分组件失效时，失效节点的节点路径数下降至 0，同层相邻节点的节点路径数下降至全网的 13.33%，失效位置内层节点的节点路径数与全网时保持一致，外层节点的节点路径数分别下降至全网的 3.56% 和 3.32%，结果表明，受失效组件影响，同层及外层节点的节点路径数下降显著。从图 5-5（b）中可以看出，第 3 层部分组件失效导致全网节点使用次数具有明显的波动规律，失效节点的节点使用次数下降至 0，其同层位置下降至全网的 4.23%，相邻内外层分别下降至全网的 3.03% 和 3.00%，次内层和次外层分别下降至 3.38% 和 3.36%，试验表明，失效组件对网络抗毁性的影响具有同层耦合和减弱扩散的特征。从图 5-5（c）中可以看出，第 3 层部分组件失效后，弦链 XL（7，3）保持有效且使用次数明显高于其他各层弦链，在维持人工蛛网模型的稳定性方面发挥着重要的作用，受失效组件影响，失效位置内外层弦链使用次数下降程度显著。从图 5-5（d）中可以看出，第 3 层部分组件失效后，与其相邻的内层辐链使用次数明显高于其余各层，而外层相邻的第 4 层部分组件同步失效，失效位置所在层有效辐链的辐链使用次数达全网的 13.33%，结果表明，辐链的失效可提高内层组件的使用频次，严重损毁外层组件的网络通信功能，表明辐链在内外层间联系方面起着关键作用。

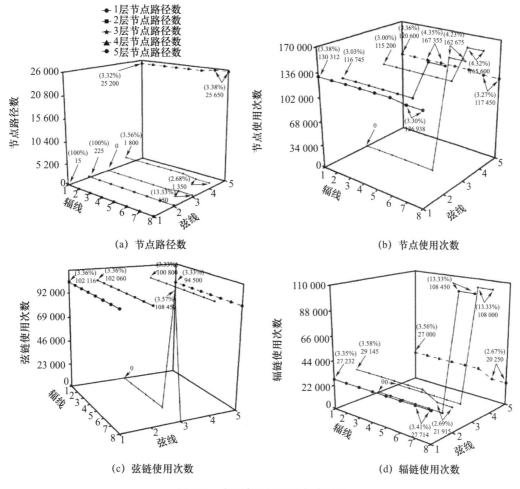

图 5-5　多因素破坏试验仿真结果

分析可知，人工蛛网模型中，局部组件失效产生的影响会波及整网，同层及相邻层影响效果更加显著，表明人工蛛网模型组件失效过程表现出明显的级联扩散特征，因此，开展全局式量化分析，有助于人工蛛网模型抗毁性能动态演化过程与级联失效机制的深入研究。

5.5.3　蛛网模型组件量化结果分析

表 5-2 为人工蛛网模型各组件破坏后各组件权重 WW_q 的仿真分析结果，其中，节点、弦链、辐链分别占 50%、39.44%、10.56%，同层弦链、辐链相较于节点权重占比依次衰减约 21% 和 79%，表明同层组件中节点具有更重要的地位；第 1 层节点、弦链、辐链权重占比达到全网的 33.28%，最外层仅占全网的 6.72%，表明靠近中心节点的各组件具有更为重要的地位。

表 5-2 人工蛛网模型各组件破坏时仿真结果

参数	破坏类型	层数				
		1	2	3	4	5
$\overline{AW_q}$	节点	310078	399937	489796	579656	669515
	弦链	405000	475875	546750	617625	688500
	辐链	664453	683437	702421	721406	740390
$\eta_q(\%)$	节点	59.2	47.3	35.5	23.7	11.8
	弦链	46.7	37.3	28	18.7	9.3
	辐链	12.5	10	7.5	5	2.5
WW_q (‰)	节点	20.8	16.7	12.5	8.3	4.2
	弦链	16.4	13.1	9.9	6.6	3.3
	辐链	4.4	3.5	2.6	1.8	0.9

注：$\overline{AW_q}$ 为单一组件失效下各层节点平均路径数；η_q 为失效组件的全网影响度；WW_q 为各失效组件权重。

5.5.4 抗毁性量化对比

为验证本章所提抗毁性量化指标的优越性，将提出的指标与部分传统评价指标进行比较，为使其概念适应人工蛛网模型结构特征，首先对传统指标的定义进行扩展补充。

度：网络中某个节点 i 的度 k_i 定义为与该节点相连接的其他节点数目[30]，本书将节点度的定义扩展到链路，某一条链路的度定义为将该链路收缩成为一个新的节点，该新节点的度即为链路的度。一个节点、链路度越大，意味着该节点或链路属于网络中的关键部件，在某种意义上也越"重要"。链路收缩过程如图 5-6 所示。

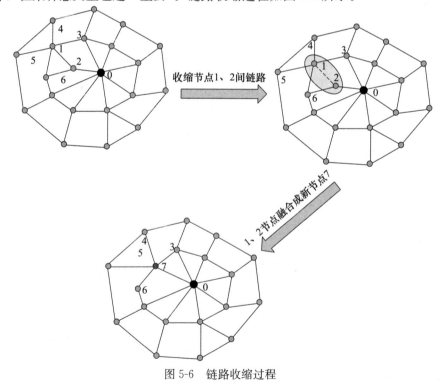

图 5-6 链路收缩过程

簇系数：假设网络中的一个节点 i 有 k_i 条边将它与其他节点相连，这 k_i 个节点称为节点 i 的邻居节点，在这 k_i 个邻居节点之间最多可能有 $k_i(k_i-1)/2$ 条边。节点 i 的 k_i 个邻居节点之间实际存在的边数 N_i 和最多可能有的边数 $k_i(k_i-1)/2$ 之比定义为节点 i 的簇系数[31]，记为 c_i，本书将节点簇系数的定义扩展到链路，某一条链路的簇系数定义为将该链路收缩成为一个新的节点，该新节点的簇系数即为链路的簇系数。节点的簇系数取值越大，表示节点周围的邻居连接越紧密，节点越重要。

介数：节点 i 的介数定义为网络中所有的最短路径中，经过节点 i 的数量，用 B_i 表示，同理，某一链路 j 的介数定义为网络中所有的最短路径中，经过链路 j 的数量[32]，用 B_j 表示，本书中所有的最短路径数即为各层节点与中心节点的最短通信路径数。节点、链路的介数反映了该节点、链路在网络中的影响力，影响力大小与介数大小正相关。

表 5-3 为所提出的各组件权重指标与部分传统指标在评价模型 2 时的对比结果。可以看出，传统指标中，度、簇系数均无法有效评价各组件的重要程度，介数在评价节点和弦链上有较好的效果，但无法对辐链进行准确评价，而本书所提指标在评价各组件时具有明显的优势，可以精确量化任意位置组件，可为深入解析人工蛛网模型结构特征，优化节点、链路部署，提升网络的抗毁性提供有益借鉴。

表 5-3　本书指标和传统指标的比较

组件	层号	本书	度	簇系数	介数
节点	1	20.8	4	0.67	0.125
	2	16.7	4	0.67	0.1
	3	12.5	4	0.67	0.075
	4	8.3	4	0.67	0.05
	5	4.2	3	1	0.025
弦链	1	16.4	6	0.4	0.125
	2	13.1	6	0.4	0.1
	3	9.9	6	0.4	0.075
	4	6.6	6	0.4	0.05
	5	3.3	4	0.67	0.025
辐链	1	4.4	10	0.36	0
	2	3.5	6	0.4	0
	3	2.6	6	0.4	0
	4	1.8	6	0.4	0
	5	0.9	4	0.2	0

5.6　本章小结

为提高农田无线传感器网络的抗毁性，本章针对人工蛛网模型提出基于节点平均路径数和节点、链路平均使用次数的抗毁性量化指标，试验表明所提指标合理有效，相较于其他传统指标表现较为优越，能够用于改善农田无线传感器网络的生存能力，主要表现为以下几点：

（1）本章所提指标可以有效量化网络模型中不同组件失效时对网络抗毁性能的影响，获得不同组件失效影响量化分布规律，能够精细刻画层间节点、链路存在的耦合关系和级联扩散特征。

（2）通过指标评价体系分析得出全网任意组件重要度，组件重要性排布具有内层＞外层、同层节点＞同层弦链＞同层辐链的规律，可为仿蛛网农田无线传感器网络的构建提供理论基础。

（3）田间试验表明，节点失效会导致相邻外层节点丢包率、延迟时间、跳数增加，与理论仿真结果近似，相较于其他田间网络部署方案，仿蛛网部署在节约能耗和数据可靠传输方面具有更大优势，本章开展的仿蛛网农田无线传感器网络抗毁性量化研究，可为农田无线传感器网络部署、组网提供高抗毁性的解决方案。

参考文献

［1］　江冰，毛天，唐大卫，等．基于农田无线传感网络的分簇路由算法［J］．Transactions of the Chinese Society of Agricultural Engineering，2017，33（16），182-187.

［2］　MIAO Y S，ZHAO C J，WU H R. Non-uniform clustering routing protocol of wheat farmland based on effective energy consumption［J］. International journal of agricultural and biological engineering，2021，14（3）：163-170.

［3］　LI L G，REN K，FAN T H，et al. A clustering routing algorithm for wireless sensor monitoring network in irrigation area［C］//Journal of Physics：Conference Series. IOP Publishing，2021，2095（1）：012033.

［4］　PANDIYARAJU V，LOGAMBIGAI R，GANAPATHY S，et al. An energy efficient routing algorithm for WSNs using intelligent fuzzy rules in precision agriculture［J］. Wireless Personal Communications，2020，112（1）：243-259.

［5］　RAJPUT A，KUMARAVELU V B，MURUGADASS A，et al. A two-stage fuzzy logic-based distributed clustering scheme for precision farmland monitoring［C］//2021 Innovations in Power and Advanced Computing Technologies（i-PACT）. IEEE，2021：1-6.

［6］　YANG Y，YANG W D，WU H R，et al. A mobile sink-integrated framework for the collection of farmland wireless sensor network information based on a virtual potential field［J］. International Journal of Distributed Sensor Networks，2021，17（7）：15501477211030122.

［7］　RAJPUT A，KUMARAVELU V B，MURUGADASS A. Smart monitoring of farmland using fuzzy-based distributed wireless sensor networks［M］//Emerging Technologies for Agriculture and Environment. Springer，Singapore，2020：53-75.

［8］　张波，罗锡文，兰玉彬，等．基于无线传感器网络的无人机农田信息监测系统［J］．农业工程学报，2015，31（17）：176-182.

［9］　杜克明，褚金翔，孙忠富，等．Web GIS 在农业环境物联网监测系统中的设计与实现［J］．农业工程学报，2016，32（4）：171-178.

［10］　刘卉，孟志军，徐敏，等．基于规则网格的农田环境监测传感器节点部署方法［J］．农业工

程学报，2011，27（8）：265-270.

[11]　孙玉文，沈明霞，周良，等. 农田无线传感器网络的节点部署仿真与实现［J］. 农业工程学报，2010（8）：211-215.

[12]　QIN Z，COMPTON B G，LEWIS J A，et al. Structural optimization of 3D-printed synthetic spider webs for high strength［J］. Nature communications，2015，6（1）：1-7.

[13]　YU H，YANG J L，SUN Y X. Energy absorption of spider orb webs during prey capture：a mechanical analysis［J］. Journal of Bionic Engineering，2015，12（3）：453-463.

[14]　刘晓胜，林建伟，徐殿国. 基于标签交换的蜘蛛网路由策略及其性能分析［C］.//华中科技大学. 第五届中国高校电力电子与电力传动学术年会论文集. 2011：1-5.

[15]　MOCANU B，POP F，MOCANU A M，et al. Spider：a bio-inspired structured peer-to-peer overlay for data dissemination［C］//2015 10th International Conference on P2P，Parallel，Grid，Cloud and Internet Computing（3PGCIC）. IEEE，2015：291-295.

[16]　CANOVAS A，LLORET J，MACIAS E，et al. Web spider defense technique in wireless sensor networks［J］. International Journal of Distributed Sensor Networks，2014，10（7）：348606.

[17]　BHANU K N，SUTAGUNDAR A V，BENNUR V S. Agent based spider-net information gathering in wireless sensor networks［J］. Wireless Personal Communications，2021，118（4）：3145-3166.

[18]　CHEN W B，ZHENG L B. Q-learning algorithm based topology control of power line communication networks［C］//2020 IEEE 11th International Conference on Software Engineering and Service Science（ICSESS）. IEEE，2020：347-350.

[19]　ZAERA R，SOLER A，TEUS J. Uncovering changes in spider orb-web topology owing to aerodynamic effects［J］. Journal of the Royal Society Interface，2014，11（98）：20140484.

[20]　陈静，孙林夫. 复杂网络中节点重要性的评估［J］. 西南交通大学学报，2009，44（3）：426-429.

[21]　ZHANG Y，YANG G Y，ZHANG B. FW-PSO algorithm to enhance the invulnerability of industrial wireless sensor networks topology［J］. Sensors，2020，20（4）：1114.

[22]　QU Y Y，GAO M，CHEN Y M，et al. An analysis of the invulnerability for communication networks base on cascading failure model［C］//2020 International Conference on Robots & Intelligent System（ICRIS）. IEEE，2020：154-157.

[23]　MAO G Y，ZHANG N. A multilevel simplification algorithm for computing the average shortest-path length of scale-free complex network［J］. Journal of Applied Mathematics，2014，2014.

[24]　SHARGEL B，SAYAMA H，EPSTEIN I R，et al. Optimization of robustness and connectivity in complex networks［J］. Physical review letters，2003，90（6）：068701.

[25]　胡爱群，陈勇，蔡天佑，等. 通信网中链路重要性的评价方法［J］. 电子学报，2003，31（4）：573-575.

[26]　陈勇，胡爱群，胡啸. 通信网中节点重要性的评价方法［J］. 通信学报，2004，25（8）：129-134.

[27]　JAPYASSú H F，CAIRES R A. Hunting tactics in a cobweb spider（araneae-theridiidae）and the evolution of behavioral plasticity［J］. Journal of Insect Behavior，2008，21（4）：258-284.

[28]　OPELL B D，BOND J E. Capture thread extensibility of orb-weaving spiders：testing punctuated and associative explanations of character evolution［J］. Biological Journal of the Linnean Society，2000，70（1）：107-120.

[29] FREEMAN L C, BORGATTI S P, WHITE D R. Centrality in valued graphs: a measure of be-tweenness based on network flow [J] . Social networks, 1991, 13 (2): 141-154.

[30] ZHU T, ZHANG S P, GUO R X, et al. Improved evaluation method for node importance based on node contraction in weighted complex networks [J] . Systems engineering and electronics, 2009, 31 (8): 1902-1905.

[31] GUO L F, HARFOUSH K, XU H M. Distribution of the node degree in MANETs [C] // 2010 Fourth International Conference on Next Generation Mobile Applications, Services and Technologies. IEEE, 2010: 162-167.

[32] 王亮, 刘艳, 顾雪平, 等 . 综合考虑节点重要度和线路介数的网络重构 [J] . 电力系统自动化, 2010 (12): 29-33.

第6章 仿蛛网农田无线传感器网络级联抗毁性抑制方法研究

6.1 引 言

通过第2、第4章的研究可知，基于建立的网络模型，可有效量化评价人工蛛网网络各组件的重要性程度。但网络运行过程中的随机性、动态性易导致网络节点、链路遭受能耗危机或故障等原因退出，且关键性节点的退出往往会造成区域性级联失效，从而严重影响网络的平稳、安全有效运行。故本章基于仿蛛网振动系统，考虑蛛网组件遭受损坏时剩余组件振动强度变化、分布规律，得出蛛网在应对级联故障时表现出较好效果；在此基础上融合蛛网的核心结构单元（三角形和梯形）来建立农田无线传感器网络（Farmland wireless sensor networks，FWSNs）拓扑结构模型，模型由节点、径向链路、螺旋链路构成，在预设条件的基础上进行组网、设置通信规则，得出该 FWSNs 在拓扑、能耗流量分配等方面表现出的优势；在负载容量模型的基础上，结合仿蛛网 FWSNs 拓扑结构特性，提出贴合仿蛛网模型的负载容量模型及流量分配机制，通过总结提取蛛网核心结构单元并进行结构抗级联故障特征属性分析，深入挖掘蛛网特殊的分层结构及节点分布规律在抗级联故障方面表现出的卓越优势；提出了针对 FWSNs 抗级联故障的最近邻节点概率通信机制，并建立了仿蛛网负载容量模型以降低 FWSNs 因级联故障带来的影响。

6.2 相关工作

WSN 是一种由大量传感器节点通过无线方式协作检测感知和处理各种环境信息的分布式网络系统，因节点间存在耦合关系，失效节点会导致周围节点相继失效产生级联效应。WSN 级联故障会导致原本联通的网络拓扑分割，明显降低网络的连通性与覆盖度，甚至引发全局网络瘫痪[1]。研究 WSN 级联行为对解决其规模应用瓶颈具有重要的理论价值。

现有 WSN 级联故障的研究主要包含 3 个方面：一是考虑到不同节点会对 WSN 网络整体功能和抵御故障的能力带来明显影响，故识别关键节点并针对性地增加节点冗余对限制级联故障过程中损坏程度至关重要。郑啸等以公交站点作为节点，相邻站点之间的公交线路作为边，使网络既具有复杂网络的拓扑性质同时节点又具有明确的地理坐标，为优化城市公交网络及交通规划发展提供了新的参考建议[2]。Yin 等通过建立基于节点度的随机无标度网络级联故障模型，分析节点容量对级联故障的影响，研究了随机无标度网络结构参数对网络级联故障抗毁性的影响，试验结果表明，网络结构参数与网络级联失效的抗毁性呈正相关，一次添加的边越多，幂指数越高，网络对级联故障的抗毁性越强[3]。Zeng 等建立了基于层次分析法的综合评价模型，充分考虑了复杂网络中的级联效应现象，为复杂系统的规划和建设提供了一些有价值的参考，并可能有助于提高复杂网络的整体灵活性[4]。Ghanbari 等研究了级联深度（其中一个节点单个故障导致的故障节点数）与中心度度量之间的相关性，发现介数中心性和局部秩与级联深度正相关，节点度与级联深度负相关[5]。Wang 等提出了一个基于负载再分配的复杂网络级联故障模型，通过对每个节点定义过载函数以及进行节点权重的演变而得到现有无线传感器网络中一些潜在的关键节点[6]。Yan 等以节点序列的构建为着重点，构建了一个网络鲁棒性目标函数来衡量网络性能，通过减少节点数量来评估节点从序列中移除所造成的破坏，以最小化目标函数为目标建立了节点序列的构建模型。采用人工鱼群算法对模型进行求解，仿真研究表明，该方法适用于不同的网络结构，对关键节点的识别更有效[7]。在 BA（Barabási-Albert）模型的基础上，Wang 等设计了一个合理的通信网络负载再分配的全局模型，通过建立合理的故障传播模型，提取和分析来自拓扑信息的数据集，仿真结果表明，该模型可以有效地识别网络的关键节点，准确反映级联故障的规模[8]。Lu 等基于任意两个节点之间的相关性和最短距离，提出了全局相似度中心性算法，在 2 个人工数据集和 8 个不同规模的真实数据集上分析了该方法的有效性、准确性和单调性，试验结果表明，该算法的性能优于现有算法[9]。为验证影响网络健壮性的关键节点集合对网络保护和网络解体的实际意义，Liu 等引入了改进的离散烟花算法在各种模型网络和真实电网上进行了试验，验证结果表明，在关键节点集被从网络中移除时，网络受到了极大的损害，且所提出的改进的离散烟花算法的效果明显优于基准算法[10]。Qiao 等提出了一种基于多属性加权融合的关键节点识别算法，定量分析了不同属性对节点的影响，并通过客观熵权法和主观层次分析法的结合来分配指标权重，得到每个节点的最终拓扑重要性因子，试验结果表明，关键节点识别算法能够准确识别复杂网络中的关键节点，而且易于扩展[11]。Lu 等定义了一种基于信息熵、最小支配集和节点对之间距离的中心性方法，利用信息熵计算节点的局部扩展能力，通过最小支配集选择局部扩展能力值最大的节点作为核心节点，用节点到核心节点加权距离之和来定义节点的扩散能力，通过考虑相邻节点的传播能力对节点进行排序，试验结果表明，该方法能更有效地识别网络中节点的影响[12]。Zhao 等根据复杂网络的无标度和小世界特性，将无线传感器网络的节点分为公共节点、超级节点和汇聚节点，从复杂网络抗毁性的角度，分析了不同类型节点对传感器网络抗毁性的影响，仿真试验表明，通过向无标度网络中添加超级节点可以提高网络的抗级联故障能力[13]。全局节点的重要性评价和针对性地增加冗余节点在提升 WSN 的抗级联故障方面具有积极作用，但节点重要性的量化识别准确性问题及新增冗余节点后网络拓扑结构稳定性问题依然难以有效解决。二是在预先检测攻击方式和拓扑动态修复方面，为实现对级联故障的快速响应，通过提高 WSN 中干扰攻击检测的精准性来实现。Sun 等比较了攻击对整个网络和目标节点的影响，研究了基于全局中心性度量的传统恢复方法，发现它比传统方法具有更好的性能[14]。Fu 等构建了一个动态修复模型，系统地描述了故障网络修复过程中节点间的能量传递关系，确定了两种修复策略，研究成果使网络修复的方法更加灵活[15]。Misra 等提出一种新颖的无线传感器网络干扰攻击检测机制，使 WSN 节点的使用和部署更灵活经济[16]。Osanaiye 等提出一种检测无线传感器网络干扰攻击的统计方法，通过使用指数加权移动平均法（Exponentially weighted moving average，EWMA）来检测干扰攻击事件强度的异常变化，仿真结果表明，该方法能够在低损耗或零损耗的情况下有效、准确地检测无线传感器网络中的干扰攻击[17]。Yuvaraja 等为解决节点故障导致的网络分区问题，使用最小破坏性拓扑修复方案以恢复网络链接[18]。单一的检测攻击或动态修复仅完成了提升网络抗级联故障的部分工作，检测攻击与动态修复相结合可以有效地增强网络的抗级联性能，故一种在检测攻击基础上针对性地匹配修复方案才是切实可行的。三是对高强度的网络拓扑模型进行负载容量定义及故障节点负荷及时分配开展研究，即通过研究 WSN 中节点合理分配初始载荷及节点故障后的负荷分配策略来提高网络的抗级联故障能力。Motter 和 Lai 针对无标度网络的级联故障，于 2002 年提出了具有理论分析能力的网络级联故障模型，这与拥有高度异质性负载分布的现实世界网络很类似[19]。紧接着许多基于该模型的级联失效改进模型被提出，Zhang 等提出了一个具有可调整比例的新型负载能力模型，将程度和分簇系数考虑在内，重新分配故障节点的负载，仿真结果显示，随着平均度的降低，网络对故意攻击变得更加脆弱和敏感[20]。针对无线传感器网络无标度容错拓扑的级联故障，Yin 等基于负载的幂函数和固定容量，提出了随机单节点失效情况下的负荷重分配模型，揭示了无标度容错拓扑的级联失效原理[21]。Gao 等提出了一种具有层次结构的新型指挥控制网络级联故障模型，通过调整模型的再分配系数将荷载从失效节点按不同比例分配给更高级别和相同级别的相邻节点，仿真结果表明可显著提高控制网络对级联故障的鲁棒性[22]。Zhang 等以复杂网络中的无标度网络为研究对象，构建了一个无标度无线传感器网络模型，利用烟花算法和粒子群优化算法在搜索能力和种群多样性方面的优势，提出了优化的烟花算法，在不同的攻击策略下，分别从动态和静态无损性分析了优化前后的网络性能，仿真结果表明，所提算法优化的无线传感器网络的动态和静态无损性具有极佳的效果[23]。Yin 等针对延长无线传感器网络的使用寿命进行研究，通过节点生命周期模型与无标度拓扑的适应度模型，得到了一种基于节点寿命的无标度拓扑来延长网络生命周期，仿真结果表明，基于无标度网络演化的拓扑结构具有良好的容错特性，并且可以平衡网络能耗、延长网络寿命[24]。Wang 等考虑到网络中相邻节点贡献度的问题，提出一种使用 m 阶相邻节点的贡献度定义初始载荷的新模型，通过仿真分析了模型参数对指挥控制网络级联失效的影响，表明该模型能有效地抵抗级联失效，提高网络的生存能力[25]。针对不同的 WSN 应用场景，所建立的负载容量模型表现出较大差异，只有在深入分析应用场景和网络模型的基础上提出的负载容量模型才更实用。

　　FWSNs 在农作物信息监测领域发挥着越来越重要的作用，低成本、大范围的节点部署可及时有效地获取农田信息，为智慧农田作业决策提供有力支持。相较于传统的 WSN 部署环境，FWSNs 因受生产组织驱动影响，在网络拓扑形式、信息传递方式等方面呈现出典型的特征：（1）农田作业过程中干扰因素众多，农田环境渐变，网络部署范围大，部署密度小，需要引入中继节点并进行分层分簇，节点移动、动态异构和链式有向传输等因素使网络行为不确定性明显上升，促使农田 WSN 呈现出明显的拓扑易变性；（2）大面积农田监测区域需要节点协同监测，难免会出现层间、簇间节点、链路存在重叠和明显的相互作用，因而呈现出明显的相交耦合关联和层间耦合关联特征；（3）不同传感器在完成特定环境因子监测时，其耗电量差异很大，由于每个节点所监测环境对象和监测频率不同，必然导致不同的能量消耗速度，农作物生产周期长和节点能量消耗的不均衡，使整个网络呈现多级能量异构。以上 3 方面特征最终促使 FWSNs 成为一个具有典型层间耦合结构的网络系统且易发生级联故障，而现有的 WSN 级联抗毁研究存在目标问题理想化、提出的方法仅限于解决某一方面的问题，而没有从全局的角度系统考虑问题的起源、关键点以及针对性方案，故无法有效解决 FWSNs 的级联抗毁问题，迫切需要提出一种针对 FWSNs 拓扑结构特性及信息传输规律的解决方案来提高其抗级联故障能力。

基于上述考虑，探明了蛛网的核心结构单元及其在应对级联故障时表现出优异抗毁性的原因，并在深刻总结蛛网优异特性的基础上提出了仿蛛网抗级联故障机制，并详细分析了蛛网核心结构单元——三角形结构和梯形结构。提出了针对 FWSNs 抗级联故障的最近邻节点概率通信机制，并建立了仿蛛网负载容量模型以降低农田 WSN 因级联故障带来的影响。

6.3　概率模型通信规则

建立 FWSNs 拓扑结构需融合蛛网的核心结构单元三角形和梯形，建立分层层间耦合的网络拓扑结构，此外，拓扑结构应满足内紧外宽的中心收缩聚集机制，使内层节点密度大，覆盖区域相对较小，外层节点密度小，覆盖区域相对较大，以有效地实现节点能耗均衡，以达到最优的级联抗毁效果。

仿蛛网 FWSNs 拓扑结构模型由节点、径向链路、螺旋链路构成，节点由散布于监测区域的传感器节点构成，径向链路为层间通信最优选择，即相邻层节点间的最短连接路径。仿蛛网 FWSNs 组网的过程实际上就是建立网络通信逻辑拓扑的过程，为了便于讨论，作如下假设。

（1）网络中所有节点都具有唯一的物理坐标，中心节点的物理坐标为（0，0），其他子节点的物理坐标依据与中心节点通信计算得出。

（2）任意节点至少可以与 1 个其他节点通信，即网络中不存在孤立点，且通信链路为对称链路，即两节点间可以实现双向通信。

（3）采用载波监听多路访问/冲突避免（Carrier sense multiple access/collision. avoidance，CSMA/CA）协议，以避免数据传输时发生信道冲突。

具体组网过程如下：

（1）中心节点逻辑层默认为 0，各子节点路由表为空，中心节点广播发送组网数据包，向周围寻找可以建立可靠通信连接的子节点，当周围的子节点接收到数据包并计算与中心节点的距离后，认为此节点成为中心节点的子节点，并将物理坐标添加到本地路由表中，子节点本地路由表初始化格式见表 6-1。

表 6-1　子节点本地路由表初始化格式

索引编号	类别	字符长度
1	层号	8
2	物理坐标	32
3	径向链路节点	8
4	横向链路节点 1	8
5	横向链路节点 2	8

（2）各节点依据本地路由表中的物理坐标计算与中心节点间的距离以确定自己所在的层号。子节点所在层号编码与中心节点的距离正相关，即距离中心节点越远，层号越大，层间距可依据实际情况自由设定，此时便得到了所有子节点所在的层号，将层号添加到本地路由表中。层号确定后，将第 n 层节点以水平方向为起始位置顺时针搜索进行编码 $n-1$，$n-2$，$n-3$……由此可以得到所有子节点的分层编号及层节点编号。

（3）层号及物理坐标确定后，首先由逻辑层 1 内的节点发送组网帧，显然逻辑层 1 内的节点一方面向周围发送组网帧，一方面也会收到来自同层其他节点的组网帧。收到组网帧的节点判断自身层数与源节点的层数关系。①若两者相等，说明发送方与接收方位于同一逻辑层，则记录两节点间的距离，至逻辑层 1 组网结束时，将所有发送节点中与其通信距离最短的两个节点作为其横向链路节点记录在本地路由表。②若接收方层数小于发送方，说明接收方属于较小逻辑层，则仅记录相邻较小逻辑层两节点间的距离，至逻辑层 1 组网结束时，将所有发送节点中与其通信距离最短的一个节点作为其径向链路节点记录在本地路由表。③若接收方层数大于发送方，则不作处理。

（4）重复步骤（3），遍历所有逻辑层，组网过程随即完成。

组网结束后，依据所建立的仿蛛网逻辑拓扑建立如下通信规则：

（1）任意一个非中心节点，均默认与周围 3 个节点建立数据转发关系，即同层的横向链路节点和前一层径向链路节点，并定义选择径向链路和横向链路通信概率分别为 α、β（$\alpha>0$，$\beta>0$ 且 $\alpha>\beta$），且当任意节点失效时，与其相邻的链路同时失效，无法完成数据收发任务，而链路故障时仅使两端节点无法通信。

（2）任意节点与所联系的 3 个节点间任一节点成功通信的概率均为 λ（$0\leqslant\lambda\leqslant1$，$\lambda$ 是一个可调节参数），选择其中任一节点通信概率之和为 1，即 $\alpha+2\beta=1$，当没有节点失效或链路故障时，若某一层的任意节点与同层的相邻节点及相邻的内层节点进行数据转发，则通信成功概率为 $\alpha\lambda+2\beta\lambda$，节点通信设定见表 6-2。

表 6-2　节点通信设定

工况类型	描述	通信选择概率	成功通信概率
正常工作	节点和链路均正常	$\gamma+2\beta=1$	$\gamma\lambda+2\beta\lambda$
节点失效	相邻内层节点失效	$2\beta=1$	$2\beta\lambda$
	同层相邻节点同时失效	$\gamma=1$	$\gamma\lambda$
	同层相邻任一节点及相邻的内层节点同时失效	$\beta=1$	$\beta\lambda$
	同层相邻节点及相邻的内层节点同时失效	0	0

续表

工况类型	描述	通信选择概率	成功通信概率
链路失效	相邻内层链路故障	$2\beta=1$	$2\beta\lambda$
	同层相邻链路同时故障	$\gamma=1$	$\gamma\lambda$
	同层相邻任一链路及相邻的内层链路同时故障	$\beta=1$	$\beta\lambda$
	同层相邻链路及相邻的内层链路同时故障	0	0

（3）全网节点与基站通信过程中，若节点负载超过自身容量，则该位置节点失效，此时相邻外层节点通过同层中继节点将流量继续向内传输。

（4）一次迭代结束后，重新统计剩余存活节点数目，并重新组网形成新的网络拓扑，直至死亡节点数超过 γ，γ 表示死亡节点与全部节点的比值。

图 6-1 为仿蛛网 FWSNs 拓扑结构模型，可以发现，仿蛛网 FWSNs 核心结构是由众多三角形和梯形结构组成，三角形结构由任意 1 个子节点与其同层横向链路节点及中心节点共同组成，其中，最小三角形结构由第一层子节点与其同层横向链路节点及中心节点共同组成。梯形结构由具有径向链接的任意 2 个相邻层节点及它们的同层横向链路节点共同组成，与三角形结构形成层间耦合和相交耦合关系，从图 6-1 中可以看出，三角形拓扑结构间，梯形拓扑结构间均存在紧密的径向链路耦合通信，为便于说明三角形和梯形结构

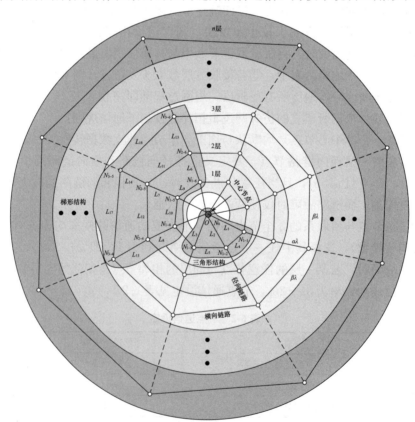

图 6-1　仿蛛网逻辑拓扑结构模型

通信机制，我们取网络模型中相邻两个三角形和双层梯形结构单元进行编号，将相邻三角形结构中的节点进行编号 N_0，$N_{1-1}-N_{1-3}$，链路进行编号 L_1-L_5，将双层梯形结构中的节点进行编号 $N_{1-4}-N_{1-6}$，$N_{2-4}-N_{2-6}$，$N_{3-4}-N_{3-6}$，链路进行编号 L_6-L_{17}。

图 6-2 为由 N_0，$N_{1-1}-N_{1-3}$ 4 个节点、L_1-L_3 3 条径向链路和 L_4-L_5 两条螺旋链路共同组成的相邻三角形拓扑结构。传统点对点通信方式下，N_{1-2} 与 N_0 通过径向链路 L_2 保持通信，成功通信概率为 $\alpha \cdot \lambda$（此时 $\alpha=1$，$0<\lambda<1$），当 L_2 链路损坏情况下，N_{1-2} 与 N_0 通信成功概率变为 0。而本书的三角形拓扑结构径向链路和螺旋链路均能参与通信，即正常情况下，N_{1-2} 与 N_0 成功通信概率为 $\alpha \cdot \lambda+2\beta \cdot \alpha \cdot \lambda$（此时 $\alpha+2\beta=1$，$0<\lambda<1$）当 L_2 链路损坏情况下，N_{1-2} 可通过中继节点 N_{1-1} 和 N_{1-3} 保持与 N_0 通信，此时，N_0 与 N_{1-2} 成功通信概率为 $2\beta \cdot \alpha \cdot \lambda$（此时 $2\beta=1$，$0<\lambda<1$，α 为节点 N_{1-1}、N_{1-3} 与内层相邻节点正常通信概率）。由此可知，三角形拓扑结构单元在应对网络节点、链路失效时表现出优异的备份机制，能有效提高网络的抗毁性。除此之外，三角形拓扑结构单元不仅在中心区有显著体现，当相邻径向链路间螺旋链路遭到损坏时，也会演变为三角形拓扑结构。

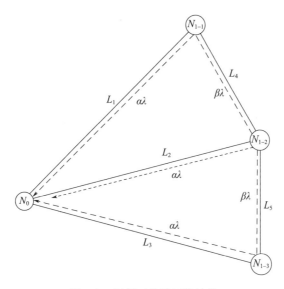

图 6-2　相邻三角形拓扑结构

图 6-3 为由 $N_{1-4}-N_{1-6}$，$N_{2-4}-N_{2-6}$，$N_{3-4}-N_{3-6}$ 九个节点、L_6-L_{17} 十二条链路共同组成的梯形拓扑结构，为探究梯形拓扑结构在节点或链路损坏情况时的通信机制，我们将依次分析正常情况，L_{14}，N_{2-5}，L_7，N_{1-5} 组件破坏情况下 $P(N_{3-5}\rightarrow N_{2-5})$，$P(N_{2-5}\rightarrow N_{1-5})$，$P(N_{3-5}\rightarrow N_{1-5})$ 的成功通信概率，具体过程分析如下：

正常情况下：

$$
\begin{cases}
P(N_{3-5}\rightarrow N_{2-5}) = \alpha \cdot \lambda+2\beta \cdot \alpha \cdot \lambda^2 \\
P(N_{2-5}\rightarrow N_{1-5}) = \alpha \cdot \lambda+2\beta \cdot \alpha \cdot \lambda^2 \\
P(N_{3-5}\rightarrow N_{1-5}) = \alpha^2 \cdot \lambda^2+\alpha \cdot \lambda \cdot (\alpha \cdot \lambda+2\beta \cdot \alpha \cdot \lambda^2)+2\alpha \cdot \beta \cdot \lambda^2(\alpha \cdot \lambda+\beta \cdot \alpha \cdot \lambda^2)
\end{cases}
\tag{6-1}
$$

L_{14}路损坏情况下通信：

$$\begin{cases} P\ (N_{3-5} \rightarrow N_{2-5}) = 2\beta \cdot \alpha \cdot \lambda^2 \\ P\ (N_{2-5} \rightarrow N_{1-5}) = 2\alpha \cdot \lambda + 2\beta \cdot \alpha \cdot \lambda^2 \\ P\ (N_{3-5} \rightarrow N_{1-5}) = 4\beta \cdot \alpha \cdot \lambda^2 \cdot (\alpha \cdot \lambda + \alpha \cdot \beta \cdot \lambda^2) \end{cases} \quad (6\text{-}2)$$

N_{2-5}节点损坏情况下：N_{3-5}首先通过 N_{3-4}、N_{3-6} 节点将数据转发至 N_{2-4}、N_{2-6}，继而再转发至 N_{1-4}、N_{1-6}，因 N_{1-4}、N_{1-6} 节点与 N_{1-5} 节点属于同层节点，可认为数据转发至 N_{1-4}、N_{1-6} 与转发至 N_{1-5} 节点具有一致效能，故 N_{2-5} 节点损坏时通信如公式（6-3）所示。

$$\begin{cases} P\ (N_{3-5} \rightarrow N_{2-4}\ \text{and}\ N_{2-6}) = 2\alpha \cdot \beta \cdot \lambda^2 \\ P\ (N_{2-4}\ \text{and}\ N_{2-6} \rightarrow N_{1-5}) = 2\alpha \cdot \lambda \\ P\ (N_{3-5} \rightarrow N_{1-5}) = 2\beta \cdot \alpha^2 \cdot \lambda^3 \end{cases} \quad (6\text{-}3)$$

L_7损坏情况下通信：

$$\begin{cases} P\ (N_{3-5} \rightarrow N_{2-5}) = \alpha \cdot \lambda + 2\beta \cdot \alpha \cdot \lambda^2 \\ P\ (N_{2-5} \rightarrow N_{1-5}) = 2\beta \cdot \alpha \cdot \lambda^2 \\ P\ (N_{3-5} \rightarrow N_{1-5}) = 4\beta \cdot \alpha^2 \cdot \lambda^3 \end{cases} \quad (6\text{-}4)$$

N_{1-5}节点损坏情况下，N_{3-5}首先与 N_{2-5} 进行通信，继而可通过 N_{2-4}、N_{2-6} 将数据转发至 N_{1-4}、N_{1-6}，因 N_{1-4}、N_{1-6} 节点与 N_{1-5} 节点属于同层节点，可认为数据转发至 N_{1-4}、N_{1-6} 与转发至 N_{1-5} 节点具有一致效能，故 N_{1-5} 节点损坏时通信如公式（6-5）所示。

$$\begin{cases} P\ (N_{3-5} \rightarrow N_{2-5}) = \alpha \cdot \lambda + 2\alpha \cdot \beta \cdot \lambda^2 \\ P\ (N_{2-5} \rightarrow N_{1-4}\ \text{and}\ N_{1-6}) = 2\alpha \cdot \beta \cdot \lambda^2 \\ P\ (N_{3-5} \rightarrow N_{1-4}\ \text{and}\ N_{1-6}) = 4\alpha^2 \cdot \beta \cdot \lambda^3 \end{cases} \quad (6\text{-}5)$$

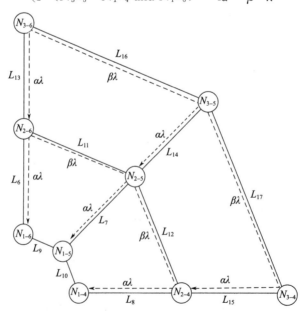

图 6-3　双层梯形拓扑结构

由上述分析可知，梯形拓扑结构单元在增强 FWSNs 级联抗毁方面表现出以下的优势：（1）从拓扑的角度考虑，同层节点具有等价效应，若外层节点需要发送信息至内层节点，遇到相邻层内层节点失效，则外层节点可通过同层中继节点转发至相邻内层正常节点，然后由相邻内层节点直接将信息向内传输即可；（2）从能耗均衡的角度考虑，内层节点因收发信息量多，能量耗散相较于外层节点要快很多，梯形结构使得内层节点密度大于外层节点密度。因此内层节点覆盖的范围较小，相较于外层节点，单位面积内有更多的节点可分担外层节点及周围的信息传输；（3）从流量分配策略上考虑，为防止内层节点失效后，级联影响后一层甚至后面所有层节点的正常工作，通过增加同层双向备份链路，考虑梯形拓扑结构单元中径向链路和螺旋链路通信地位差异，建立分流概率通信机制，当径向链路遭到破坏，螺旋链路会对流量进行分担，以降低失效节点级联故障带来的影响。

通过对所建立的仿蛛网 FWSNs 分析可知，该网络模型有效继承了蛛网的拓扑结构特性，充分考虑了仿蛛网振动试验中核心结构单元的级联抗毁启示，并考虑到失效节点流量分配机制，接下来，我们将在所建立的仿蛛网 FWSNs 基础上提出适宜的负载容量分配方案以及系统地描述网络故障节点修复过程中流量概率分配机制，促进流量优化分配，最大限度地增强网络的级联抗毁能力。

6.4 负载容量模型

在经典的负载容量模型的基础上，结合仿蛛网 FWSNs 拓扑结构特性，提出贴合仿蛛网 FWSNs 的负载容量分层模型，该模型在提升仿蛛网 FWSNs 抗级联故障方面具有重要意义。

（1）基于负载容量模型，结合蛛网分层特征，提出负载容量分层模型：

$$C_n = \left(1 + \frac{\varepsilon}{n}\right) L_n \qquad n = 1, 2, \cdots, L_n \tag{6-6}$$

式中，C_n 为第 n 层单个节点容量；L_n 为第 n 层单个节点的初始负载；ε 为调节系数，用于调整节点容量值大小，其中 $\varepsilon \geq 0$；n 为层号；L_n 为分层总数。

（2）第 n 层单个节点的初始负载 L_n 定义：

$$L_n = \frac{L_{n+1}}{T_n} \tag{6-7}$$

式中，L_n 为第 n 层单个节点的初始负载，即同层节点具有一致的初始负载；L_{n+1} 为第 $n+1$ 层所有节点初始负载总和；T_n 为第 n 层节点总数；内层节点的初始负载取决于相邻外层节点的初始负载，因此，通过定义最外层节点的初始负载便可以获得全网节点的初始负载。

因此，负载容量分层模型可定义为：

$$C_n = \left(1 + \frac{\varepsilon}{n}\right) \cdot \frac{L_{n+1}}{T_n} \quad n = 1, 2, \cdots, L_n \tag{6-8}$$

6.5　级联抗毁性评判指标

节点通过转发数据包的形式证明通信成功与否，在这里仅考虑节点的容量及负载，分析仿真过程中有效节点占比和网络效率比的变化对网络模型抗级联失效的影响规律。

（1）有效节点比

有效节点比是指节点失效后，级联失效过程中网络正常状态的节点数与初始网络中节点数的比值，该指标是从网络失效规模方面来评估级联失效对网络的影响。

$$K_1 = \frac{N_{vn}}{N} \tag{6-9}$$

式中，N_{vn} 为节点失效后级联失效过程中网络的正常状态节点的数；N 为初始网络的节点数；$K_1 \in [0, 1]$，有效节点比越高，表明网络级联失效抗毁性越强。

（2）网络效率比

网络效率比是衡量网络级联失效后破坏程度的一个有效指标，网络中节点 0 和节点 1 之间最短距离的倒数为两点之间的效率比，对于整个网络而言，所有节点对之间的效率比平均值为初始网络效率，用 E 表示，计算公式为：

$$E = \frac{1}{N(N-1)} \sum_{i \neq j} \frac{1}{d_{ij}} \tag{6-10}$$

网络效率比为级联失效过程中的网络效率与初始网络效率的比值，其计算公式为：

$$K_2 = \frac{E_{vn}}{E} \tag{6-11}$$

式中，E_{vn} 为节点失效后级联失效过程中的网络效率；$K_2 \in [0, 1]$，该指标值越大，表明网络的级联失效抗毁性越强。

6.6　结果与分析

仿蛛网模型仿真环境设置为 5 层，首先，基于笛卡尔坐标系定义一个中心节点位置为（0，0），层间距为 15m，根据各层面积占比随机在第 1～5 层节点区内生成节点个数为 12，28，33，48，63，一共有 184 个节点。最后定义单个节点初始流量为 1 个单位，两节点间通信成功概率 λ 设置为 0.8。仿真试验主要包含 2 部分，即完整网的级联抗毁性试验和节点故障下的级联抗毁性试验，其中，节点故障下的级联抗毁性试验又可以分为单层节点随机故障和全网节点随机故障，以此来检验仿蛛网模型、负载容量模型、负载分配策略的合理性和所提指标的有效性。（1）以下试验均采用 10 次仿真结果的平均值作为最终的仿真结果数据；（2）有效节点占比和网络效率比均按照最后一轮仿真结束时的结果。

6.6.1　完整网仿真试验分析

图 6-4 表示在不同水平下的节点故障率 γ 下，改变调整系数 ε 时仿真轮数 R 的数目和网络效率比 M 的变化规律。从图 6-4（a）中可以看出，随着 γ 从 0.1 增长到 0.3，

ε 从 0 增加到 40 时（每层平均节点数），R 增加较少。但随着 γ 从 0.4 增加到 0.9，尤其是当 γ 从 0.7 增长到 0.9 时，R 分别上升了 23.2，26.8 和 37.5 轮。而且，当 ε 在 25 至 40 的范围内时，R 随着 ε 增长的趋势更加明显。因此，为降低级联故障造成的损失，设计人员应选择尽可能大的 ε。同时，当 ε 保持不变且 γ 增大时，R 的增量逐渐增大，表明该方案可以改善网络的抗毁性。如图 6-4（b）所示，当 γ 在 0.1 到 0.6 之间时，随着 ε 从 0 增长到 40 时，M 分别增加 11.94%，16.35%，12.31%，23.93%，20.19% 和 27.74%，此时 M 相对较小，而当 γ 从 0.7 到 0.9 变化，此时 M 上升达到约 53.5%。结果表明，具有较高的 ε 设定时，FWSNs 将更利于网络的完整性。

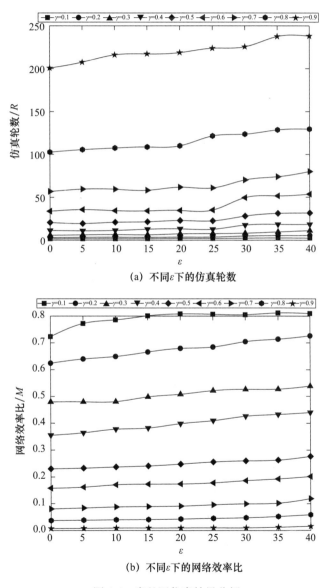

(a) 不同 ε 下的仿真轮数

(b) 不同 ε 下的网络效率比

图 6-4　完整网仿真结果分析

6.6.2 网络效率比与轮数之间的关系

由图 6-5 中可以看出，网络效率比与轮数之间表现出反比例函数关系，即随着仿真轮数的增加，网络效率比逐渐下降。尤其是在网络仿真轮数由 0～50 轮这一区间变化时，网络效率比下降趋势显著，可由 0.8 下降至 0.1 附近，而随着仿真轮数的继续增加，网络效率比下降变缓。此外，改变调节系数对同一仿真轮数下的网络效率比具有积极作用，当取仿真轮数为 50 时，可发现，调节系数由 0～40 变化时，网络效率比依次下降了 97.29％，89.48％，88.37％，85.49％，85.54％，85.67％，85.87％，84.19％，84.00％，表明调节系数具有调节网络效率的作用，且网络效率会随着调节系数增大而表现出更优的效果。

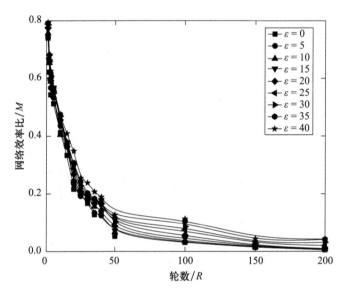

图 6-5　网络效率比与仿真轮数之间的关系

6.6.3 蓄意攻击

图 6-6（a）～图 6-6（j）分别显示了当 γ 为 0.8 时，相同数量的节点从第 1 层到第 5 层发生的随机攻击导致的 R 和 M 随 ε 的变化。由图 6-6（a）、图 6-6（c），图 6-6（e），图 6-6（g），图 6-6（i）可知，当 ε 固定时，R 随着每层节点失效次数的增加而下降。例如，当 ε 为 10 时，第 3 层的故障节点从 1 增长到 11，并且 R 分别为 69.8，67，61，60.4，57.4 和 56.6。随着 ε 的增加，在失效节点数相同的情况下，R 呈现增加趋势。对于第一层，在故障节点数为 5 的情况下，ε 从 0 上升到 40 的 R 分别为 66.6，66.8，69.4，68.2，70，70.2，80.4，86.2 和 98.8。结果表明，在针对性攻击导致节点故障的情况下，农田 WSN 采用网络方案可以减轻级联故障。此外，还可以观察到，当 ε 和失效节点的数量保持相同时，内层的 R 降低程度要比外层的降低大得多。结果表明，通过确保蛛网分层拓扑中的内层节点的负载能力，ε 对内层的影响更大，而外层节点对网络无害性的影响较小。此外，ε 在 [30，40] 范围内，对于每一层中不同数量的故障

节点，R 显著提高。以第二层为例，当 ε 在此范围内时，每个故障节点数的 R 的平均增量分别达到 16.26%，24.01% 和 32.04%。

由图 6-6（b）、图 6-6（d）、图 6-6（f）、图 6-6（h）、图 6-6（j）我们可以注意到，在相同的 ε 下，随着故障节点数量的增加，M 的波动无关紧要，这是 FWSNs 中的链路备份机制的结果，该机制可以较小的跳数成本确保网络连接。此外，可以看出，在失效节点数量保持不变的情况下，随着每一层的 ε 的增加，M 会增加。例如，当第 5 层的故障节点数为 7 并且 ε 从 0 增加到 40 时，M 分别为 0.035，0.037，0.046，0.063，0.072，0.086，0.113，0.116 和 0.135。级联故障导致的性能降低可能源于节点的负载和流量的平衡以及 ε 的持续增长。同时，在具有相同的 ε 和相同数量的失效节点的情况下，内层中的 M 小于外层中的 M。由于边缘层节点对节点之间最短路径的影响更加有限，因此结果与 R 在相同条件下的变化特性相反，并且与随机失效模拟中 R 与 M 的反比例关系一致。

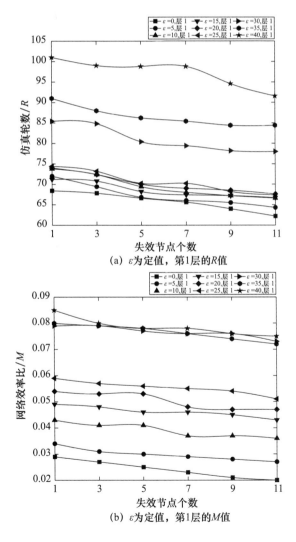

(a) ε 为定值，第1层的 R 值

(b) ε 为定值，第1层的 M 值

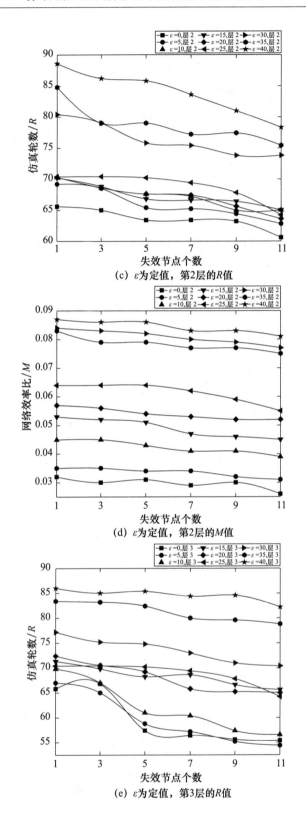

(c) ε为定值，第2层的R值

(d) ε为定值，第2层的M值

(e) ε为定值，第3层的R值

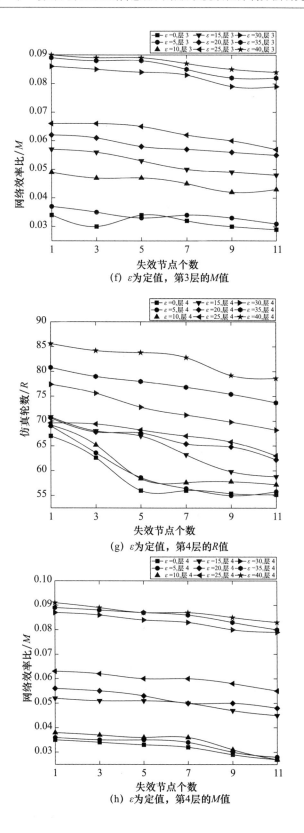

(f) ε为定值，第3层的M值

(g) ε为定值，第4层的R值

(h) ε为定值，第4层的M值

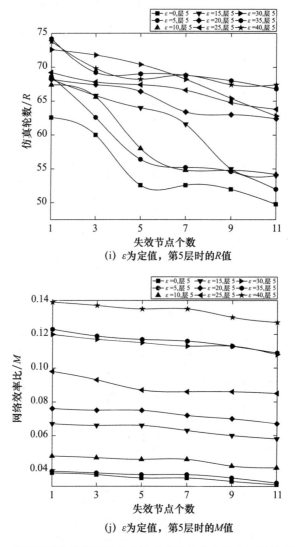

(i) ε为定值，第5层时的R值

(j) ε为定值，第5层时的M值

图 6-6　改变调节系数对每层破坏相同节点数仿真轮数及网络效率比的影响

图 6-7（a）、图（c）为调节系数对由内向外破坏节点数逐渐增加或逐渐减少仿真轮数的影响；图（b）、图（d）为调节系数对由内向外破坏节点数逐渐增加逐渐减少网络效率比的影响。从图 6-7（a）、图（c）可以看出，随着调节系数增加，在各层破坏节点个数不同的情况下，仿真轮数呈现显著上升趋势。由内向外破坏节点数逐渐增加时，调节系数为 40 时的仿真轮数，相较于调节系数为 0 时分别增加了 32.63%，37.39%，28.49%，45.25%，20.14%；由内向外破坏节点数逐渐减少时，调节系数为 40 时的仿真轮数，相较于调节系数为 0 时分别增加了 57.66%，57.55%，28.49%，39.52%，19.23%，可以看出，第 1、2 层节点数破坏数量增多时，网络仿真轮数反而随着调节系数的增大显著提高，由此可知，内层同层破坏节点数越多，仿真轮数受调节系数影响越大。而最外层受调节系数影响较小，且破坏节点的数量几乎不影响调节系数对仿真轮数

的影响。从图 6-7（b）、图（d）可以看出，调节系数与网络效率比具有显著的正相关关系，网络效率比与破坏节点数具有负相关关系。由内向外破坏节点数逐渐增加时，调节系数为 40 时的网络效率比相较于调节系数为 0 时分别增加了 3.03，2.96，2.77，2.34，2.34 倍，由内向外破坏节点数逐渐减小时，调节系数为 40 时的网络效率比相较于调节系数为 0 时分别增加了 2.20，1.91，2.77，2.39，1.70 倍。

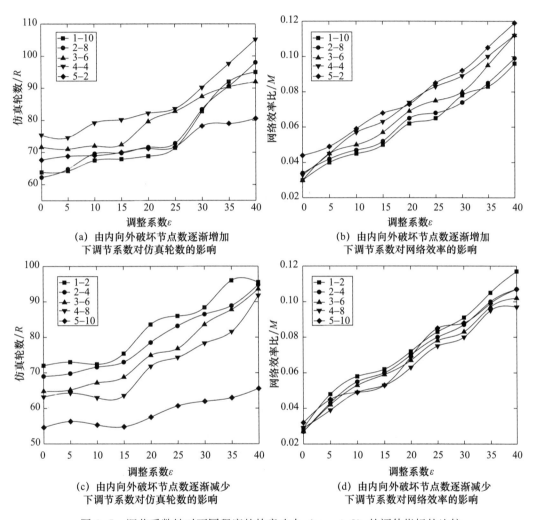

图 6-7 调节系数针对不同程度的故意攻击（$\gamma = 0.8$）的评估指标的比较

6.7 本章小结

针对如何增强无线传感器网络级联故障抗毁性，我们总结抽象出蛛网核心单元——三角形结构单元和梯形结构单元，并采用概率推理演算的手段分析了蛛网核心单元在抗级联故障时的表现，得出其核心单元在促成通信成功上具有显著的作用。为此，我们建立了仿蛛网网络模型、基于仿蛛网拓扑结构的负载容量模型以及流量分配策略进行了仿真分析，从仿真分析结果可以得出：

（1）完整网条件下，通过改变调整系数 ε 的值保持在较高设定时，FWSNs 将更利于网络的完整性，网络的级联抗毁能力表现优异。

（2）少量节点损坏情况下，仿真轮数会保持在完整网时的 70％ 左右，而有效节点比和网络效率比基本上能达到完整网时的 90％ 以上，但节点大面积损坏时，仿真轮数会急剧下降，不利于增强网络的抗级联故障能力，故本章提出的模型及算法更适用于有少量节点遭到破坏的情况，因此，本章研究的内容在级联故障前期有抑制作用，可极大地缓解故障的进一步扩散，有效增强网络的抗级联故障能力。

参考文献

［1］ 符修文，李文锋，段莹. 分簇无线传感器网络级联失效抗毁性研究［J］. 计算机研究与发展，2016，53（12）：2882-2892.

［2］ 郑啸，陈建平，邵佳丽，等. 基于复杂网络理论的北京公交网络拓扑性质分析［J］. 物理学报，2012，61（19）：95-105.

［3］ YIN R R，LIU B，LIU H R，et al. Research on invulnerability of the random scale-free network against cascading failure［J］. Physica A：Statistical Mechanics and its Applications，2016，444：458-465.

［4］ ZENG Y. Evaluation of node importance and invulnerability simulation analysis in complex load-network［J］. Neurocomputing，2020，416：158-164.

［5］ GHANBARI R，JALILI M，Yu X H. Correlation of cascade failures and centrality measures in complex networks［J］. Future generation computer systems，2018，83：390-400.

［6］ WANG X，DU J，ZOU R C，et al. Key node identification of wireless sensor networks based on cascade failure［J］. Modern Physics Letters B，2020，34（34）：2050394.

［7］ YAN L W，QIAN X H，HU X，et al. Key node identification based on overall network performance considering cascading failure in wireless sensor network［C］//2020 5th International Conference on Control and Robotics Engineering（ICCRE）. IEEE，2020：197-201.

［8］ WANG B C，ZHANG Z R，QI X G，et al. Identify critical nodes in network cascading failure based on data analysis［J］. Journal of Network and Systems Management，2020，28（1）：21-34.

［9］ LU P L，DONG C，GUO Y H. A novel method based on node's correlation to evaluate important nodes in complex networks［J］. Journal of Shanghai Jiaotong University（Science），2021：1-11.

［10］ LIU F Z，XIAO B，LI H. Finding key node sets in complex networks based on improved discrete fireworks algorithm［J］. Journal of Systems Science and Complexity，2021，34（3）：1014-1027.

［11］ QIAO L L，WU M Q，ZHAO M. Identification of key nodes in complex networks［C］//2021 7th International Conference on Computer and Communications（ICCC）. IEEE，2021：2230-2234.

［12］ LU P L，CHEN W. Identifying vital nodes in complex networks based on information entropy，minimum dominating set and distance［J］. International Journal of Modern Physics B，2021，35（05）：2150071.

［13］ ZHAO Z G. Research on invulnerability of wireless sensor networks based on complex network topology structure [J] . International Journal of Online Engineering，2017，13（3）.

[14] SUN W M，ZENG A. Target recovery in complex networks [J] . The European Physical Journal B，2017，90（1）：1-6.

[15] FU C Q，WANG Y，ZHAO K，et al. Complex networks under dynamic repair model [J] . Physica A：Statistical Mechanics and its Applications，2018，490：323-330.

[16] MISRA S，SINGH R，MOHAN S V R. Information warfare-worthy jamming attack detection mechanism for wireless sensor networks using a fuzzy inference system [J] . sensors，2010，10（4）：3444-3479.

[17] OSANAIYE O，ALFA A S，HANCKE G P. A statistical approach to detect jamming attacks in wireless sensor networks [J] . Sensors，2018，18（6）：1691.

[18] YUVARAJA M，SABRIGIRIRAJ M. Fault detection and recovery scheme for routing and lifetime enhancement in WSN [J] . Wireless Networks，2017，23（1）：267-277.

[19] MOTTER A E，LAI Y C. Cascade-based attacks on complex networks [J] . Physical Review E，2002，66（6）：065102.

[20] ZHANG Z H，SONG Y R，XIA L L，et al. A novel load capacity model with a tunable proportion of load redistribution against cascading failures [J] . Security and Communication Networks，2018，1-7.

[21] YIN R R，LIU B，LIU H R，et al. The critical load of scale-free fault-tolerant topology in wireless sensor networks for cascading failures [J] . Physica A：Statistical Mechanics and Its Applications，2014，409：8-16.

[22] GAO X E，ZHANG D P，LI K Q，et al. A cascading failure model for command and control networks with hierarchy structure [J] . Security and Communication Networks，2018，2018.

[23] ZHANG Y，YANG G Y. The optimization of wireless sensor network topology based on FW-PSO algorithm [J] . 电子与信息学报，2021，43（2）：396-403.

[24] YIN W X，GUO B Z，HU H L，et al. The research on WSNs scale-free topology for prolonging network lifetime [J] . Engineering Letters，2021，29（1），238-243.

[25] WANG Y M，CHEN B，CHEN X S，et al. Cascading failure model for command and control networks based on an m-order adjacency matrix [J] . Mobile Information Systems，2018，1-11.

第7章　无线传感器网络部署参数优化研究

7.1　引　　言

层次路由协议因能量利用率高、网络拓扑可扩展性强、数据融合技术应用其中等特点，在 WSN 网络中得到广泛研究和应用[1]。但传统的层次路由协议中簇头节点的能量消耗较大，需要使用特定的分簇算法定期选举簇头以均衡网络能量消耗，网络结构所带来的抗毁能力较低，不适用于对通信网络可靠性要求比较苛刻的农田环境。在农田环境中对网络抗毁性有严格要求，受限于成本和技术，无法利用优化的传感器性能来提升网络抗毁性，同时，通过节点备份的方式提升网络抗毁性不仅会造成网络冗余度增加，而且使网络能耗大大增长[2]。因此，对农田无线传感器网络的拓扑结构进行量化分析，对层次路由方法进行优化，可以有效降低农田无线传感器网络的故障发生概率，提升网络抗毁性。

7.2　相关工作

7.2.1　国内外研究现状

层次路由方法。层次路由协议将网络按照特定规则划分为不同簇区，簇区中包括簇头节点和成员节点两种类型的节点，簇头通过选举产生，负责将簇内成员节点采集的信息进行收集、处理、传输，承担了大量通信任务，易出现失效问题[3]。成员节点任务简单，仅负责将采集到的数据传输到簇头，能耗较低[4]。层次路由协议具有以下优点。（1）在簇头进行数据聚合，丢弃冗余和不相关的数据，从而降低传感器节点的能量消耗；（2）路由管理更方便，只有簇头需要维护本地路由设置，对路由信息的需求较小，同时提高了网络的可扩展性；（3）由于传感器节点只与各自的簇头进行通信，节省了通信带宽，从而避免了传感器节点之间的冗余信息交换。

层次路由的拓扑结构在网络维护、通信扩展、算法应用等方面具有优势，适用于农田无线传感器网络。在层次路由中，簇头承担了一些额外的工作负载，即接收成员传感器节点发送的传感数据、数据聚合和数据传输给基站。此外，在传感器网络中，簇头是在正常的传感器节点中选择的，由于额外的工作负载会消耗更多的能量，簇头很快就会死亡。簇头的失效是灾难性的，因为它会限制传感器节点在其监督下的可达性，并阻止数据的聚合和传播。因此，在层次路由协议中，需要定期更换簇头以防止簇头失效，簇头成为了网络的薄弱点，这就意味着，层次路由的拓扑结构抗毁能力较低。仿蛛网无线传感器网络是一种新型分层分簇网络，其在拓扑形式、结构功能方面与蛛网惊人地相似[5]，与传统的树形、星形、环状网络相比在提高网络的联通性、抗毁性和通信抗毁性等方面具有优势[6]。

对于传统的层次路由，研究者根据单一的网络性能影响因素进行网络分簇和簇头选举，但其网络能量消耗较大，如 LEACH 协议[7]采用分簇方法，通过定期轮换簇头来均衡网络能耗，但该路由协议在簇头选择时仅考虑节点成为簇头的概率，未考虑节点剩余能量、消耗能量和传输距离等重要影响因素，致剩余能量较少的节点当选簇头，进而造成网络寿命缩短的问题。TEEN（Threshold-sensitive energy eficient sensor network protocol）是一种采用阈值敏感的高效分簇协议[8]，其基本思想是随机等概率地选取簇头，靠簇头近的节点形成虚拟簇，将整个网络的能量负载平均地分配到每个节点上以降低传感器的能量消耗，从而延长网络寿命。但是，由于它在簇头与基站之间采用单跳路由方式传输数据，因此 TEEN 并不适用于常规的数据收集。PEGASIS（Power-efficient gathering in sensor information systems）协议[9]和 LEACH 协议的分簇方法相似，PEGASIS 中的簇是基于地理位置而形成的链条，其基本思想是假设所有节点静止，然后根据地理位置形成相邻节点之间距离最短的链，并在链上随机地选举簇头，节点一般通过定位装置来发现距离自己最近的点，采用贪婪算法构造整条链。DAEA（Data aggregation exact algorithms）是一种 3 层的分簇协议[10]，该协议根据地理位置事先将簇划分成大小相等、相邻且不重叠的正方形区域，并提出为每个簇分别选出簇头和上层簇头，从而最大程度地节省能量和融合数据，来延长网络的生命周期。该协议使用 3 层簇头数据融合结构是能量与延迟之间的折中方案，尽管分层的增加可以节省能量，但增加了延迟，只适用于中小型网络。Zhang 等提出了一种基于预测高效能耗回收的无线传感器网络分簇路由方法，在簇头的选择上，设计了一种基于节点度、相对距离和剩余能量的高效分簇方法，保证簇头分布均匀，簇规模均衡，优先选用高能量的节点作为簇头[11]。Wang 等提出了一种基于蚁群算法的分簇路由算法，该算法将蚁群算法应用于簇间路由机制，并寻找从簇头到基站的最佳路径。由于节点信息传输沿着最佳路径实现，簇头节点的能量消耗明显减少，同时，考虑到簇头之间的距离，使簇头分布更加均匀[12]。Rawat 等提出了一个基于异质网络的分簇路由协议，通过概率模型使用不同异质节点的节点能量和节点概率来选择簇头，结果表明，该方案能提供更好的网络性能，降低能量消耗，延长网络寿命[13]。Mohan 等提出了一种基于元启发式的分簇路由协议，该协议根据不同的参数，如剩余能量、簇内距离和簇间距离，使用混沌磷虾群算法选择簇头并进行分簇[14]。Singh 等提出了一种混合分簇路由协议，该协议通过考虑网络能量和服务质量等参数来制定健身函数选择最佳簇头，以实现能量最小化和集群头的负载平衡[15]。Jiang 等提出了一种低能耗的不等价分簇路由算法，该算法在簇间通信中采用多跳形式，将能量和距离因素作为选择簇头和子簇头的适配函数，簇头通过子簇头与基站进行通信，同时通过成本函数在簇头和基站之间形成一条最优路径，从而达到平衡网络能耗的目的[16]。Rodriguez 等提出了一种基于鱼群算法的新型节能分簇路由协议，该协议在其分簇结构中先考虑一个基站和一组簇头，使用鱼群算法确定出簇头的数量和最佳簇头，再将传感器节点分配到离它最近的簇头，重新配置网络的簇结构，确保簇头的最佳分布并减少传输距离[17]。Koyuncu 等提出一种基于新型选举多层随机概率的分簇路由协议，根据传感器能量消耗模式和节点位置的不同，使用随机概率算法来选出最佳簇头，从而达到平衡能量消耗的目的[18]。Wang 等提出一种基于混沌遗传算法的分簇路由协议，该协议使用混沌遗传算法来选择最佳簇头，并通过将它们同时编码到一个染色体中来寻找最佳路由路径，从而进一步减少能量消耗[19]。Zhu 等提出了一种基于时间驱动和能量驱动的混合簇头轮换策略，可以使轮换的时机更加合理，有效地降低了簇头节点的能量消耗[20]。

李成法等基于分簇路由提出了 EEUC 协议，利用节点与基站的距离不同来决定簇的大小，距离基站近的簇半径小，以便腾出更多能量进行路由转发，但是没有很好地考虑簇内成员节点数量及通信代价等问题[21]。在上述研究的基础上，研究者对于分簇方法和簇头选举策略的研究更注重多因素综合考虑，提升了网络能耗平衡，如 Yang 等提出一种基于到基站的距离和邻居节点分布的能量平衡分簇算法，以在具有随机分布的无线传感器网络中生成簇[22]。Yu 等提出了一种用于大规模传感器网络的新的能效动态分簇算法，通过监测其邻近节点的接收信号功率，每个节点实时活跃的数量，计算其成为簇头的最佳概率，从而使簇内和簇间通信所消耗的能量最小化[23]。Zheng 等提出了一种基于模糊的不等式分簇算法，以基站的距离、剩余能量和密度作为输入变量，利用模糊逻辑方法进行簇头选择[24]。Agrawal 等提出一种基于认知分区的不平等分簇方法，除了距离基站的集群划分更小之外，基于权重和累计距离进行簇头选择[25]。Lin 等提出用系统的社会理论来控制簇头的选举方法，该方法采用 Atkinson's 不等式测量选举最佳簇头，并提出了一个新的预期能量效率的概念确定簇头[26]。仿蛛网分层分簇网络自身结构具有较强的抗毁能力，对于网络簇区划分和簇头选举方法的研究应优先考虑抗毁性，而基于单一因素或多个因素的传统分簇方法和簇头选举策略未能充分考虑网络抗毁性问题，因此，传统的分簇方法和簇头选举策略不适用于仿蛛网分层分簇网络。

生物启发式的仿蛛网分层分簇网络模型具有极高的网络抗毁能力，但网络长期稳定的工作表现受网络部署参数影响，且簇内和簇间的能耗平衡受到簇的划分影响[27]。然而对于蛛网的网络部署参数优化没有形成系统的方法，一般根据经验人为设定。为提高网络抗毁性、延长网络寿命，研究者们对网络进行优化，主要分为三个方面：（1）对分簇过程进行优化。Han 等提出了一种新的高效分簇路由协议，该协议利用能量消耗相关的多个分簇因素来选择簇头，将有效分簇问题转化为 neighbor communication range and weight coefficient 的优化，并在最优参数配置下，划分网络集群[28]。（2）对簇头选举进行优化。Huang 等提出了一种基于网络簇类的节能多跳路由算法，该算法结合节点能量、节点位置、网络区域层次等多种因素，优化功能节点的选举过程，使能量消耗最小化。引入通信节点来选择簇头节点，通过多跳路由在簇间传输数据，减轻簇头的负担[29]。Park 等提出了一种使用 K-means 算法的选择簇头方法，该算法基于簇头和成员节点之间的欧几里得距离之和最小为原则来选择簇头，以使无线传感器网络的能量效率最大化[30]。（3）对路径选择进行优化：Zou 等提出了一种改进的蚁群算法来识别最短路径，该算法可以构造传感器节点传递函数和信息素更新规则，并利用网络的动态优势自适应地选择数据路径，提高了无线传感器网络的服务质量[31]。

上述层次路由优化方案未能对网络参数变化引起的网络演变过程进行分析，未能深入分析不同网络参数及网络参数的不同取值对网络性能的影响程度，因此，对网络的优化可能存在无法实现网络能量均衡和抗毁度提升的情况。

7.2.2　抗毁性测度函数

网络抗毁性测度是评价网络服务性能优劣的一个量化指标，是网络抗毁性研究的关键[32]。与故障容错和攻击容错关注特定事件（如随机故障或恶意攻击）下的网络性能不同，抗毁性测度聚焦于各种故障因素影响下的综合服务质量（QoS）性能[33]。农田无线传感器网络部署规模大、硬件成本低、工作环境恶劣，造成传感器节点易发生故障，难以满足农田无线传感器网络的抗毁性要求[34]，因此，无线传感器网络的抗毁性成为研究热点。对于 WSNs 有关复杂网络的抗毁性测度研究，虽一定程度上能够反映网络抗毁性能的优劣，但在实际运用过程中，仍存在一定局限。首先未考虑 WSNs 有效联通性，其次未考虑能耗敏感性。以吴俊等所提网络联通系数为基础，林力伟等考虑 WSNs 汇聚特征，引入有效联通度概念，提出面向 WSNs 的抗毁性测度[35]。Aboelfotoh 等观测到一个或多个节点的失效可能导致源节点与汇聚节点之间链路中断，或者链路长度增加，加剧信息传递延迟，通过建立预期信息延迟和最大信息延迟测度来测量网络的抗毁性。与之前面向联通性的 WSNs 抗毁性测度相比，该测度可涵盖消息传递延时 QoS 指标对抗毁性表现更好。WSNs 与其他网络的最大差别在于缺乏能量持续供给，因此，在研究 WSNs 抗毁性时，不应忽略节点剩余能量的影响[36]。齐小刚等提出一种考虑节点剩余能量与拓扑贡献度的 WSNs 抗毁性测度。在该测度中，以个体节点的抗毁性能作为输入值，求解均值与方差用来表征全局网络的抗毁性能，但该测度并未就如何确定节点剩余能量与网络拓扑在测度中所占权重给予具体说明[37]。Cai 等基于网络平均寿命与 k 覆盖率提出抗毁性测度，当 k 覆盖率降低至阈值时，所移除节点数量占全局网络节点总数的比例，即为网络平均寿命，若将随机移除策略替换为依照连接度从高到低依次移除，则移除节点数目与全网节点总数的比值定义为平均抗毁性，但是该测度准确与否依赖于 k 值的选取[38]。段谟意等通过建立节点最大流量模型来评估网络抗毁性能，并借助元胞蚁群算法进行求解，但在该测度中，仅将最大流量视为节点间链路可靠性的评价指标，忽视了冗余链路对抗毁性能的提升效果，使得测度评估结果带有明显局限性[39]。

7.2.3　现有的无线传感器网络的抗毁性研究

（1）失效模型。Wang 等[40]提出了一个考虑能量消耗、随机失效和干扰攻击的失效模型，该方法适用于任意分布的无线传感器网络中组件（传感器）状态分析和概率竞争失效问题。Chanak 等开发了一种用于分布式无线传感器网络聚类的异构失效模型，该模型的簇头需要承担更多的数据转发任务，因此簇头的故障概率比簇成员更高[41]。Fu 等建立了一个更实用的级联模型来提高网络的抗毁性，在该模型中，根据新的流量度量方向对每个节点定义了负载函数，并根据每个节点的拥堵状态定义了过载函数。此外，故障节点可以在一定的时间延迟后通过重启恢复，而不是被永久地从网络中移除。试验表明，将汇节点放在靠近部署区中心的位置，可以有效提高网络的抗毁性[42]。

Azharuddin等提出了基于位置的分布式容错集群和路由失效模型，该模型根据与汇聚节点的距离将网络划分为几个区域，距离汇聚节点越近的区域内的传感器节点越容易发生故障[43]。Fu等提出了一个基于蜂窝自动机的故障模型，它考虑了能量耗尽、软硬件故障和链接受损等故障原因，并比较了三种汇聚节点布局方案（即随机布局、面向度数的布局和面向间性的布局）来研究汇聚节点布局对网络抗毁性的影响。试验结果表明，该模型在提高网络抗毁性方面表现更好[44]。Sen等将该类模型归纳为单一区域失效模型SRFM（Single region fault model），并对其进行扩展，给出多区域失效模型MRFM（Multiple region fault model）。由于在MRFM模型中仅简单地将多个失效区域设定为覆盖范围与形状均相同，且地理位置服从随机分布，具有明显的局限性[45]。基于该考虑，Rahnamay等对网络负载进行度量，并基于泊松分布，确定多个失效区域中心位置，若该区域载荷越重，则故障概率越高[46]。Fu等提出了一种基于环境融合多路径路由协议的失效模型，该模型传感器节点的故障概率与其所处环境的影响程度正相关[47]。

（2）抗毁度指标。目前最常用的非拓扑性无线传感器网络抗毁性指标主要有网络生存期、生存比（正常节点与所有节点的比例）和网络覆盖率等[48]。这些非拓扑性的网络抗毁测度指标简单易得，因此通常采用一种或者多种作为网络抗毁性测度指标[49]。由于非拓扑性网络抗毁指标主要使用与网络拓扑结构无关的网络属性作为无线传感器网络抗毁性能的评价指标，因此，网络属性无法真实准确地反映出网络的抗毁性[50]。当网络受到外界攻击时，如果可使用的存活节点多，说明网络具有较高的冗余度，如果存活节点仅出现在网络中的一部分区域，说明网络节点分布无法满足网络覆盖度的要求。在此基础上基于网络拓扑的抗毁度评价指标应运而生，基于网络拓扑的抗毁度以网络联通性为对象，以邻接矩阵为特征提取来源，选择图论及概率统计学作为理论工具，能够更为全面地度量网络抗毁性[51]。Velivasaki等定义了一个基于传输延时和网络联通性抗毁度指标[52]。Zeng等利用k-连通和k-覆盖去衡量WSNs的抗毁度[53]。Zou等通过分簇单元之间的层次联通性来评估WSNs的抗毁度[54]。

（3）提高抗毁度。构造无标度拓扑已经被许多研究者用来提升无线传感器网络对外界攻击的抗毁性[55]。Peng等提出一种能量感知的低势度公共邻居节点方案，该方案既考虑了拓扑形成中的邻域重叠，又考虑了共同邻居的势度，避免了与具有高潜在联通性的枢纽节点建立连接，生成了基于聚类和无标度的大规模无线传感器网络，提高了网络能量效率和鲁棒性[56]。Baydere等提出来一种路径切换算法来提高网络的抗毁性，该算法在反向路径上的节点出现故障时，能够及时动态地改变数据包的路径，另外又根据独立的电池容量，得出一个多跳网络的分析模型，该模型被用来预测以总传输信息为单位的最大网络寿命。试验表明，该方法能有效提升网络的抗毁性[57]。Qiu等提出了一种新的无标度传感器网络鲁棒性增强算法，该算法利用节点的位置和度信息重新排列网络边缘，并保持拓扑中每个节点的度不变，生成无标度的无线传感器网络拓扑，面对恶意攻击能够显著提升网络的鲁棒性[58]。Fu等[59]提出了一种面向汇聚节点的无线传感器网络级联模型，利用新的网络平衡度量——面向汇聚节点的介数熵，设计局部搜索算子，优化拓扑来抵抗无线传感器网络级联失效，该模型能够很好地描述无线传感器网络的级联过程，能够在短时间内构建鲁棒性高的拓扑结构。针对故意攻击下的网络脆弱性，通过优化传感器节点的布局和传输范围来降低传感器网络的集中化水平是主要的解决方案。Fu 等在定义一个新的中心性测量的基础上，提出两个超级链路和超级节点概念来提高网络的抗毁性，试验表明，所提出的方案能够以较低的网络建设成本提高网络的抗毁性[60]。Chen 等提出了一种基于邻域的分布估计算法，利用线性规划模型的激活时间作为个体适应度，根据该算法寻求延长网络生命期的覆盖方案，并通过重复覆盖方案演化和线性规划模型求解的步骤来优化网络寿命，结果表明，该算法在不同的传感器网络上都表现出优越性能[61]。Liu 等提出了一种将能量消耗最小化和能量消耗平衡综合考虑的新型传输距离调整策略，以实现无线传感器网络避免能量黑洞和延长网络寿命的目标，通过仿真验证了策略的有效性[62]。

虽然无线传感器网络抗毁性的相关研究已经取得了很大进展，但这些研究仍存在以下局限性：（1）现有的失效模型不能充分反映各种失效相关因素对网络的影响；（2）现有的抗毁性度量很少涉及不同攻击策略下网络抗毁度的比较分析；（3）现有的解决方案主要关注网络故障发生后的结果，缺乏对故障过程的理解。

7.3　仿蛛网分层分簇网络模型构建

7.3.1　分层分簇通信模型

如图 7-1 所示，为更好地均衡节点能耗，提高网络抗毁性，本研究模仿圆形蛛网拓扑结构，对圆形网络监测面积进行区域划分。传感器节点随机分布在监测区域内，簇区面积越大随机散布的节点数量越多。簇区的划分一方面要考虑节点覆盖均匀度，另一方面要考虑节点能耗问题。簇内和簇间能耗受簇的节点数量影响，簇的规模过大将导致簇内成员之间的通信能耗及成员与簇头之间的通信能耗增加，且簇头承载的数据收发量过大，会使得簇头加快死亡。针对上述分析，做出如下考虑：

（1）为了使各个簇区随机分布相近数量的节点，需要簇区的面积保持一致，即只需要各分层区域的面积保持一致。故根据公式（7-1）便可依次计算得出 R_1，R_2，R_3，$\cdots$，R_L。

$$\begin{cases} \pi R_L{}^2 = s \\ \pi R_1{}^2 = \dfrac{1}{L} \cdot s \\ \pi R_L{}^2 - \pi R_{(L-1)}{}^2 = \dfrac{1}{L} \cdot s \quad (L \geqslant 2) \end{cases} \tag{7-1}$$

其中，L 表示层数，R_1，R_2，R_3，$\cdots$，R_L 分别表示第 1，2，3，$\cdots$，L 层到基站的距离。

（2）根据传感器节点与基站的不同距离设置分层，各层与基站形成 L 个同心环，以基站为中心的一组均匀辐射线将网络划分成 z 个扇形区域，相邻同心环与单个扇形区域所包围的公共区域构成一个簇区。L 和 z 值共同决定监测区域的簇区数量，簇区数量越多，则簇区面积越小，簇内节点数越少。多层分簇网络模型见图 7-1。

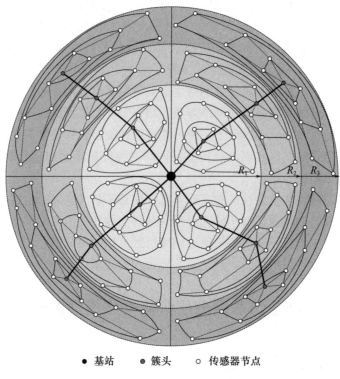

● 基站 ● 簇头 ○ 传感器节点

图 7-1 多层分簇网络模型

7.3.2 簇头选举方案及簇内簇间通信

（1）簇头选举方案。依据簇内节点剩余能量进行簇头选择，剩余能量最多的节点当选为簇头，每一个当选的簇头会进行 m 轮通信后再进行下一轮簇头的选举。

（2）簇内通信。为了有效提升网络的抗毁性，簇内节点需建立多路径、冗余度可行的通信模式。其通信方式主要以多跳的方式进行，即簇内任意节点会以自身位置及簇内其余节点位置信息为依据组建簇内通信网络。为了使组建的网络具有能耗均衡及高抗毁性的特征，引入簇内分层半径这一参数。即随着簇内簇头节点确定，簇内节点与簇头之间的距离随之确定。此时，簇头距离簇内最远节点的距离（Maximun distance，M_{dis}）可以确定。为了达到多跳通信条件下进一步降低组网的冗余度，需要设置合适的簇内分层半径，为此引入簇内分层半径划分等级（Grade communication radius，G_{cr}）。由此定义，簇内分层半径（Network communication radius，N_{cr}）N_{cr} 为：

$$N_{cr} = M_{dis}/G_{cr} \tag{7-2}$$

$$\mathrm{in}v = \frac{\sum_{i=1}^{n-1}\sum_{j=i+1}^{n} \mathrm{e}\, m_{ij}}{n(n-1)/2} \tag{7-3}$$

$$\mathrm{INV} = \sum_{v=1}^{m} \frac{n_v}{N} \mathrm{in}\, v_v \tag{7-4}$$

$$\overline{E_n} = \frac{1}{N_{\mathrm{Active}}} \times \sum_{i=1}^{N_{\mathrm{Active}}} E_i \tag{7-5}$$

由公式（7-2）可以看出，当网络规格及分层分簇方案确定后，任意的簇内 M_{dis} 表现稳定，波动范围较小，故通过改变 G_{cr} 的大小便可有效改变簇内分层半径，从而对网络的寿命及网络抗毁度具有一定的影响。

（3）簇头与基站通信。簇头将收集到的簇内信息直接以单跳的方式直接与基站进行通信。

7.3.3　组网

以簇头为中心，以簇内分层半径为半径向下组网，具体组网过程如下：

（1）组网初始化。依据簇内节点剩余能量选择一簇内剩余能量最多的节点作为簇头，簇头节点发送组网信息至簇内所有节点，发送组网信息的同时将簇内所有节点位置信息发送给簇内节点，并将各节点所在层号发送给节点。

（2）簇头组网。簇头节点依据各节点的位置和簇内分层半径与第 1 层节点建立通信联系。

（3）第 1 层节点组网。第 1 层节点以簇内分层半径为依据发送组网信息，若同层子节点收到此信息，则依据位置信息选择最近的两个作为同层相邻节点，记录于本地路由表邻居节点内；若下一层子节点收到此信息，将发送信息的节点视为是自己的上层通信节点，将该信息记录在自己的本地路由表相邻内层中。

（4）依据上述方式，分别进行第 2，3，4，…，L 层节点的组网。

簇内组网完成后，簇内通信具体可分为以下两种情况：

（1）簇头产生后，距离簇头较远的节点会优先选择距离簇头较近的上层节点进行信息传输。

（2）若优先选择的节点因能量耗尽死亡，则选择同层相邻节点建立联系，进行信息传输。

7.4　模型参数优化方法

7.4.1　运行参数获取

利用仿蛛网分层分簇网络模型进行预仿真试验，设置网络参数 L，m，G_{cr}，z，n 范围，通过改变单一网络参数，其余网络参数保持不变，获得网络平均剩余能量和抗毁度，程序运行 3 次。定义节点死亡率为死亡节占所有节点的比例，本书将节点死亡率设置为 50%。

所有节点初始能量相同，第一轮通信时每个簇区随机选取一个节点作为簇头，每一轮通信结束，簇区内其余节点将采集的数据和剩余能量信息传输给簇头，簇头记录节点采集的数据、存活节点数量、存活节点与簇头的跳数以及簇区节点剩余能量，簇头根据与簇内每个存活节点之间的跳数获得 $k_{\min}$，根据簇内存活节点数量和簇头与每个节点之间的跳数 $k_{\min}$，计算簇头与簇内每个存活节点间的最短路径数，根据簇内存活节点数量和簇头与簇内每个存活节点间的最短路径数计算簇区抗毁度。每一轮通信后簇头将所在簇区采集的数据、节点存活数量、簇区剩余能量、簇区抗毁度通过单跳的方式传输给基站，基站将数据存入自身数据库中。经过 m 轮通信后，根据最大剩余能量原则选举新的簇头，进行新一轮的通信。当死亡节点数目达到 50％时，仿真停止，基站根据公式（7-4）计算全网抗毁度，根据公式（7-5）计算全网平均剩余能量。基站将全网抗毁度、全网平均剩余能量与对应的参数组合远程传输至电脑终端数据库中。

7.4.2 仿真过程

（1）初始化网络参数 L，m，G_{cr}，z 和 n；

（2）根据取值范围分别改变 L，m，G_{cr}，z，n，每次改变一个网络参数，其余参数保持不变；

（3）试验区域根据公式（7-1）计算分层半径，根据 $L \times z$ 确定簇区个数；

（4）所有节点的初始能量相同，因此第一轮通信时每个簇区随机选取一个节点作为簇头，每一轮通信结束，簇区内其余节点将剩余能量传输给簇头，簇头记录存活节点数量和簇区剩余能量，并根据公式（7-3）计算簇区抗毁度；

（5）每一轮通信后簇头将所在簇区的节点存活数量、剩余能量、抗毁度通过单跳的方式传输给基站，基站将数据存入自身数据库中；

（6）经过 m 轮通信后，根据最大剩余能量原则，将簇区内剩余能量最多的节点作为新的簇头，进行网络通信和节点存活数量、簇区剩余能量、簇区抗毁度的记录；

（7）当死亡节点数目达到 50％时，仿真停止，基站根据公式（7-4）计算全网抗毁度，根据公式（7-5）计算全网平均剩余能量；

（8）基站将全网抗毁度和全网平均剩余能量与对应的参数组合远程传输至电脑终端数据库中。

7.4.3 数据分析

对全网抗毁度和全网平均剩余能量数据进行正态性检验，获得全网抗毁度和全网平均剩余能量的数据分布特征，以此来选择正确的统计分析方法，若全网抗毁度和全网平均剩余能量的数据满足正态分布，则选择参数检验方法，否则，选择非参数检验方法，或者通过变换方法将全网抗毁度和全网平均剩余能量数据转换为正态分布，以此为基础来使用参数检验方法。多因素方差分析是分析全网抗毁度和全网平均剩余能量数据平均数的差异，要求各组数据的总体方差基本一致，才能够进行方差的分析比较，对全网抗毁度和全网平均剩余能量数据进行方差齐性检验，如果全网抗毁度和全网平均剩余能量数据的方差非齐性，将会掩盖掉数据均值的差异信息，并导致得出错误的结论。参数检验高于非参数检验的能效性和准确性，因此本研究选择参数检验的方法（多因素方差分析）对数据进行统计分析。本研究使用 SPSS 25 对全网抗毁度和全网平均剩余能量进行正态性检验和方差齐性检验，若数据服从正态分布且满足方差齐性，则对其进行多因素方差分析。若数据不服从正态分布或不满足方差齐性，则利用变换方法如 box-cox 变换和 Yeo-Johnson 变换等方法，将数据转换为正态分布，减小数据的异方差性（heteroscedasticity），并进行多因素方差分析。过程如下：

（1）对全网抗毁度和全网平均剩余能量数据进行正态性检验，根据 K-S（Kolmog-orov-Smirnov）检验、直方图和 Q-Q 图共同判断数据是否服从正态分布，若 K-S 检验的 $P>0.05$，且直方图符合正态分布规律，Q-Q 图上数据与理论直线（即对角线）基本重合，则全网抗毁度和全网平均剩余能量服从正态分布，否则不服从。全网抗毁度和全网平均剩余能量服从正态分布说明数据主要受到内部网络参数变化的影响，具有集中性、对称性和均匀变动性的特征。

（2）利用莱文（Levene）方差齐性检验方法对全网抗毁度和全网平均剩余能量数据进行方差齐次性检验，根据 Brown 研究发现，采用基于中位数的检验结果更具有稳定性，因此基于中位数的方差齐性检验结果，若 $P>0.05$，则数据满足方差齐性，否则不满足。全网抗毁度和全网平均剩余能量满足方差齐性反映了数据与平均值的偏离程度小。

（3）若全网抗毁度和全网平均剩余能量数据不服从正态分布，无法满足方差齐性，则利用 box-cox 变换或 Yeo-Johnson 变换，将数据转换为正态分布，并使数据满足方差齐性。

（4）为获取网络模型参数变化对全网抗毁度和全网平均剩余能量的影响，利用参数组合与对应的全网抗毁度和全网平均剩余能量进行多因素方差分析，将 L，m，G_{cr}，z 和 n 作为固定因子，全网抗毁度和全网平均剩余能量分别作为因变量进行主效应检验。若 $P<0.05$，则说明不同固定因子对全网抗毁度和全网平均剩余能量的影响显著，否则，不显著。全网抗毁度对应的固定因子 L，m，G_{cr}，z 和 n 的 P 值为 p_i（$i=1$，…，5）全网平均剩余能量对应的固定因子 L，m，G_{cr}，z 和 n 的 P 值为 q_i（$i=1$，…，5），根据 P 值的大小将 L，m，G_{cr}，z 和 n 对全网抗毁度和全网平均剩余能量的影响大小进行排序。

7.4.4　网络参数建模

利用 MATLAB2020b 对网络参数组合与对应的全网抗毁度和全网平均剩余能量进行归一化处理，选择逻辑回归算法进行网络参数模型构建。

首先，通过 MATLAB 中 glmfit 函数对数据进行建模，参数设置为"binomial""link""logit"，获得目标函数 f_1（x）和 f_2（x），其中 f_1（x）表示全网抗毁度函数，f_2（x）表示全网平均剩余能量函数。x_1，x_2，x_3，x_4 和 x_5 分别对应网络参数 L，m，G_{cr}，z 和 n。

根据多因素方差分析得到全网抗毁度对应的固定因子 P 值与全网平均剩余能量对应的固定因子 P 值，计算 x_1，x_2，x_3，x_4 和 x_5 对应的权重 a_i 和 b_i，利用权重得到不等式约束条件 g_1（x）和 g_2（x）。其中，

$$a_i = \frac{\sum_i^j p_i}{\sum_i^k p_i}(i,j,k=1,\cdots,5,i\neq j)$$

$$g_1(x) = \sum_{i=1}^k a_i \times x_i(k=1,\cdots,5)$$

$$b_i = \frac{\sum\limits_{i}^{j} q_i}{\sum\limits_{i}^{k} q_i}(i,j,k=1,\cdots,5,i\neq j)$$

$$g_2(x) = \sum_{i=1}^{k} b_i \times x_i(k=1,\cdots,5)$$

最后，对于一个解x_i（$i=1$，2，$\cdots$，5），其满足约束条件g_1（x）和g_2（x），则称其为可行解（feasible solution），若不满足约束条件，则称其为不可行解（infeasible solution）。一般使用约束违反值（constraint violation value）定量描述一个解x_i违反约束条件的程度，约束违反值定义为CV（x）。

约束违反条件如下：

$$CV(x) = \sum_{i=1}^{J} \left[g_j(x) \right]$$

其中，J为不等式约束条件的个数，$[g_j$（x）$]$表示若g_j（x）$\leqslant 0$，则 $[g_j$（x）$]=$ 0，否则，$[g_j$（x）$]=|g_j$（x）$|$。对于一个可行解x_i，CV（x_i）为 0，对于不可行解，CV（x_i）大于 0。

7.4.5 网络参数优化

本书利用 NSGA-Ⅱ（the non-dominated sorting multi-objective optimization genetic algorithm）算法获取目标函数f_1（x）和f_2（x）的 Pareto 最优前沿，以平衡全网抗毁度和全网平均剩余能量的方式，获取网络参数最优值。首先，随机产生规模为 $P = 60$ 的初始种群，非支配排序后通过遗传算法的选择、交叉、变异三个基本操作得到规模为 P 的第一代子代种群；其次，从第二代开始，将父代种群与子代种群合并获得规模为 $2P$ 的新种群，并快速进行非支配排序，Pareto 等级相同的个体划分为一个非支配层，同时对每个非支配层中的个体利用全网抗毁度函数f_1（x）和全网平均剩余能量函数f_2（x）进行拥挤度计算，根据 Pareto 等级从低到高的顺序，将整层种群放入新的父代种群中，直到某一层的个体无法全部放入新的父代种群中，将该层个体根据拥挤度从小到大排列，依次放入新的父代种群中，直到新的父代种群规模达到 P；最后通过遗传算法的基本操作，产生种群规模为 P 的新的子代种群，以此类推，直到达到最大迭代次数，获得目标函数f_1（x）和f_2（x）的 Pareto 最优前沿。将目标函数f_1（x）和f_2（x）的 Pareto 最优前沿与直线f_1（x）$=f_2$（x）交点作为最优解平衡点，利用反归一化公式，计算出最优解平衡点对应的网络参数L'，m'、$G_\sigma{'}$、z'和n'。

7.5　仿真试验与结果分析

7.5.1 运行参数分析

在 PyCharm2019.3.3 上进行网络仿真试验，传感器节点随机部署在半径为 114m 的圆形区域内（等效于边长为 200m 的正方形区域面积），网络层数 L 设置为｛3，4，

5，6}，簇头更换轮数 m 设置为 {5，10，15，20}，簇内分层半径划分等级 G_{cr} 设置为
{3，4，5，6}，扇形区域个数 z 设置为 {4，5，6，7，8}，节点个数 n 设置为 {500，
600，700，800，900，1000，1100}，共 20 种参数组合。传感器节点初始能量设置为
0.5J，数据包长度设置为 4000bits，射频能耗系数 E_{elec} 设置为 50nJ/bits，自由空间信道
模型信号放大器功耗系数 ε_{fs} 设置为 10pJ · bit^{-1} · m^{-2}，多路径衰减信道模型信号放大
器功耗系数 ε_{mp} 设置为 0.0013pJ · bit^{-1} · m^{-4}。仿真试验参数见表 7-1。

表 7-1　仿真试验参数

参数	值
传感器节点初始能量（E_0）	0.5J
E_{elec}	50nJ/bits
ε_{fs}	10pJ · bit^{-1} · m^{-2}
ε_{mp}	0.0013pJ · bit^{-1} · m^{-4}
数据包字节数（bits）	4000bits
基站	(0，0)
试验区域面积	40807m^2
L	3，4，5，6
m	5，10，15，20
G_{cr}	3，4，5，6
z	4，5，6，7，8
n	500，600，700，800，900，1000，1100

图 7-2 显示了不同参数下程序执行 3 次网络抗毁度的变化。从图 7-2（a）中可知更
换簇头轮数 R 为 15 时，抗毁度最高，m 为 15 时，抗毁度变异系数最高为 0.8064；从
图 7-2（b）中可知，簇内分层半径划分等级 G_{cr} 为 6 时，抗毁度最高，G_{cr} 为 6 时，抗毁
度变异系数最高为 0.9086；从图 7-1（c）中可知，网络层数 L 为 3 时，抗毁度最高，
抗毁度变异系数最高为 0.7004；从图 7-1（d）中可知，节点数目 n 为 500 时，抗毁度
最高，n 为 600 时，抗毁度变异系数最高为 0.8687；从图 7-1（e）中可知，扇形区域个
数 z 为 8 时，抗毁度最高，z 为 6 时，抗毁度变异系数最高为 0.9327。

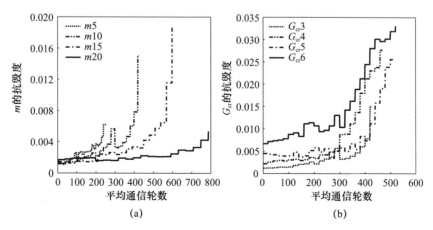

(a)　(b)

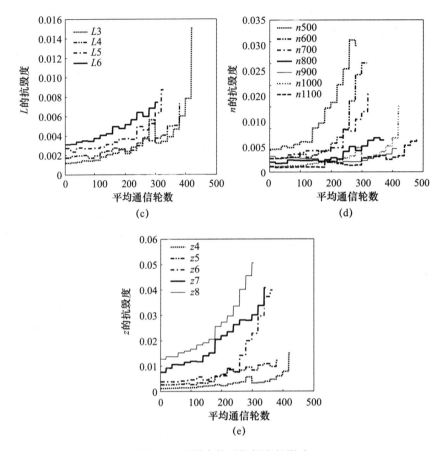

图 7-2　不同参数对抗毁度的影响

随着通信轮数的增加，不同参数下的网络抗毁度呈增加趋势。通信轮数增加伴随着网络节点的死亡，当节点死亡数目达到一个阈值时，网络抗毁度会出现一个明显的下降，随后网络抗毁度再次呈现上升趋势。不同参数下节点死亡数目的阈值不同，如更换簇头轮数 m 为 10 时，节点死亡数目达到 $25.00\%\sim30.50\%$ 时，网络抗毁度出现显著下降，这是由于抗毁度阶乘计算造成的。通过对比发现节点数目 n 为 500 时，节点死亡数目的阈值最大，即节点死亡数目达到全部节点的 49.60% 时，出现网络抗毁度的显著下降，降低 4.55%。扇形区域个数 z 为 8 时，节点死亡数目的阈值最小，即节点死亡数目达到全部节点的 4.80% 时，出现网络抗毁度的显著下降，比初始值降低 0.38%。

图 7-3 描述了不同参数下的网络平均剩余能量，相同参数执行三次，epoch 相差最大为 27，最小为 2，网络模型稳定性较好，能够保证每次运行结果的可靠性。从图 7-3（a）中可知更换簇头轮数 m 越小，平均剩余能量下降越快，平均通信轮数越小。m 为 20 时，网络平均剩余能量下降最慢，网络通信轮数最多，平均通信轮数为 790 轮，停止通信时，平均剩余能量为 0.2799J。m 为 5 时，网络平均剩余能量下降最快，网络通信轮数最少，平均通信轮数为 252 轮，停止通信时，平均剩余能量为 0.2835J。m 为 10 和 15 时，平均剩余能量分别为 0.3068J 和 0.2898J。m 为 20 时，平均通信轮数最高，组网过程和簇内通信的优化机制降低了簇内通信能耗。m 为 5 时，由于频繁更换簇头造

成的网络能量损耗较高，承担大量转发任务的节点更快死亡，节点能量消耗不均衡，进而使得网络平均通信轮数最低。

从图 7-3（b）中可知，簇内分层半径划分等级 G_{cr} 越大，平均剩余能量下降越慢，平均通信轮数越大。这是由于簇内分层半径的差异化设置降低了簇头与簇内节点的通信能耗。G_{cr} 为 4 时，平均剩余能量最高（0.3099J），G_{cr} 为 6 时，平均剩余能量最低（0.2681J）。G_{cr} 为 3 时，平均通信轮数最低（424 轮），G_{cr} 为 6 时，平均通信轮数最高（540 轮）。G_{cr} 越大，簇内分层半径越小，节点以多跳的方式进行通信时，节点能量消耗越小，因此 G_{cr} 为 6 时，平均通信轮数最高，停止通信时，平均剩余能量最少。G_{cr} 为 3时，节点能量消耗较大，造成节点更快死亡，通信轮数最低。

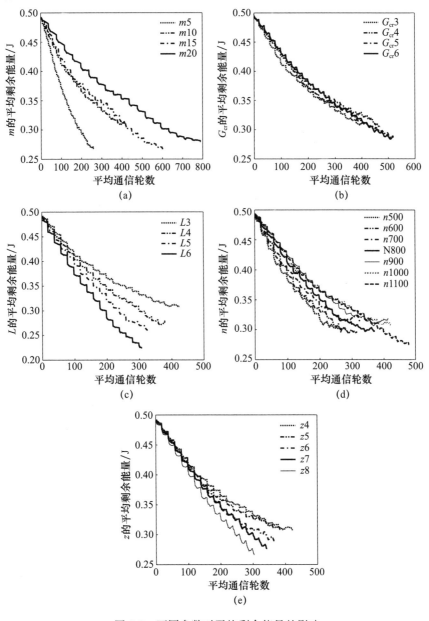

图 7-3　不同参数对平均剩余能量的影响

从图 7-3（c）中可知，随着网络层数 L 的增大，平均剩余能量下降越快，平均通信轮数越小。L 为 3 时，平均剩余能量最大（0.3068J），平均通信轮数最大（424 轮），L 为 6 时，平均剩余能量最小（2427J），平均通信轮数最小（306 轮）。

从图 7-3（d）中可知，随着节点数目 n 的增大，平均剩余能量下降越慢，平均通信轮数越大。n 为 900 时，停止通信后，平均剩余能量最高（0.3184J），n 为 500 时，停止通信后，平均剩余能量最低（0.2761J），平均通信轮数最小（288 轮）。n 为 1100 时，平均通信轮数最大为 470 轮。与节点初始能量一致，因此节点数目越大，节点总体能量越高，平均通信轮数越大，平均剩余能量下降越慢，节点数量增加，节点之间距离减小，簇内通信能耗下降。

从图 7-3（e）中可知，随着扇形区域个数 z 的越大，平均剩余能量下降越快，平均通信轮数越小。z 为 4 时，停止通信后，平均剩余能量最大（0.3068J），平均通信轮数最大（424 轮）。z 为 8 时，停止通信后，平均剩余能量最小（0.2673J），平均通信轮数最小（310 轮）。网络层数 L 和扇形区域个数 z 的增大，意味着试验区域簇区划分数量增大，簇区划分过多，簇间通信能耗增加，因此随着 L 和 z 的增加，平均剩余能量下降更快，平均通信轮数更小。

7.5.2 数据检验结果

仿蛛网分层分簇网络模型在不同参数组合下运行程序三次，当死亡节点数为 50%时，获得的全网抗毁度和全网平均剩余能量如表 7-2 所示。

表 7-2 死亡节点数目为 50%时网络的平均剩余能量和抗毁度

L	m	G_{cr}	z	n	平均剩余能量（J） 1	2	3	抗毁度 1	2	3
3	10	3	4	1000	0.0151	0.0088	0.0053	0.3085	0.3102	0.3017
4	10	3	4	1000	0.0082	0.0072	0.0073	0.3060	0.2725	0.2787
5	10	3	4	1000	0.0087	0.0064	0.0077	0.2606	0.2597	0.2547
6	10	3	4	1000	0.0074	0.0081	0.0122	0.2243	0.2451	0.2585
3	5	3	4	1000	0.0062	0.0043	0.0120	0.3041	0.2681	0.2971
3	15	3	4	1000	0.0049	0.0062	0.0189	0.2967	0.2884	0.2653
3	20	3	4	1000	0.0071	0.0053	0.0119	0.2769	0.2796	0.2833
3	10	4	4	1000	0.0276	0.0221	0.0205	0.3055	0.2967	0.3274
3	10	5	4	1000	0.0256	0.0314	0.0265	0.2879	0.2799	0.2834
3	10	6	4	1000	0.0330	0.0316	0.0309	0.2873	0.2512	0.2657
3	10	3	5	1000	0.0121	0.0192	0.0122	0.3081	0.3041	0.2991
3	10	3	6	1000	0.0399	0.0299	0.0358	0.2883	0.2763	0.2730
3	10	3	7	1000	0.0409	0.0414	0.0438	0.2769	0.2925	0.2766
3	10	3	8	1000	0.0568	0.0507	0.0606	0.2763	0.2664	0.2592
3	10	3	4	500	0.0472	0.0245	0.0290	0.2609	0.2679	0.2996
3	10	3	4	600	0.0251	0.0223	0.0229	0.2970	0.3069	0.2732

续表

参数组合					平均剩余能量（J）			抗毁度		
L	m	G_{cr}	z	n	1	2	3	1	2	3
3	10	3	4	700	0.0169	0.0084	0.0180	0.3100	0.2904	0.3134
3	10	3	4	800	0.0074	0.0135	0.0067	0.2979	0.3145	0.2778
3	10	3	4	900	0.0181	0.0167	0.0054	0.3199	0.3165	0.3187
3	10	3	4	1100	0.0073	0.0042	0.0072	0.2753	0.2880	0.2920

利用不同参数组合对应的全网抗毁度和全网平均剩余能量进行多因素方差分析，研究模型参数与全网抗毁度和全网平均剩余能量之间的关系，为模型参数优化提供理论支撑，进一步解释模型参数变化对全网抗毁度和全网平均剩余能量的影响。

（1）正态性检验

根据 K-S 检验，全网抗毁度 $P=0.054$，$P>0.05$；全网平均剩余能量 $P=0.2$，$P>0.05$。根据直方图，全网抗毁度数据和全网平均剩余能量数据近似服从正态分布。Q-Q 图反映了全网抗毁度数据和全网平均剩余能量数据的实际分布与理论分布的符合程度，根据 Q-Q 图，全网抗毁度数据和全网平均剩余能量数据与理论直线（即对角线）基本重合。因此全网抗毁度数据和全网平均剩余能量数据均服从正态分布。相关数据参见表 7-3、图 7-4～图 7-7。

表 7-3　单样本 K-S 正态性检验结果

参数	正态参数		最极端差值			检验统计	渐近显著性 P（双尾）
	平均值	标准偏差	绝对值	正	负		
抗毁度	0.021	0.014	0.113	0.113	−0.106	0.113	0.054
平均剩余能量	0.286	0.021	0.065	0.058	−0.065	0.065	0.200

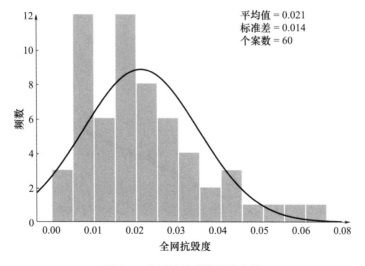

图 7-4　全网抗毁度数据直方图

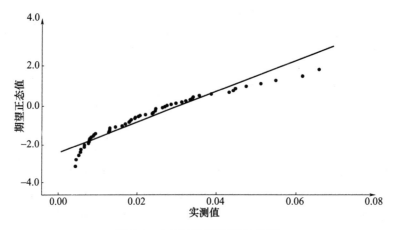

图 7-5 全网抗毁度数据 Q-Q 图

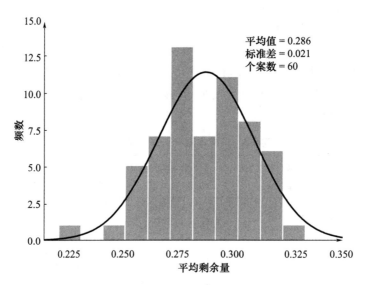

图 7-6 全网平均剩余能量数据直方图

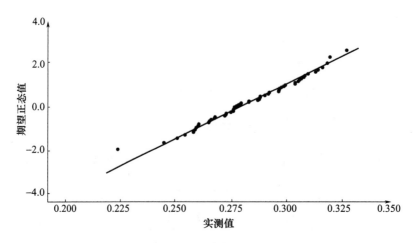

图 7-7 全网平均剩余能量数据 Q-Q 图

（2）齐次性检验

基于中位数的方差齐次性检验，全网抗毁度数据 $P=0.979$，$P>0.05$，因此，全网抗毁度数据满足方差齐性。全网平均剩余能量数据 $P=0.863$，$P>0.05$，因此，全网平均剩余能量数据满足方差齐性。相关数据参见表 7-4。

表 7-4　误差方差的莱文等同性检验结果

	抗毁度				平均剩余能量			
	莱文统计	自由度1	自由度2	显著性	莱文统计	自由度1	自由度2	显著性
基于平均值	1.972	18	40	0.037	2.241	18	40	0.017
基于中位数	0.405	18	40	0.979	0.619	18	40	0.863
基于中位数并具有调整后自由度	0.405	18	19.095	0.970	0.619	18	22.418	0.848
基于剪除后平均值	1.750	18	40	0.070	2.074	18	40	0.027

（3）参数对网络性能的影响

L，m 和 G_{cr} 的 P 值分别为 0.895、0.698 和 0.075，大于显著性水平（0.05），说明 L，m 和 G_{cr} 不同取值对全网抗毁度的影响不显著。z 和 n 的 P 值分别为 0 和 0.001，均小于显著性水平（0.05），说明 z 和 n 不同取值对全网抗毁度产生了显著影响。因素对全网抗毁度影响的顺序为：z，n，G_{cr}，m，L。相关数据参见表 7-5。

表 7-5　因变量为抗毁度的主体间效应检验表

源	Ⅲ类平方和	自由度	均方差	F	显著性 P
修正模型	0.010	19	0.001	14.925	0.000
截距	0.000	1	0.000	4.988	0.031
L	2.025×10^{-5}	3	6.751×10^{-6}	0.201	0.895
m	4.838×10^{-5}	3	1.613×10^{-5}	0.480	0.698
G_{cr}	0.000	3	8.327×10^{-5}	2.478	0.075
z	0.003	4	0.001	23.279	0.000
n	0.001	6	0.000	4.879	0.001
误差	0.001	40	3.361×10^{-5}		
总计	0.038	60			
修正后总计	0.011	59			

m 的 P 值为 0.283，大于显著性水平（0.05），说明 m 不同取值对节点平均剩余能量的影响不显著。L，G_{cr}，z 和 n 的 P 值分别为 0.000，0.002、0.009 和 0.004，均小于显著性水平（0.05），说明 L，G_{cr}，z 和 n 不同取值对全网平均剩余能量产生了显著影响。因素对全网平均剩余能量影响的顺序为：L、G_{cr}、n、z、m。相关数据参见表 7-6。

表 7-6　因变量为平均剩余能量的主体间效应检验表

源	Ⅲ类平方和	自由度	均方差	F	显著性 P
修正模型	0.019	19	0.001	6.001	0.000
截距	0.005	1	0.005	29.138	0.000
L	0.005	3	0.002	9.329	0.000
m	0.001	3	0.000	1.315	0.283
G_{cr}	0.003	3	0.001	6.014	0.002
z	0.003	4	0.001	3.912	0.009
n	0.004	6	0.001	3.830	0.004
误差	0.007	40	0.000		
总计	4.923	60			
修正后总计	0.026	59			

7.5.3　网络参数优化结果

利用 MATLAB2020b 对全网抗毁度与全网平均剩余能量进行拟合，获得目标函数 f_1（x）和 f_2（x）如下：

$$\begin{cases} f_1（x）=\dfrac{e^{z_1}}{1+e^{z_1}} \\ f_2（x）=\dfrac{e^{z_2}}{1+e^{z_2}} \\ z_1=-0.2219-0.3436\,x_1-0.0494\,x_2+2.5330\,x_3+4.3366\,x_4-2.4000\,x_5 \\ z_2=0.9185-2.4985\,x_1-1.0584\,x_2-1.0833\,x_3-1.2555\,x_4+0.5419\,x_5 \end{cases}$$

网络参数变量范围如下：

$$x_1\in [0,1]$$
$$x_2\in [0,1]$$
$$x_3\in [0,1]$$
$$x_4\in [0,1]$$
$$x_5\in [0,1]$$

约束条件如下：

$$g_1（x）=0.464x_1+0.582x_2+0.955\,x_3+x_4+0.999\,x_5\geqslant0.194$$
$$g_2（x）=x_1+0.050\,x_2+0.993\,x_3+0.970\,x_4+0.987\,x_5\geqslant0.017$$

利用 NSGA-Ⅱ算法获得全网抗毁度和平均剩余能量的平衡前沿，根据 Pareto 最优前沿与直线 f_1（x）$=f_2$（x）交点获得最优解平衡点，将平衡点对应的全网抗毁度和平均剩余能量进行反归一化处理，获得全网抗毁度和平均剩余能量对应的网络参数，$L'=6, m'=20$，$G_{cr}'=4$，$z'=4$ 和 $n'=1100$。平均剩余能量图参见图 7-8。

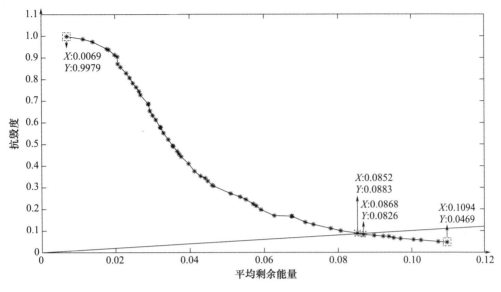

图 7-8　平均剩余能量图

7.5.4　算法对比

以平均剩余能量和全网抗毁度为评价指标对 LEACH，HEED，EEUC 和 MOOAPC（multi-objective optimization approach of parameter combination）进行对比，结果如图 7-9、图 7-10 所示。在图 7-9 中，50%节点死亡时，LEACH，HEED，EEUC 和 MOOAPC 的轮数分别为 606，642，630 和 670，全网平均剩余能量分别为 0.2515J，0.2350J，0.2524J 和 0.2903J。其中 LEACH 的全网平均剩余能量下降速度最快，MOOAPC 的全网平均剩余能量下降速度最慢。在通信 279 轮之前，MOOAPC 的全网平均剩余能量与 LEACH，HEED，EEUC 下降趋势基本一致，在通信 279 轮之后，MOOAPC 的全网平均剩余能量下降速度明显低于 LEACH，HEED，EEUC。在全网平均剩余能量下降 30%时，LEACH，HEED，EEUC 和 MOOAPC 的通信轮数分别为 318，318，292 和 392。与其他三种方法相比，MOOAPC 在相同死亡节点数时，通信轮数最多，全网平均剩余能量最高；在全网平均剩余能量下降 30%时，通信轮数最大。MOOAPC 优化了分簇方案和簇内分层半径划分等级，降低了簇内节点通信的能耗，避免节点快速死亡，这些因素导致了 MOOAPC 全网平均剩余能量高于 LEACH，HEED，EEUC。

在图 7-10 中 50%节点死亡时，LEACH 的全网抗毁度最小，MOOAPC 的全网抗毁度最大。在 360 轮通信之后，MOOAPC 的抗毁度高于 LEACH，HEED，EEUC。HEED，EEUC 和 MOOAPC 的抗毁度在轮数分别为 520，560 和 600 时，出现明显下降，LEACH 的抗毁度随着轮数的变化未出现下降现象，这是由于 LEACH 的分簇数目在通信过程中出现变化，HEED，EEUC 和 MOOAPC 的分簇数目在通信过程中保持不变，根据抗毁度的定义，分簇数目的变化影响抗毁度的变化。在通信轮数小于 360 时，EEUC 的全网抗毁度高于 MOOAPC，当轮数高于 360 时，EEUC 的全网抗毁度明显低于 MOOAPC。这是由于 EEUC 协议通过控制簇头的竞争半径来调节簇规模大小，使得靠近基站的簇规模相对较小，在通信轮数较小时，网络靠近基站的内层节点工作正常，全网抗毁度高于 MOOAPC，当通信轮数较大时，内层节点出现大量死亡，导致了 EE-UC 全网抗毁度的下降。综上所述，MOOAPC 在降低网络能耗和提高网络抗毁性方面相较于 LEACH，HEED，EEUC 有显著优势。相关数据参见图 7-9、图 7-10。

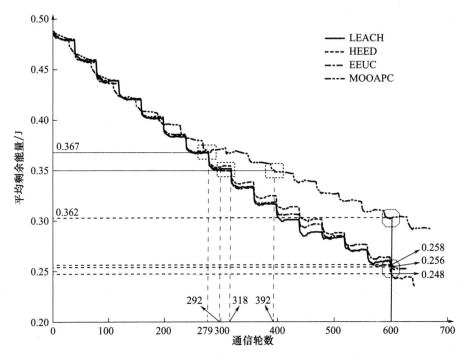

图 7-9　LEACH，HEED，EEUC 和 MOOAPC 网络平均剩余能量对比图

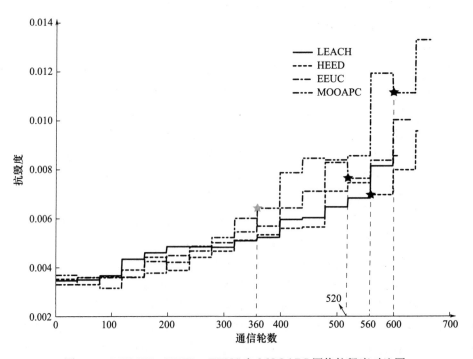

图 7-10　LEACH，HEED，EEUC 和 MOOAPC 网络抗毁度对比图

7.6 本章小结

本章基于仿蛛网分层分簇模型提出了一种网络参数组合的多目标优化算法（MOOAPC），以提高网络生存期。以全网的抗毁性和平均剩余能量作为均衡网络能耗的优化准则，采用正态性检验，方差齐性检验，方差分析等一系列统计方法，分析网络参数的变化对两个优化准则的影响。利用 logistic 回归算法构造优化目标函数 $f_1(x)$ 和 $f_2(x)$，将 NSGA-II 优化得到的这两个函数的 Pareto 最优边界与直线 $f_1(x) = f_2(x)$ 的交点作为参数组合最优解的平衡点，验证了提出的网络参数优化算法性能。结果表明，L，m，G_{cr}，Z 和 N 对抗毁性和平均剩余能量有不同程度的影响。同时，为了延长网络生命周期，建议增加增加 L，m 和 N，降低 G_{cr} 和 Z。与 LEACH，HEED，EE-UC 相比，采用最优网络参数组合的仿蛛网分层分簇模型具有压倒性优势。仿真结果表明，所提出的优化方法是一种平衡簇内和簇间能耗的可行方法。

参考文献

［1］ 刘晓胜，李延祥，王娟，等. 低压电力线分簇蛛网混合多径盲路由算法及通信协议设计［J］. 电工技术学报，2015（S1）：337-345.

［2］ SADATI S M H，WILLIAMS T. Toward computing with spider webs：computational setup realization［C］// Conference on Biomimetic and Biohybrid Systems. Springer，Cham，2018：391-402.

［3］ MOUSSA N，ALAOUI A E B E. An energy-efficient cluster-based routing protocol using unequal clustering and improved ACO techniques for WSNs［J］. Peer-to-Peer Networking and Applications，2021，14（3）：1334-1347.

［4］ WANG J，DU Z，HE Z，et al. A cluster-head rotating election routing protocol for energy consumption optimization in wireless sensor networks［J］. Complexity，2020，2020.

［5］ KHAMISS A A，CHAI S C，ZHANG B H，et al. Energy-Balanced Improved Leach Routing Protocol for Wireless Sensor Networks［C］// Conference Proceedings. CS & IT Conference Proceedings，2014，4（12）.

［6］ BHATTACHARJEE S，BANDYOPADHYAY S. Lifetime maximizing dynamic energy efficient routing protocol for multi hop wireless networks［J］. Simulation Modelling Practice and Theory，2013，32：15-29.

［7］ WANG K，OU Y R，JI H，et al. Energy aware hierarchical cluster-based routing protocol for WSNs［J］. The Journal of China Universities of Posts and Telecommunications，2016，23（4）：46-52.

［8］ MANJESHWAR A，AGRAWAL D P. TEEN：A Routing Protocol for Enhanced Efficiency in Wireless Sensor Networks［C］// Ipdps. 2001，1（2001）：189.

［9］ LINDSEY S，RAGHAVENDRA C S. PEGASIS：Power-efficient gathering in sensor information systems［C］// Proceedings，IEEE Aerospace Conference. IEEE，2002，3：3-3.

［10］ AL-KARAKI J N，UL-MUSTAFA R，KAMAL A E. Data aggregation in wireless sensor networks-exact and approximate algorithms［C］//2004 Workshop on High Performance Switching and Routing，2004. HPSR. IEEE，2004：241-245.

［11］ ZHANG D G，NIU H L，LIU S. Novel PEECR-based clustering routing approach［J］. Soft Computing，2017，21（24）：7313-7323

［12］ WANG G F，WANG Y，TAO X L. An ant colony clustering routing algorithm for wireless sensor networks［C］//2009 Third International Conference on Genetic and Evolutionary Computing. IEEE，2009：670-673.

［13］ RAWAT P，CHAUHAN S. Probability based cluster routing protocol for wireless sensor network［J］. Journal of Ambient Intelligence and Humanized Computing，2021，12（2）：2065-2077.

［14］ MOHAN P，SUBRAMANI N，ALOTAIBI Y，et al. Improved metaheuristics-based clustering with multihop routing protocol for underwater wireless sensor networks［J］. Sensors，2022，22（4）：16

［15］ SINGH P，SINGH R. Energy-efficient QoS-aware intelligent hybrid clustered routing protocol for wireless sensor networks［J］. Journal of Sensors，2019.

［16］ JIANG C J，REN Y，ZHOU Y W，et al. Low-energy consumption uneven clustering routing protocol for wireless sensor networks［C］//2016 8th International Conference on Intelligent Human-Machine Systems and Cybernetics（IHMSC）. IEEE，2016，1：187-190.

［17］ RODRÍGUEZ A，DEL-VALLE-SOTO C，VELÁZQUEZ R. Energy-efficient clustering routing protocol for wireless sensor networks based on yellow saddle goatfish algorithm［J］. Mathematics，2020，8（9）：1515.

［18］ KOYUNCU H，TOMAR G S，SHARMA D. A new energy efficient multitier deterministic energy-efficient clustering routing protocol for wireless sensor networks［J］. Symmetry，2020，12（5）：837.

［19］ WANG C H，LIU X L，HU H S，et al. Energy-efficient and load-balanced clustering routing protocol for wireless sensor networks using a chaotic genetic algorithm［J］. IEEE Access，2020，8：158082-158096.

［20］ ZHU F，WEI J F. An energy-efficient unequal clustering routing protocol for wireless sensor networks［J］. International Journal of Distributed Sensor Networks，2019，15（9）.

［21］ 李成法，陈贵海，叶懋，等. 一种基于非均匀分簇的无线传感器网络路由协议［J］. 计算机学报，2007（01）：27-36.

［22］ YANG J，ZHANG D. An energy-balancing unequal clustering protocol for wireless sensor networks［J］. Information Technology Journal，2009，8（1）：57-63.

［23］ YU M，LEUNG K K，Malvankar A. A dynamic clustering and energy efficient routing technique for sensor networks［J］. IEEE Transactions on Wireless Communications，2007，6（8）：3069-3079.

［24］ ZHENG L Z，GAO L，YU T G. An energy-balanced clustering algorithm for wireless sensor networks based on distance and distribution［C］//Proceedings of the 6th International Asia Conference on Industrial Engineering and Management Innovation. Atlantis Press，Paris，2016：229-240.

［25］ AGRAWAL D，PANDEY S. FUCA：Fuzzy-based unequal clustering algorithm to prolong the lifetime of wireless sensor networks［J］. International Journal of Communication Systems，

2018，31（2）：e3448.

[26] LIN D Y, GAO L L, MIN W D. A social welfare theory-based energy-efficient cluster head election scheme for WSNs [J]. IEEE Systems Journal，2020，15（3）：4492-4502.

[27] HEINZELMAN W R, CHANDRAKASAN A, BALAKRISHNAN H. Energy-efficient communication protocol for wireless microsensor networks [C]//Proceedings of the 33rd annual Hawaii international conference on system sciences. IEEE，2000：10 pp. vol. 2.

[28] HAN G H, ZHANG L C. WPO-EECRP：energy-efficient clustering routing protocol based on weighting and parameter optimization in WSN [J]. Wireless Personal Communications，2018，98（1）：1171-1205.

[29] HUANG J H, HONG Y D, ZHAO Z M, et al. An energy-efficient multi-hop routing protocol based on grid clustering for wireless sensor networks [J]. Cluster Computing，2017，20（4）：3071-3083.

[30] PARK G Y, KIM H, JEONG H W, et al. A novel cluster head selection method based on K-means algorithm for energy efficient wireless sensor network [C]//2013 27th International Conference on Advanced Information Networking and Applications Workshops. IEEE，2013：910-915

[31] ZOU Z F, QIAN Y. Wireless sensor network routing method based on improved ant colony algorithm [J]. Journal of Ambient Intelligence and Humanized Computing，2019，10（3）：991-998.

[32] ISLAM N, DEY S, SAMPALLI S. Energy-balancing unequal clustering approach to reduce the blind spot problem in wireless sensor networks [J]. Sensors，2018，18（12）：4258.

[33] FU X W, YAO H Q, YANG Y S. Cascading failures in wireless sensor networks with load redistribution of links and nodes [J]. Ad Hoc Networks，2019，93：101900.

[34] FU X W, YANG Y S. Analysis on invulnerability of wireless sensor networks based on cellular automata [J]. Reliability Engineering & System Safety，2021，212：107616.

[35] 林力伟，许力，叶秀彩. 一种新型 WSN 抗毁性评价方法及其仿真实现 [J]. 计算机系统应用，2010，19（04）：32-36.

[36] ABOELFOTOH H M F, IYENGAR S S, CHAKRABARTY K. Computing reliability and message delay for cooperative wireless distributed sensor networks subject to random failures [J]. IEEE transactions on reliability，2005，54（1）：145-155.

[37] 齐小刚，张成才，刘立芳. WSN 节点重要性和网络抗毁性的分析方法 [J]. 系统工程理论与实践，2011，31（S2）：33-37.

[38] CAI W Y, JIN X Y, ZHANG Y, et al. Research on reliability model of large-scale wireless sensor networks [C]//2006 International Conference on Wireless Communications，Networking and Mobile Computing. IEEE，2006：1-4

[39] 段谟意. 一种新的网络抗毁性的度量方法 [J]. 小型微型计算机系统，2012，33（12）：2729-2732.

[40] WANG J, DU Z, HE Z, et al. A cluster-head rotating election routing protocol for energy consumption optimization in wireless sensor networks [J]. Complexity，2020，12：1-13.

[41] CHANAK P, BANERJEE I, SHERRATT R S. Energy-aware distributed routing algorithm to tolerate network failure in wireless sensor networks [J]. Ad Hoc Networks，2017，56：158-172.

[42] FU X W, YAO H Q, YANG Y S. Modeling and analyzing the cascading invulnerability of wireless sensor networks [J]. IEEE Sensors Journal, 2019, 19 (11): 4349-4358.

[43] AZHARUDDIN M, KUILA P, JANA P K. Energy efficient fault tolerant clustering and routing algorithms for wireless sensor networks [J]. Computers & Electrical Engineering, 2015, 41: 177-190.

[44] FU X W, YANG Y S. Analysis on invulnerability of wireless sensor networks based on cellular automata [J]. Reliability Engineering & System Safety, 2021, 212: 107616.

[45] SEN A, MURTHY S, BANERJEE S. Region-based connectivity-a new paradigm for design of fault-tolerant networks [C] //2009 International Conference on High Performance Switching and Routing. IEEE, 2009: 1-7.

[46] RAHNAMAY-NAEINI M, PEZOA J E, AZAR G, et al. Modeling stochastic correlated failures and their effects on network reliability [C] //2011 Proceedings of 20th International Conference on Computer Communications and Networks (ICCCN). IEEE, 2011: 1-6.

[47] Fu X W, Fortino G, Pace P, et al. Environment-fusion multipath routing protocol for wireless sensor networks. Information Fusion, 2020, 53: 4-19.

[48] ZONOUZ A E, XING L, VOKKARANE V M, et al. Hybrid wireless sensor networks: a reliability, cost and energy-aware approach [J]. IET Wireless Sensor Systems, 2016, 6 (2): 42-48.

[49] HU C M, LIU S Y, ZHANG Z H. Scale-Free Topology Evolution Model Based on Invulnerability Optimization for Wireless Sensor Networks [J]. Journal of Computers, 2017, 28 (2): 119-133.

[50] HOLME P, KIM B J, YOON C N, et al. Attack vulnerability of complex networks [J]. Physical Review E, 2002, 65 (5): 056109.

[51] CANOVAS A, LLORET J, MACIAS E, et al. Web spider defense technique in wireless sensor networks [J]. International Journal of Distributed Sensor Networks, 2014, 10 (7): 348606.

[52] VELIVASAKI T H N, KARKAZIS P, ZAHARIADIS T V, et al. Trust-aware and link-reliable routing metric composition for wireless sensor networks [J]. Transactions on Emerging Telecommunications Technologies, 2014, 25 (5): 539-554.

[53] ZENG Y. Evaluation of node importance and invulnerability simulation analysis in complex load-network [J]. Neurocomputing, 2020, 416: 158-164.

[54] ZOU Z F, QIAN Y. Wireless sensor network routing method based on improved ant colony algorithm [J]. Journal of Ambient Intelligence and Humanized Computing, 2019, 10 (3): 991-998.

[55] HEINZELMAN W B, CHANDRAKASAN A P, BALAKRISHNAN H. An application-specific protocol architecture for wireless microsensor networks [J]. IEEE Transactions on Wireless Communications, 2002, 1 (4): 660-670.

[56] PENG H X, SI S Z, Awad M K, et al. Toward energy-efficient and robust large-scale WSNs: A scale-free network approach [J]. IEEE Journal on Selected Areas in Communications, 2016, 34 (12): 4035-4047.

[57] BAYDERE S, SAFKAN Y, DURMAZ O. Lifetime analysis of reliable wireless sensor networks [J]. IEICE Transactions on Communications, 2005, 88 (6): 2465-2472.

[58] QIU T, ZHAO A Y, XIA F, et al. ROSE: Robustness strategy for scale-free wireless sensor networks [J]. IEEE/ACM Transactions on Networking, 2017, 25 (5): 2944-2959.

［59］　FU X W，PACE P，ALOI G，et al. Topology optimization against cascading failures on wireless sensor networks using a memetic algorithm ［J］. Computer Networks，2020，177：107327.

［60］　FU X W，LI W F，Fortino G. Empowering the invulnerability of wireless sensor networks through super wires and super nodes ［C］//2013 13th International Symposium on Cluster，Cloud，and Grid Computing. IEEE，2013：561-568.

［61］　CHEN Z G，LIN Y，GONG Y J，et al. Maximizing lifetime of range-adjustable wireless sensor networks：A neighborhood-based estimation of distribution algorithm ［J］. IEEE Transactions on Cybernetics，2020，51（11）：5433-5444.

［62］　LIU X X. A novel transmission range adjustment strategy for energy hole avoiding in wireless sensor networks ［J］. Journal of Network and Computer Applications，2016，67：43-52.

第8章 仿蛛网农田无线传感器网络
抗毁旋转路由开发

8.1 引　言

前面的章节我们分别在蛛网结构、振动等特性基础上，抽象总结人工蛛网模型，并基于人工蛛网网络模型和拓扑结构分别进行了网络传输性能抗毁研究、量化指标的建立，以及采用仿蛛网模型的负载容量模型及流量分配机制用于增强网络的级联抗毁性能。但无线传感器网络通常由有限能量资源（电池）供电的节点部署在无人看管的恶劣环境中，并且长期运行后更换或为耗尽的电池充电几乎是不可行的[1-2]。因此，考虑到可持续性和数据采集的质量，减少能耗已成为 WSN 延长网络寿命的重要问题。为了均衡网络能耗、延长网络寿命、提升网络的抗毁性能，本章提出一种基于仿蛛网分层分簇拓扑结构的旋转路由能量均衡协议（Cluster-head rotating election routing protocal，CHRERP）。

8.2 相关工作

节能传输和数据聚合机制是无线传感器网络中节能不可忽视的关键问题[3-5]。要实现的主要目标包括减少总能耗，减少数据通信的数量，在一定的操作周期内增加活动节点的数量以及平衡节点的能耗[6-8]。基于分层集群的路由协议已被认为是提高 WSN 能量效率的最有效的网络组织方案[9-11]。最近，已经引入了各种类型的集群路由算法来解决节点之间的负载分配不均和严格的能量约束问题[12-13]。LEACH 是[14]一种自适应分簇拓扑算法，每轮循环分为簇的建立阶段和数据通信阶段。在簇的建立阶段，相邻节点动态地形成簇，随机产生簇头；在数据通信阶段，簇内节点把数据发送给簇头，簇头进行数据融合并把结果发送给汇聚节点。LEACH 算法能够保证各节点等概率担任簇头，使网络中的节点相对均衡地消耗能量。但是，随着部署规模的增加，由于从簇头（CH）到基站（BS）的单跳通信以及低功率节点被重复作为簇头的可能性，该协议的效率急剧下降[15-16]。最近的研究中，已经提出了几种动态簇头角色轮换算法，通过多跳和节能意识来消除 LEACH 的不足[17]，包括 I-LEACH（改进的低能耗自适应集簇分层结构），该算法引入剩余能量和 WSN 平均能量的概念，保证簇头选举更合理，减少节点能量小于 WSN 平均能量的节点当选簇头的概率，入簇能量包当中包含节点入簇的能量信息，簇头在接收信息后开始对本簇平均能量进行计算，同时向基站转发计算结果。试验表明 I-LEACH 算法能够提升整个 WSN 的使用寿命，以及能量转化效率[18]。基于对 LEACH 缺陷的分析，包括簇头数量的波动和对节点剩余能量的忽视[19]，Fei 等提出了一种基于最优分簇的分层无线传感器网络路由协议,当网络中节点的剩余能量超过一定阈值时,节点成为簇头的概率受节点网络参数的影响,结果表明,该算法能够平衡网络能量消耗,延长网络生命周期[20]。Tong 等提出了一种新的 LEACH 平衡协议。该协议在每一轮根据 LEACH 协议选择簇头后,引入第二次选择,根据节点的剩余能量来修改簇头数量,让每一轮的簇头质量都接近最佳。结果表明,改进后的协议平衡了系统的能量消耗,在延长网络寿命方面比 LEACH 协议有更好的表现[21]。Bhola 等将低能量自适应分簇 LEACH 算法和遗传算法结合,提出了一个能量利用效率更高的路由算法。该算法先将传感器节点转换为簇头,簇头收集和压缩数据并将其发送到目标节点后,使用遗传算法找到最佳路线,结果表明,该算法能够有效降低能量消耗[22]。Gupta 提出了一种基于 LEACH 的混合算法协议,其中簇是固定的,但簇头是动态选择的,该方法对抗毁性能有显著的提升[23]。

罗毅基于传统非均匀分簇 EEUC 协议提出了一种改进 EEUC(节能高效的不均匀集群),该协议在簇头选举、数据融合、路由传输三个阶段分别提出相应的优化方法,用来降低网络能耗、延长网络生命周期以及提高传输数据的精度[24]。Chen 等提出了一种基于剩余能量和通信成本的集中式非均匀分簇路由协议,该协议在分簇阶段将所有节点视为候选簇头,并定义了一个权重矩阵 P,矩阵元素的值考虑了节点的剩余能量和节点与簇头之间的通信成本,在选择簇头时,每次从候选簇头集中选出权重最大的节点,然后更新候选簇头集。结果表明,该优化的协议可以有效延长网络生命周期[25]。You-nis 等提出混合能效分布式协议[26],该协议选择簇头的主要方式是看节点的剩余能量,具有较多剩余能量的节点将有较大的概率暂时成为簇头,而最终该节点是否一定是簇头取决于剩余能量是否比周围节点都高。Priyadarshi 等提出了针对节点非均匀分布的新型网络混合能效协议,该协议和现有 HEED 协议的不同在于参数性能分析,如耗散的能量、第一个节点死亡与簇半径和存在节点数量等方面。结果表明,该协议与现有的HEED 协议相比更节能[27]。Boudhiafi 等提出了一种基于分层路由技术多跳的新协议,该协议基于 HEED 协议将无线传感器网络组织成簇,多跳通信在当选节点和基站之间进行,结果显示该协议在改善传感器网络寿命方面是有效的[28]。Gupta 等根据不同级别的节点异质性,提出异质优化的 HEED 协议,该协议是最新提出基于分簇的算法之一,通过增加节点的异质性水平,改进了经典协议的一些缺点,并在能量消耗、负载平衡和网络寿命方面有了很大的提升。仿真结果表明,每个异质优化协议的稳定区域都增加了,网络寿命也得到了延长[29]。

DEEC(Distributed energy-efficient clustering algorithm)[30]是传统分布式节能分簇算法,它将二级异构网络扩展到多级异构网络,在 SEP(Stable election protocol)算法的基础上根据节点的剩余能量多少和网络的异构性来决定簇头的选举,既能充分利用网络的异构性,又能适应节点能量的变化,但是这种算法存在能量黑洞问题[31]。Nehra 等根据分布式节能分簇协议 DEEC 提出改进协议,通过在两层中部署网络节点,使用节点与基站距离的比值之和以及剩余能量来计算节点被选为簇头的可能性,然后选择比值高的节点作为簇头,该协议通过降低不同类型节点的初始能量比来延长稳定期,从而节约能量[32]。Bagga 等提出基于 DEEC 协议传感器分簇方法,该方法采用模糊逻辑来选择合适的节点成为簇头，结果表明在整个网络寿命、稳定期和平均能量方面，该方法优于传统路由算法 DEEC[33]。尚静等提出一种基于 DEEC 的改进算法，该算法通过改变远离汇聚节点的簇头轮数来克服 IDEEC 中易出现的能量黑洞现象，且通过节点与网络平均能量比较，使剩余能量较大的节点成为簇头，减少了节点和簇头的能耗，但该算法仍采用簇间单跳的传输方式，可能会造成距离汇聚节点较远的簇头无法将数据传输给汇聚节点[34]。陈硕等基于发达的分布式能效分簇协议提出 HEEC（Hybrid energy-efficient clustering）协议[35]。该协议分别对异构传感器网络路由协议的簇头节点选取算法和节点数据采集处理模式进行研究分析，提出了节点密度函数概念，从而进一步提高了现有路由协议的效率、降低了能量消耗、延长了网络生存周期。但是这种算法适用范围不够广，只适用于二维平面，不适合三维平面，还需进一步改进[36-37]。Nivedhitha 等提出了一个动态多跳节能路由协议，以平衡路径可靠性和能量消耗。该协议首先为簇和多跳路由建立网络模型，然后超级簇头存储并维护簇头和节点的所有记录，最后估计节点的激活和权重系数，以便在现有的簇头失败时获得新的簇头。结果表明，该协议能有效降低能量的消耗[38]。这些基于块分簇的协议可以基于剩余能量和相关标准的簇头选择来缓解不平衡的能耗。同时，时间驱动的簇头候选机制经验证有效，易于实现且复杂度较低[39-40]。但是，每个节点参与簇头选举阶段都将不可避免地引起不必要的能量损失，并且对于选择的簇头分别获得其自身位置、能级或能量的簇内通信，要获得令人满意的簇内通信的能效，这将是非常具有挑战性的[41-43]。此外，不规则的群集分布导致群集间通信路径难以最佳化。

此外，还利用了一系列基于链聚类的算法来提高网络的使用寿命以及持续的扩展性。例如，高能效收集算法 PEGASIS[44]，该算法是由 LEACH 算法发展而来，PEGASIS 中每个节点由贪婪算法相继构成链状网络，各自以最小功率发送数据分组，并有条件完成必要的数据融合处理，减少业务流量。因此，整个网络的功耗较小，但节点维护位置信息需要额外的资源[45]。其余还有基于链簇的混合路由算法[46]和集群链移动代理路由算法[47]等。基于链的路由协议的使用可以通过最大限度地缩短节点之间的传输距离并避免使用链拓扑[48]。然而，这些算法有较大的数据延迟，不适用于大规模网络[49]。通过以上分析可以推断，基于块分簇和基于链分簇的协议的优点的组合无疑是实现 WSN 能量效率最大化的切实可行和可靠的选择。因此，在本章研究中，我们提出了簇头旋转选举路由协议（CHRERP）以有效管理能耗，提升网络的抗毁性。

8.3　网络通信模型

8.3.1　能耗模型

本章采用 Wendi B. H 等人提出的能耗模型，在该模型中忽略节点在计算、存储等过程中的能量消耗，仅计算通信能耗。在传输 m bit 信息经过距离 d 的过程中，发送端能量消耗为 $E_s（m，d）$，具体包含 E_{sor} 和 E_a 两部分，其中，E_{sor} 代表数据在发送电路和接收电路消耗的能量公式（8-1），E_a 代表传输 m bit 信息时放大器的能量消耗公式（8-2），

m 为发送二进制数据的位数，d 为节点的传输距离，d_0 为一阈值，定义为节点单跳通信的最大距离 87m。若发送节点与接收节点的传输距离小于 d_0，发送方发送数据的能量消耗与距离的平方成正比，否则成 4 次方正比。Eelec 为射频能耗系数，ε_{fs} 和 ε_{mp} 为不同信道传播模型下的功率放大电路能耗系数。

$$E_{sor} = E_{elec} \times m \tag{8-1}$$

$$E_a = \begin{cases} m \times \varepsilon_{fs} d^2 , & d < d_0 \\ m \times \varepsilon_{mp} d^4 , & d \geqslant d_0 \end{cases} \tag{8-2}$$

$$E_s \ (m, \ d) = \begin{cases} E_{elec} \times m + m \times \varepsilon_{fs} d^2 , & d < d_0 \\ E_{elec} \times m + m \times \varepsilon_{mp} d^4 , & d \geqslant d_0 \end{cases} \tag{8-3}$$

节点接收端的能量消耗为：

$$E_r = E_{elec} \times m \tag{8-4}$$

8.3.2　簇区建立依据

基于前期对自然界蛛网拓扑结构及人工蛛网模型振动传输特性规律研究可知，蛛网具有典型的分层分簇结构特征，但针对其结构特征并没有专家学者进行严格的分簇定义。本章在综合考虑蛛网结构特性及网络节点部署规律的基础上，将蛛网结构中的径向线和螺旋线围成的块状区域定义为簇区。此外，人工蛛网振动试验表明，网络节点遭受严重破坏时，蛛网内部组件可进行自主调节，振动的分担耗散效应可将其对周边蛛网振动传输的影响限定在有限的范围内，完成振动信息的有效传输，且其振动信息传输具有多径性、中心汇聚性及以径向线为主的特征。基于上述分析，本章通过设置簇头候选区、限定簇头管理范围、定期旋转簇头候选区以保障簇头节点不断更换和全网能耗的均衡。

8.3.3　建立簇头候选区

本章研究中，模仿圆形蛛网拓扑结构，对圆形网络监测面积进行区域划分。首先将网络均匀划分成扇形区域，并在每个扇形区域内设置较小的扇形区域作为簇头候选区；继而根据传感器节点与基站的距离设置分层，各层与基站形成同心环；同心环与扇形区域所包围的公共区域为一个簇区，以较小的扇形区域所包围的面积作为每个簇区的簇头候选区。

为更好地均衡节点能耗，采用分区周期性簇头选举策略，即在圆形区域的监测环境中均匀分成 z 个扇形区域，z 值的大小可直接反映出分簇的密集程度，z 值越大，表明分簇个数越多，分簇越密集。每个扇形区域内部设置一个簇头候选区，α 表示每一个簇头候选区的角度数，α 的角度数最大可取单个扇形区域所占的角度数，此时有 $\alpha \cdot z = 2\pi$。β 表示调整簇头候选区位置所要旋转的角度数，即每一轮仿真过后，经旋转 β 可调整簇头候选区所在位置，这样可有效降低上一轮的簇头再次被选作新一轮簇头的可能性。

通过进一步分析可得，第 n 区间中线度数、第 n 簇头候选区所在度数范围，第 p 轮数据收集后第 n 簇头候选区所在区域的位置分别如公式（8-5）～公式（8-7）所示：

第 n 区间中线度数：

$$\theta_{M(n)} = \frac{2\pi n}{z} - \frac{\pi}{z} , \ n \in \ (1, \ 2, \ 3, \ \cdots, \ z) \tag{8-5}$$

第 n 区间簇头所在区度数范围：

$$\theta_{C(n)} = \left[\frac{2\pi n}{z} - \frac{\pi}{z} - \frac{\alpha}{2}, \frac{2\pi n}{z} - \frac{\pi}{z} + \frac{\alpha}{2}\right], \quad n \in (1, 2, 3, \cdots, z) \tag{8-6}$$

第 p 轮数据收集后 n 簇头候选区所在区域的位置：

$$\theta_{PC(n)} = \left[\frac{2\pi n}{z} - \frac{\pi}{z} - \frac{\alpha}{2} + p\beta, \frac{2\pi n}{z} - \frac{\pi}{z} + \frac{\alpha}{2} + p\beta\right],$$

$$n \in (1, 2, 3, \cdots, z), \quad p \in (1, 2, 3 \cdots) \tag{8-7}$$

图 8-1 为簇头候选区示意图（$z=4$），图 8-2 为簇头候选区旋转一次示意图（$z=4$，$\beta=50$）。其中黑色箭头表示原簇头候选区所在位置，黑色虚线箭头表示旋转 β 角度后新的簇头候选区所在位置。

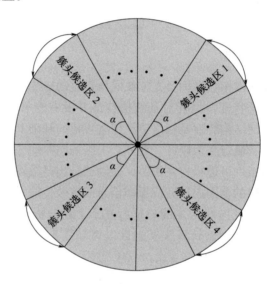

图 8-1　簇头候选区示意图（$z=4$）

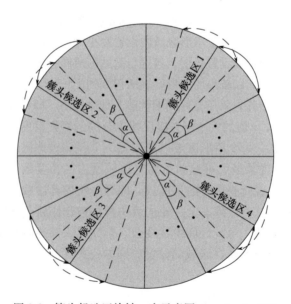

图 8-2　簇头候选区旋转一次示意图（$z=4$，$\beta=50$）

8.3.4　簇头选举方案

簇头候选区确定后，如何选举合适的簇头成为关键性问题。若仅考虑最短路径而忽略被选簇头节点的剩余能量，易导致低能量簇头节点过早失效，同样地，若仅考虑被选簇头节点的剩余能量而忽略最短路径原则，易导致簇头能量消耗过快致使节点过早失效。故同时考虑簇头候选区中线的距离因子 D_j 和节点剩余能量因子 E_j 作为评选簇头的关键性判据，j 为部署在监测区域内 N 个节点中的任意一个，其中 E_r 表示节点剩余能量，E_0 表示节点初始能量，$D(j, \max)$ 表示簇头候选区最大弧长的一半，D_{jm} 代表候选区内节点到中线的距离。CH_{ed} 表示簇头选举因子，可知，簇头选举因子 CH_{ed} 由距离因子 D_j 和节点剩余能量因子 E_j 两部分组成，CH_{ed} 越大，成为簇头的可能性越大。故为了选出最佳的簇头节点，本书引入簇头选举因子调节系数 x，通过调整 x 的值从 0～1 变化，距离影响因子的影响程度则会由大到小降低，相反，剩余能量因子的影响程度则会由小到大增加。此时，x 的变化过程中会得到一个最大的选举因子 CH_{ed} 值，对应的节点则成为簇头节点。

$$\begin{cases} E_j = \dfrac{E_r}{E_0} \\ D_j = \dfrac{D_{(j,\max)} - D_{jm}}{D_{(j,\max)}} \end{cases} \tag{8-8}$$

$$CH_{ed} = xE_j + (1-x) D_j ,\ 0 \leqslant x \leqslant 1 \tag{8-9}$$

8.3.5　分层策略

距离基站越近，节点需要承担的转发任务越多，通过设置候选簇头的竞争半径正比于到基站的距离可有效弥补靠近基站簇头能量消耗过快的缺陷，从而达到各节点能耗均衡的目的。故建立分层策略公式（8-10），R_1 为第 1 层节点所在圆形区域半径，R_{i-0} 为第 i 层节点所在环形区域到基站的距离，R_i 为第 i 层节点所在环形区域环径，r_0 为预先设置的第 1 层半径值，i 代表层号，ε 为半径系数，故通过调整 r_0 和 ε 的大小可改变网络的仿真规格及分簇大小。分层策略示意如图 8-3 所示。

$$\begin{cases} R_1 = r_0 & i=1 \\ R_{i-0} = \varepsilon i r_0 & i \geqslant 2 ,\ 0.5 \leqslant \varepsilon \leqslant 1.5 \\ R_i = \varepsilon i r_0 - \varepsilon(i-1) r_0 & i \geqslant 2 \end{cases} \tag{8-10}$$

通过上述分析，进一步计算可得目标区域第 i 层环形区域面积和全网面积如下：

$$\begin{cases} S_1 = \pi r_0{}^2 & i=1 \\ S_{i-0} = \pi \varepsilon^2 i^2 r_0{}^2 & i \geqslant 2 \\ S_i = \pi R_i{}^2 - \pi R_{i-1}{}^2 = \pi \varepsilon^2 r_0{}^2(2i-1) & i \geqslant 2 \end{cases} \tag{8-11}$$

8.3.6　通信方案

（1）簇内通信

分区分层结束后，簇的大小也随之确定，即为分区、分层线所包围的块状区域，由图 8-3 可以看出，内层簇区面积要远小于外层簇区面积。簇内通信采用单跳方式，直接将收集到的信息传输至簇头。

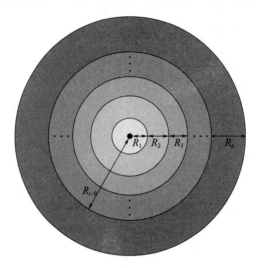

图 8-3　分层策略示意

Algorithm 1 通信过程

初始化：

1. 扇形区域个数 z；每一个簇头候选区的角度数 α；簇头选举因子调节系数 x；第 1 层分层半径预设值 r_0；层号 i；半径系数 ε，旋转角度 β；每一个节点的位置。

2. 基站（BS）广播进行分层分簇，共计分簇个数 i_z，并按照层序升序逆时针编号 $[1, 2, 3, \cdots, i_z]$；

3. 每一个节点根据位置信息进行簇归类，确定属的层，簇

procedure 簇头旋转选举

Repeat

　　for $\beta \leftarrow$ 设置旋转角度，使得 $\beta \leqslant 2\pi/z$

　　　　Repeat

　　　　　for $j \leftarrow$ 簇头候选区内节点 do

　　　　根据公式（8-10）计算距离因子和剩余能量因子，根据公式（8-11）计算簇头选举因子；

　　　　　end for

　　　　until 簇内一节点拥有最大的簇头选举因子值，则其成为该簇内簇头 CH_{ed}

　　　　此时完成一轮簇头选举

　　簇头候选区顺时针旋转 β 并建立新的簇头候选区及簇区范围

　　end for

until 死亡节点占比达到既定值

end procedure

procedure 簇内通信

　repeat

　　for 　$j \in \{1, 2, 3, \cdots, i_z\}$ 簇区

　　　　for $j = 1$, $j \leqslant N$, $j++$

　　　　簇内节点采用单跳的方式将信息传输至簇头

　　　　end for

　　　end for

　　until 簇首接收到簇区内节点的数据

end procedure

procedure 簇间通信

repeat

　　for $CH_{ed} \in \{1, 2, 3, \cdots, i_z\}$ 簇区内

　　　分区内部的簇头间由外向内进行通信，再由第 1 层簇头将数据传输至基站（BS）

　　end for

until 基站接收到第 1 层簇头的数据

end procedure

（2）簇间通信

图 8-4 为考虑分区、分层、分簇、簇头选举方案得出的 4 分区 20 分簇仿真结果图，图 8-4（a）为起始位置，图 8-4（b）为 275 轮后的位置。仿真设置基站位置为（0，0），节点数为 200，仿真圆形区域半径为 100m。由图 8-4 可以看出，基于距离因子 D_j 和节点剩余能量因子 E_0 得出簇头，此时，簇头基本上分布在 450，1350，2250，3150 半径所在的直线附近。故簇间通信采用多跳数据传输方式，每个簇头需要将邻居簇头作为中继节点直至数据转发至基站，如图 8-4 中 1 区所示 5 号簇头数据传输路径为 5—4—3—2—1—基站。虽然多跳的传输方式会加快内层簇头的能量消耗，但本书提出的非均匀分簇、簇头选举策略、簇头候选区旋转策略均能有效降低内层簇头节点过早死亡的风险。

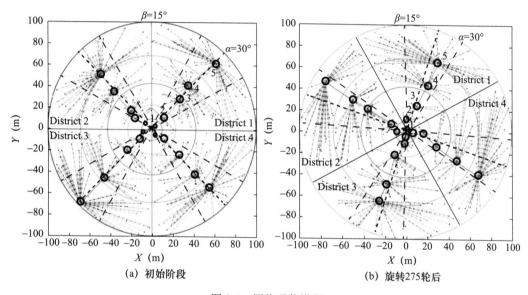

(a) 初始阶段　　　　　　　　　　(b) 旋转275轮后

图 8-4　网络通信模型

8.4　结果与分析

本章在 Matlab 平台下仿真试验，将 1500 个节点随机分布在一个 850m×850m 区域中，Sink 节点的坐标为（0，0）。算法假设采用理想的 MAC 协议，忽略无线链路中可能发生的丢包、碰撞错误，试验参数如表 8-1 所示。

表 8-1　网络参数

Parameter	Value
Initial energy of a sensor node（E_0）	0.5J
E_{elec}	50nJ/bits
ε_{fs}	10（pJ/bits）/m^2
ε_{mp}	0.0013（pJ/bits）/m^4
Threshold distance，d_0（meters）	87m

Parameter	Value
Packet size（bits）	4000bits
α	$30^0 \leqslant \alpha \leqslant 45^0$
β	$5^0 \leqslant \beta \leqslant 15^0$
z	$3 \leqslant z \leqslant 8$
ε	$0.5 \leqslant \varepsilon \leqslant 4$
x	$0 \leqslant x \leqslant 1$
Sink node	（0，0）
Area	$120^2\pi - 960^2\pi$
Number of nodes	1500

仿真结果与分析

本章主要探讨分区旋转路由模型和分层分簇拓扑构造所涉及的关键参数（簇头候选区角度 α，簇头选举区旋转角度 β，半径调节系数 ε，簇头选举因子调节系数 x，簇头候选区个数 z）对网络寿命的影响规律，其中，仿真轮数和剩余总能量作为评判网络性能的 2 个指标，即仿真轮数越多，剩余能量越多，网络性能越好。在仿真过程中，以第 1 个节点、50％节点、80％节点死亡时所在的轮数及 80％节点死亡时所剩的总能量，作为分析分区旋转路由模型和分层分簇拓扑构造能耗均衡的优劣。仿真结果均为 20 次生成全新网络后获得的平均结果。

表 8-2 为不同半径系数下仿真区域面积的变化值。由表 8-2 可以看出，随着半径系数增大，相邻层仿真区域面积外层大于内层且呈现逐渐增大的趋势，仿真区域总面积也随着半径系数增大而增加。图 8-5 为设置簇头候选区角度 α 为 $300°$，簇头选举区旋转角度 β 为 $50°$，簇头候选区个数 z 为 3，簇头选举因子调节系数 x 为 0.9，通过改变半径系数 ε 由 0.5～4 增加，分析半径系数对评价指标的影响规律。由图 8-5（a）可以看出，通过增大半径系数，第 1 个节点死亡轮数呈现递减的趋势，50％和 80％节点死亡轮数均呈现先增大后减小的趋势。50％和 80％节点死亡轮数达到峰值时，半径系数分别为 1 和 2。为了评价半径系数 ε 的改变对轮数的综合影响程度，本章考虑到 3 种情况对实际网络仿真的影响程度，并将第 1 个、50％、80％节点死亡时的仿真轮数所占的权重分别设置为 0.1，0.3，0.6，最后得出半径系数 ε 在 1～2.5 时可取得相对较高的仿真轮数，在半径系数 ε 为 2 时取得最佳的仿真效果。但这仅考虑了调节系数 ε 对轮数的影响规律，若要得出最佳的调节系数，还需要考虑节点剩余总能量的变化规律。从图 8-5（b）可以看出，随着半径系数 ε 由 0～4，节点剩余总能量表现出先增加后降低的趋势，并在 3 时取得最高的剩余能量值，表明半径系数 ε 在 0～3 变化时，半径系数对剩余能量的影响程度大于面积增加的影响；随着面积继续增加到 518400π 时（半径系数 ε 为 3），即使增大调节系数也无法改变面积过大而带来的能量消耗过快的影响，故当面积增大到一个阈值时，其节点剩余能量会随着面积的增大而下降。

由上述分析可知，通过调节半径系数 ε 可改变网络规格、分层间距和分簇大小，且针对本书部署的 1500 节点来说，半径系数 ε 在 1～2.5 之间对仿真轮数具有积极影响，半径系数 ε 在 2.0～3.0 之间对节点剩余能量和节点部署的规格大小具有积极影响。可知，当把一定数量的传感器节点部署到某一区域时，并不是区域越小仿真效果越好，这与分簇的大小以及簇间的间距有显著的关联关系，只有合适的分簇规格才能有效地均衡全网节点能耗，延长网络寿命。为了方便研究剩余参数对网络均衡能耗的影响规律，下面均取半径系数 ε＝2。

表 8-2 不同半径系数下的仿真区域

半径系数	0.5	1	1.5	2	2.5	3	3.5	4
R_1	30	30	30	30	30	30	30	30
R_{2-0}	30	60	90	120	150	180	210	240
R_{3-0}	60	120	180	240	300	360	420	480
R_{4-0}	90	180	270	360	450	540	630	720
R_{5-0}	120	240	360	480	600	720	840	960
S	14400π	57600π	129600π	230400π (850 * 850)	360000π	518400π	705600π	921600π

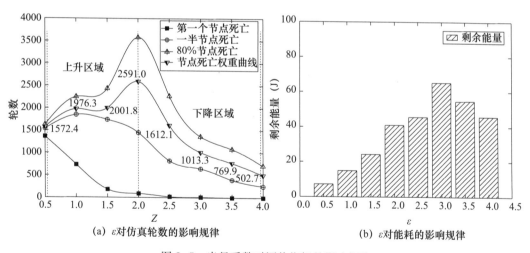

(a) ε对仿真轮数的影响规律　　　　(b) ε对能耗的影响规律

图 8-5 半径系数对评价指标的影响规律

图 8-6 为设置簇头候选区角度 α 为 300°，簇头选举区旋转角度 β 为 50°，半径系数 ε 为 2，簇头选举因子调节系数 x 为 0.9，通过调整簇头候选区个数 Z 由 3～8 增加，分析候选区个数对评价指标的影响规律。由图 8-6（a）可以看出，随着簇头候选区取值的上升，网络仿真轮数下降显著，第 4、5 分区簇头候选区相较于第 3 分区，第 1 个、50%、80% 节点死亡时仿真轮数分别下降了 37.7%、35.3%、46.3%、39.6%、53.1%、57.5%。Z 值的上升带来更多簇首产生，随着仿真轮数增加，大部分重复被选中的簇首会因为能量消耗过多而死亡，而分区相对较小的簇首数量较少，此时，这些簇首需要承

担更多的节点转发信息，但得益于本书提出的簇头选举区旋转角度和簇头选举因子调节系数的存在，当节点被选中成为簇首且能量消耗过多时，下一轮便能有效降低再次成为簇首的可能性，故簇头候选区为3时为最佳的分区选择。由图8-6（b）可知，分区个数由3~8变化时，节点剩余总能量表现出先降低、再上升、后又下降的趋势，且分区个数为3时节点剩余总能量最多。由此可知，分区个数为3时，网络仿真轮数及节点剩余总能量均能优于分区个数大于3时，表明本书所提的分区旋转路由模型和分层分簇拓扑结构更适用于分区个数较小的情况。

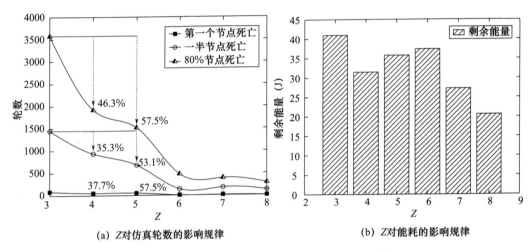

(a) Z对仿真轮数的影响规律　　　　　(b) Z对能耗的影响规律

图8-6　簇头候选区个数对评价指标的影响规律

图8-7为设置簇头候选区角度 α 为300°，簇头选举区旋转角度 β 为50°，半径系数 ε 为2，簇头候选区个数 Z 为3，通过调整簇头选举因子调节系数 x 由0~1增加，分析簇头选举因子调节系数对评价指标的影响规律。由图8-7（a）可以看出，当 x 由0.3~0.7变化时，网络的仿真轮数波动较小，且此时3种情况下的仿真轮数与 x 为0、1时基本保持一致，x 为0时表示仅有能量因子决定簇头选举因子，x 为1时表示仅有距离因子决定簇头选举因子。当 x 从0.1~0.2、0.8~0.9这两个范围变化时，网络仿真轮数分别增加了-9、918.4、2087.6和22.2、60.4、419.4轮，表明 x 为0.2和0.9时均能有效延长网络的寿命，且当 x 为0.2相较于0.9，第1个、50%、80%节点死亡时仿真轮数分别增加了-73.8%、30.6%、0.32.5%，由此可以看出 x 为0.2为最佳的簇头选举因子调节系数值，此时能量因子和距离因子分别占比0.2和0.8，表明簇头的选举仅依靠能量因子或距离因子会明显降低网络的寿命，只有综合考虑二者对选举因子的影响程度才能有效延长网络寿命。由图8-7（b）可知，当 x 从0~0.2变化时，剩余能量均维持在70~85J之间；x 从0.6~1变化时，剩余能量均维持在40J左右，由此可知，距离因子主导下的选举因子更有利于延长网络寿命。由上述分析可知，从仿真轮数和剩余能量考虑，x 为0.2时为最佳的簇头选举因子调节系数。

图8-8为设置簇头选举区旋转角度 β 为50°，半径系数 ε 为2，簇头候选区个数 Z 为3，簇头选举因子调节系数 x 为0.9，通过调整簇头候选区角度 α 由300°~450°增加，分析簇头候选区角度对评价指标的影响规律。图8-8（a）可以看出，随着簇头候选区角度

由 300°～450°增加，网络仿真轮数整体上表现出下降趋势，第 1 个、50%、80%节点死亡时，簇头选举区旋转角度每度下降轮数分别为 1.9、18.1、51.7 轮。再由图 8-8（b）可知，簇头候选区角度 α 由 300°～450°变化，剩余节点总能量均维持在 35～40J，表明簇头选举区旋转角度对节点能量的消耗影响较小。由此可知，簇头候选区角度为 300°时能有效延长网络的寿命。

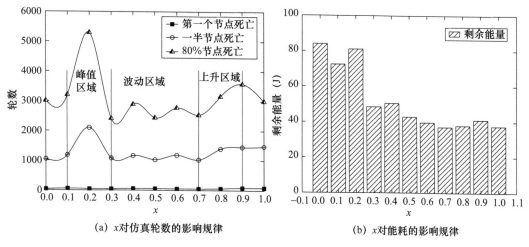

(a) x 对仿真轮数的影响规律　　　　(b) x 对能耗的影响规律

图 8-7　簇头选举因子调节系数对评价指标的影响规律

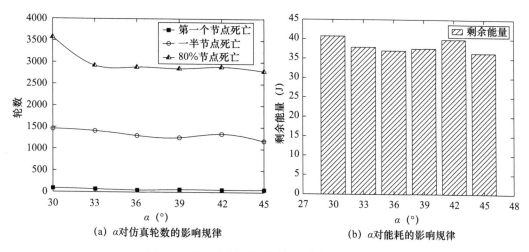

(a) α 对仿真轮数的影响规律　　　　(b) α 对能耗的影响规律

图 8-8　簇头候选区角度对评价指标的影响规律

图 8-9 为设置簇头候选区角度 α 为 300°，半径系数 ε 为 2，簇头候选区个数 Z 为 3，簇头选举因子调节系数 x 为 0.9，通过调整簇头选举区旋转角度 β 由 50°～150°增加，分析簇头选举区旋转角度对评价指标的影响规律。图 8-9（a）可以看出，第 1 个、50%、80%节点死亡时，仿真轮数的变化规律表现出显著差异，第 1 个节点死亡，网络仿真轮数呈现整体下降趋势，每增加 10 下降的轮数为 3.2；50%节点死亡，网络仿真轮数在 1300 轮附近波动；80%节点死亡，β 由 50°～110°变化时呈现逐渐下降的趋势，而后在 110°～130°范围内表现出上升趋势，最后在 130°～150°时下降显著，但整体

上看 50°～130°相对平稳。从图 8-9（b）可以看出，簇头选举区旋转角度在 50°～130°范围内，节点剩余能量基本维持在 35～40J，而当簇头选举区旋转角度增加至 150°时，节点剩余能量则小于 35J。综上所述，簇头选举区旋转角度为 50°时能有效延长网络的寿命。

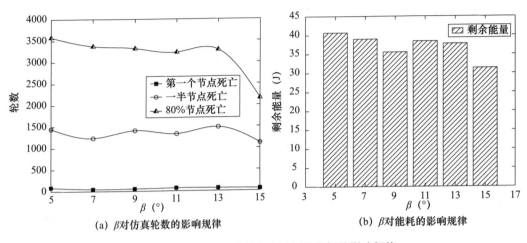

（a）β 对仿真轮数的影响规律　　　　（b）β 对能耗的影响规律

图 8-9　簇头选举区旋转角度对评价指标的影响规律

图 8-10 为设置簇头选举区旋转角度 β 为 50°，半径系数 ε 为 2，簇头候选区个数 Z 为 3，通过调整簇头候选区角度 α 由 300°～450°、簇头选举因子调节系数 x 由 0.1～0.9 增加，分析簇头候选区角度 α 和簇头选举因子调节系数 x 对评价指标的影响规律。由图 8-10（a）可以看出，当 x 从 0.1 增加至 0.7、α 从 300°增加至 450°时，网络仿真轮数波动幅度较小且具有一致的波动规律；当 x 从 0.7 逐渐增大，α 由 300°～450°变化时，网络仿真轮数表现出显著的增加趋势，此外当 x，α 为（0.9，30°）时为最优组合，x，α 为（0.9，33°）和（0.9，42°）时为较优组合。从图 8-10（b）可知，x 由 0.3～0.7，α 由 300°～450°变化时，网络仿真轮数具有局部较小波动性，x 由 0.7～0.9，α 由 300°～450°变化时，网络仿真轮数表现出上升态势，但相较于 x 为 0.2，α 为 30°、33° 时，网络仿真轮数分别下降了 30.5%、32.4%，故当 x，α 为（0.2，30°）时为最优组合，x，α 为（0.2，33°）时为较优组合。图 8-10（c）可以看出，x，α 组合对网络仿真轮数的影响规律与 50% 节点死亡时保持一致，此时 x，α 为（0.2，30°）时为最优组合，x，α 为（0.2，33°）时为较优组合。图 8-10（d）分析了 x，α 组合后剩余总能量的变化情况，可以看出，随着 x 值由 0.2～0.9 增大，节点剩余总能量整体呈现下降趋势，并在 x，α 为（0.2，30°）时为最优组合，x，α 为（0.2，33°）、（0.2，36°）、（0.2，39°）、（0.2，42°）时为较优组合。

由上述分析可知，针对不同类型的网络需求，决定簇头选举的能量因子和距离因子的权重比至关重要。需要全网一直保持稳定运行工作状态而不允许有节点退出时，应以能量因子为主要因素选择簇头；若为了综合考虑网络的使用寿命及剩余能量，应以距离因子作为簇头选举的决定性因素。此外，两种情况下的 x 选择均与 α 角度较小时具有最佳组合。

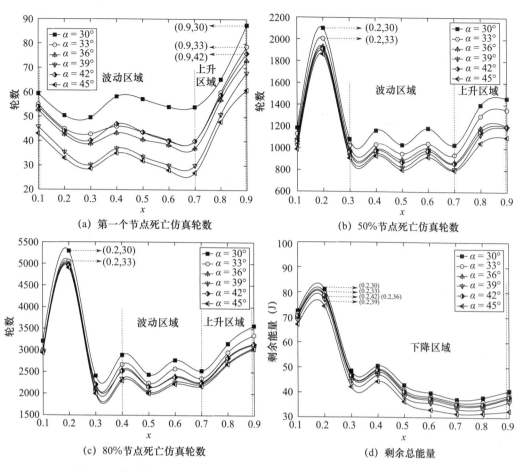

(a) 第一个节点死亡仿真轮数　　　　　(b) 50%节点死亡仿真轮数

(c) 80%节点死亡仿真轮数　　　　　(d) 剩余总能量

图 8-10　簇头候选区角度和簇头选举因子调节系数对评价指标的影响规律

　　图 8-11 为设置簇头候选区角度 α 为 $300°$，半径系数 ε 为 2，簇头候选区个数 Z 为 3，通过调整头选举区旋转角度 β 由 $50°\sim150°$，簇头选举因子调节系数 x 由 $0.1\sim0.9$ 增加，分析簇头选举区旋转角度 β 和簇头选举因子调节系数 x 对评价指标的影响规律。由图 8-11（a）可以看出，调整 x 和 β 能有效促进网络仿真轮数的增加，β 每增加一度，网络仿真轮数减少 2.5 轮；x 在 $0.1\sim0.7$ 范围变化时，网络仿真轮数趋于平稳，在 $0.7\sim0.9$ 变化时，网络仿真轮数依次增加了 58.8%、62.5%、60.7%、75.2%、79.6%、103.3%，此时 x，β 为（0.9，$5°$）时为最优组合，x，α 为（0.9，$7°$）、（0.9，$9°$）时为较优组合。图 8-11（b）和图 8-11（c）表现出一致的变化规律，x 在 $0.3\sim0.7$ 变化时，网络仿真轮数趋于平稳，x 在 $0.7\sim0.9$ 增加时网络仿真轮数随之增大，且均在 x，β 为（0.2，$5°$）时取得最优组合，分别在 x，α 为（0.2，$7°$）、（0.2，$13°$）和（0.2，$7°$）取得较优组合。图 8-11（d）分析了 x，β 组合后剩余总能量的变化情况，可以看出，随着 x 值由 $0.2\sim0.9$ 增大，节点剩余总能量整体呈现下降趋势，并在 x，α 为（0.2，$5°$）时取得最优组合，x，α 为（0.2，$7°$）、（0.2，$9°$）、（0.2，$11°$）、（0.2，$13°$）时取得较优组合。

　　由上述分析可知，综合考虑不同死亡节点占比下的仿真轮数，剩余节点能量可知，不同的 x，β 取值组合可使得网络的仿真轮数及剩余能量值具有较好表现，故寻找最优的参数组合可有效增强网络的仿真轮数，提高网络的节点剩余能量，延长网络寿命。

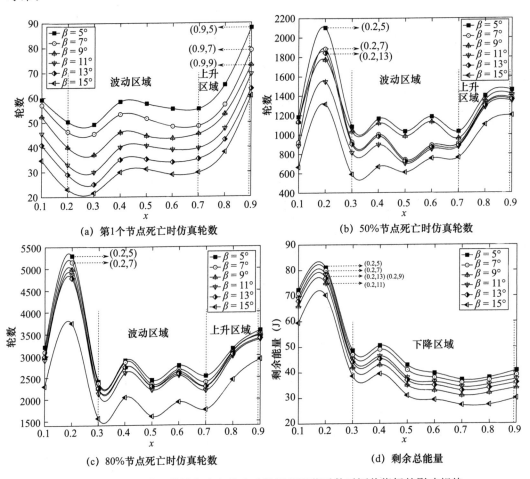

图 8-11　簇头选举区旋转角度和簇头选举因子调节系数对评价指标的影响规律

8.5　算法比较分析

图 8-12 为 4 种协议的仿真对比试验结果，我们通过对 LEACH 协议、I-LEACH 协议、EEUC 和本书提出的 CHRERP 协议进行仿真比较。主要从网络仿真轮数和网络能量消耗两方面进行比较，以此来评价 CHRERP 协议的性能。从图 8-12（a）可以看出，当仿真轮数小于 400 轮时，EEUC 和 CHRERP 协议存活节点数变化趋势平缓，基本保持在大于 1400 个节点，当仿真轮数继续上升大于 400 轮时，EEUC 协议存活节点数呈现断崖式下降，而 CHRERP 协议则表现出逐步稳定下降的趋势。进一步比较发现，LEACH、I-LEACH、EEUC 和 CHRERP 协议一半节点死亡所在轮数分别是 31 轮、53 轮、511 轮、1670 轮，80% 节点死亡所在轮数分别是 39 轮、112 轮、536 轮、3274 轮。可知，CHRERP 协议能较好地均衡网络的能量消耗，这取决于 CHRERP 协议首先针对网络部署区域提出最佳分簇规格，继而在数据传输过程中能有效避开剩余能量较少的节

点且选择一条最优的"径向路径"，最后通过簇头候选区旋转方案设计进一步降低了簇头节点死亡的概率。由图 8-12（b）可以看出，当仿真轮数小于 400 轮时，EEUC 和 CRERP 协议剩余能量趋势平缓，基本保持在大于 700J，当仿真轮数继续上升大于 400 轮时，EEUC 协议剩余能量下降趋势显著，而 CHRERP 协议则表现出逐步稳定下降的趋势。进一步比较发现，LEACH、I-LEACH、EEUC 和 CHRERP 协议剩余能量为 50％所在轮数分别是 24 轮、28 轮、487 轮、1955 轮，剩余能量为 20％所在轮数分别是 33 轮、62 轮、534 轮、3079 轮。可知，CHRERP 协议在节能方面表现出显著优势，这取决于 CHRERP 协议优先选择能量较高的节点作为簇头并进行簇间通信路径规划，平衡了节点的能耗，稳定工作时间延长。

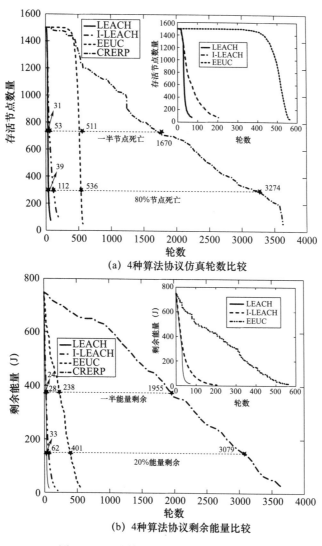

(a) 4 种算法协议仿真轮数比较

(b) 4 种算法协议剩余能量比较

图 8-12　4 种算法协议仿真试验结果比较

8.6 本章小结

本章提出的旋转路由能量均衡协议（CHRERP）在均衡网络能耗、延长网络寿命、提升网络抗毁性能方面具有显著优势。

（1）建立仿蛛网无线传感器网络拓扑结构模型，并提出半径系数 ε，通过调节半径系数 ε 值的大小可改变网络的规格、分簇的规格，且当 ε 值为 2 时表现效果最好。

（2）设置簇头候选区分区数可调参数 Z，簇头候选区角度数可调参数 α，簇头候选区旋转角可调参数 β。根据具体的仿真规格要求，通过调整分区个数 Z 可得出最佳的仿真候选区个数，基于最佳的候选区个数继续调整簇头候选区角度数可调参数 α 可得出最佳的簇头候选区角度数，最后调整簇头候选区旋转角可调参数 β，便可得出三者间最佳的组合方案使网络的仿真效果最好，本章中，Z 取 3，α 取 $300°$，β 取 $50°$ 时表现最佳。

（3）基于节点剩余能量因子和距离因子提出簇头选举因子调节系数 x，通过调整 x 值的变化可寻得一条最佳的数据传输路径，本章中 x 取 0.2 时表现最佳。

参考文献

[1] LOGAMBIGAI R, GANAPATHY S, KANNAN A. Energy-efficient grid-based routing algorithm using intelligent fuzzy rules for wireless sensor networks [J]. Computers & Electrical Engineering, 2018, 68: 62-75.

[2] LI L, LI D H. An energy-balanced routing protocol for a wireless sensor network [J]. Journal of Sensors, 2018, 1-12.

[3] BOZORGI S M, BIDGOLI A M. HEEC: A hybrid unequal energy efficient clustering for wireless sensor networks [J]. Wireless Networks, 2019, 25 (8): 4751-4772.

[4] RHIM H, TAMINE K, ABASSI R, et al. A multi-hop graph-based approach for an energy-efficient routing protocol in wireless sensor networks [J]. Human-centric Computing and Information Sciences, 2018, 8 (1): 1-21.

[5] ABBASI M, FISAL N. Noncooperative game-based energy welfare topology control for wireless sensor networks [J]. IEEE Sensors Journal, 2014, 15 (4): 2344-2355.

[6] ZHANG Y M, LIU M D, LIU Q W. An energy-balanced clustering protocol based on an improved CFSFDP algorithm for wireless sensor networks [J]. Sensors, 2018, 18 (3): 881.

[7] HAN G H, ZHANG L C. WPO-EECRP: energy-efficient clustering routing protocol based on weighting and parameter optimization in WSN [J]. Wireless Personal Communications, 2018, 98 (1): 1171-1205.

[8] GURAVAIAH K, VELUSAMY R L. Energy efficient clustering algorithm using RFD based multi-hop communication in wireless sensor networks [J]. Wireless Personal Communications, 2017, 95 (4): 3557-3584.

[9] ALNAWAFA E, MARGHESCU I. New energy efficient multi-hop routing techniques for wireless sensor networks: Static and dynamic techniques [J]. Sensors, 2018, 18 (6): 1863.

[10] BAO N, HAN G J, LIU L, et al. An unequal clustering routing protocol for energy-heteroge-

neous wireless sensor networks [C] //2015 IEEE/CIC International Conference on Communications in China-Workshops (CIC/ICCC). IEEE, 2015: 67-71.

[11] WANG K, OU Y R, JI H, et al. Energy aware hierarchical cluster-based routing protocol for WSNs [J]. The Journal of China Universities of Posts and Telecommunications, 2016, 23 (4): 46-52.

[12] HOANG D C, YADAV P, KUMAR R, et al. Real-time implementation of a harmony search algorithm-based clustering protocol for energy-efficient wireless sensor networks [J]. IEEE transactions on industrial informatics, 2013, 10 (1): 774-783.

[13] MEHMOOD A, LV Z, LLORET J, et al. ELDC: An artificial neural network based energy-efficient and robust routing scheme for pollution monitoring in WSNs [J]. IEEE Transactions on Emerging Topics in Computing, 2017, 8 (1): 106-114.

[14] HEINZELMAN W R, CHANDRAKASAN A, BALAKRISHNAN H. Energy-efficient communication protocol for wireless microsensor networks [C] //Proceedings of the 33rd annual Hawaii international conference on system sciences. IEEE, 2000: 10 pp. vol. 2.

[15] IZADI D, ABAWAJY J, GHANAVATI S. An alternative clustering scheme in WSN [J]. IEEE sensors journal, 2015, 15 (7): 4148-4155.

[16] PAL V, SINGH G, YADAV R P. Balanced cluster size solution to extend lifetime of wireless sensor networks [J]. IEEE Internet of Things Journal, 2015, 2 (5): 399-401.

[17] SINGH S K, KUMAR P, SINGH J P. A survey on successors of LEACH protocol [J]. IEEE Access, 2017, 5: 4298-4328.

[18] BEIRANVAND Z, PATOOGHY A, FAZELI M. I-LEACH: An efficient routing algorithm to improve performance & to reduce energy consumption in Wireless Sensor Networks [C] // The 5th Conference on Information and Knowledge Technology. IEEE, 2013: 13-18.

[19] FAN X N, SONG Y L. Improvement on LEACH protocol of wireless sensor network [C] //2007 International Conference on Sensor Technologies and Applications (SENSORCOMM 2007). IEEE, 2007: 260-264.

[20] FEI X J, WANG Y Y, LIU A J, et al. Research on low power hierarchical routing protocol in wireless sensor networks [C] //2017 IEEE International Conference on Computational Science and Engineering (CSE) and IEEE International Conference on Embedded and Ubiquitous Computing (EUC). IEEE, 2017, 2: 376-378.

[21] TONG M, TANG M H. LEACH-B: An improved LEACH protocol for wireless sensor network [C] //2010 6th International Conference on Wireless Communications Networking and Mobile Computing (WiCOM). IEEE, 2010: 1-4.

[22] BHOLA J, SONI S, CHEEMA G K. Genetic algorithm based optimized leach protocol for energy efficient wireless sensor networks [J]. Journal of Ambient Intelligence and Humanized Computing, 2020, 11 (3): 1281-1288.

[23] GUPTA V, DOJA M N. H-leach: Modified and efficient leach protocol for hybrid clustering scenario in wireless sensor networks [M] // Next-generation networks. Springer, Singapore, 2018: 399-408.

[24] 罗毅. 基于改进 EEUC 协议的 WSN 能量优化方案研究 [D]. 南京: 南京邮电大学, 2020.

[25] CHEN W, YANG X, FANG W D, et al. Cluster routing protocol for coal mine wireless sensor network based on 5G [C] // International Conference on 5G for Future Wireless

Networks. Springer, Cham, 2019：60-67.

[26] YOUNIS O, FAHMY S. HEED：a hybrid, energy-efficient, distributed clustering approach for ad hoc sensor networks [J]. IEEE Transactions on mobile computing, 2004, 3 (4)：366-379.

[27] PRIYADARSHI R, SINGH L, RANDHEER. novel HEED protocol for wireless sensor networks [C] //2018 5th International Conference on Signal Processing and Integrated Networks (SPIN). IEEE, 2018：296-300.

[28] BOUDHIAFI W, EZZEDINE T. Optimization of multi-level HEED protocol in wireless sensor networks [C] // International Conference on Applied Informatics. Springer, Cham, 2021：407-418.

[29] GUPTA P, SHARMA A K. Clustering-based heterogeneous optimized-HEED protocols for WSNs [J]. Soft Computing, 2020, 24 (3)：1737-1761.

[30] SINGH S, MALIK A, KUMAR R. Energy efficient heterogeneous DEEC protocol for enhancing lifetime in WSNs [J]. Engineering Science and Technology, an International Journal, 2017, 20 (1)：345-353.

[31] SAINI P, SHARMA A K. E-DEEC-enhanced distributed energy efficient clustering scheme for heterogeneous WSN [C] //2010 First International Conference on Parallel, Distributed and Grid Computing (PDGC 2010). IEEE, 2010：205-210.

[32] NEHRA V, SHARMA A K, TRIPATHI R K. I-DEEC：Improved DEEC for blanket coverage in heterogeneous wireless sensor networks [J]. Journal of Ambient Intelligence and Humanized Computing, 2020, 11 (9)：3687-3698.

[33] BAGGA S, CHAWLA N, SHARMA D K, et al. Fuzzy logic based clustering algorithm to improve DEEC protocol in wireless sensor networks [C] //2019 International Conference on Computing, Power and Communication Technologies (GUCON). IEEE, 2019：212-216.

[34] 尚静，董增寿，康琳. 异构网络中基于 DEEC 的非均匀分簇路由算法 [J]. 太原科技大学学报，2018, 39 (02)：90-94.

[35] 陈硕. 无线传感器网络 DDEEC 算法的研究与改进 [D]. 济南：山东大学，2014

[36] BOZORGI S M, BIDGOLI A M. HEEC：A hybrid unequal energy efficient clustering for wireless sensor networks [J]. Wireless Networks, 2019, 25 (8)：4751-4772.

[37] XU C, XIONG Z Y, ZHAO G F, et al. An energy-efficient region source routing protocol for lifetime maximization in WSN [J]. IEEE Access, 2019, 7：135277-135289.

[38] NIVEDHITHA V, SAMINATHAN A G, THIRUMURUGAN P. DMEERP：A dynamic multi-hop energy efficient routing protocol for WSN [J]. Microprocessors and Microsystems, 2020, 79：103291.

[39] MARDINI W, YASSEIN M B, KHAMAYSEH Y, et al. Rotated hybrid, energy-efficient and distributed (R-HEED) clustering protocol in WSN [J]. Wseas Transactions on Communications, 2014, 13：275-290.

[40] MA G X, TAO Z S. A hybrid energy-and time-driven cluster head rotation strategy for distributed wireless sensor networks [J]. International Journal of Distributed Sensor Networks, 2013, 9 (1)：109307.

[41] FERNG H W, CHUANG J S. Area-partitioned clustering and cluster head rotation for wireless sensor networks [C] // International Conference on Machine Learning and Cybernetics (ICM-

LC) . IEEE, 2017, 2: 593-598.

[42] LIN D Y, WANG Q, LIN D Q, et al. An energy-efficient clustering routing protocol based on evolutionary game theory in wireless sensor networks [J] . International Journal of Distributed Sensor Networks, 2015, 11 (11): 409503.

[43] AMODU O A, RAJA MAHMOOD R A. Impact of the energy-based and location-based LEACH secondary cluster aggregation on WSN lifetime [J] . Wireless Networks, 2018, 24 (5): 1379-1402.

[44] LINDSEY S, RAGHAVENDRA C S. PEGASIS: Power-efficient gathering in sensor information systems [C] // Proceedings, IEEE Aerospace Conference. IEEE, 2002, 3: 3-3.

[45] FENG S, QI B, TANG L R. An improved energy-efficient PEGASIS-based protocol in wireless sensor networks [C] // International Conference on Fuzzy Systems and Knowledge Discovery (FSKD) . IEEE, 2011, 4: 2230-2233.

[46] FARHAN H K. Enhanced chain-cluster based mixed routing algorithm for wireless sensor networks [J] . Journal of Engineering, 2016, 22 (1): 103-117.

[47] SASIREKHA S, SWAMYNATHAN S. Cluster-chain mobile agent routing algorithm for efficient data aggregation in wireless sensor network [J] . Journal of Communications and Networks, 2017, 19 (4): 392-401.

[48] TANG F L, YOU I, GUO S, et al. A chain-cluster based routing algorithm for wireless sensor networks [J] . journal of intelligent manufacturing, 2012, 23 (4): 1305-1313.

[49] RANI S, AHMED S H, MALHOTRA J, et al. Energy efficient chain based routing protocol for underwater wireless sensor networks [J] . Journal of Network and Computer Applications, 2017, 92: 42-50.

第9章 基于博弈论的无线传感器
网络簇头选举模型

9.1 引　言

博弈论作为数学的一个分支，又被称作是决策论（Game theory），主要研究决策行为主体发生相互作用时，其所做出的决策及这种决策的均衡问题。决策的主体都希望自己在竞争中获取最大的利益，并且双方都有各自的目标去判断结果好坏[1-2]。正如前面分析的，无线传感器网络具有的一个独特属性是随机部署，不需要访问外部资源[3]。在无线传感器网络中，能量、功率、带宽和通信速度等因素被认为是至关重要的，其中，最重要的因素是能量，直接关系到网络的工作时长性能[4]。由于无线传感器网络的独特性，博弈被认为是设计实用和灵活路由协议的一种解决方案，其理性行为能够应用于层次网络的系统分析[5]。目前已有的利用博弈论设计无线传感器网络路由协议，在网络生存期、能量效率和路由建立时间等方面比其他协议更好。

9.2　相关工作

博弈论在层次路由协议中的应用主要分为以下三个方面：

（1）簇头选择：基于集群的路由协议广泛应用于无线传感器网络，如何选择最优的簇头成为关键问题，因此，在考虑剩余能量、链路质量等因素下，利用损失收益函数在簇头竞争时提供合理决策，可以简化簇头选择过程。Lin 等提出一种基于博弈论的无线传感器网络节能分簇路由协议，该协议采用进化博弈论机制实现能量消耗均衡，延长网络使用寿命。结果表明，该协议能有效地平衡传感器能量消耗[6]。通过研究博弈理论及博弈理论的相关知识，白岩等提出一种基于 Shapley 值的改进算法，该算法主要优化了选举簇头的方式，从传统的随机数方式，改换到以一个考虑剩余能量和节点位置的函数来选举备选簇头，并在备选簇头中寻找三个指标相对较高的节点进行联盟博弈，来确定节点对簇头休眠以及普通节点的角色分配[7]。宋欢等通过引入剩余能量乘性因子，用来约束选簇时的阈值判决公式，在进行选簇时将节点的当前剩余能量作为一个参考因素来选取簇头，并选取 Shapley 值小的临时簇头当选为簇头节点进行通信[8]。Mishra 等提出了一种基于博弈论的节能簇头选举方法，该方法根据子博弈完全纳什均衡，在每一轮和每一个簇内节点进行博弈，选择纳什均衡的节点作为簇头。结果表明，与现有的协议相比，此方法的性能有所提高[9]。Lin 等提出了一种新型的结合博弈论和双簇头机制的节能分簇算法，该算法考虑了簇内和簇间通信的能量效率，并证明了关于双簇头机制的定理，提出了该博弈模型的纳什均衡点，并提供了相应的证明[10]。Sathian 等提出了一种基于博弈论的簇头合作可信节能路由算法，并从能量消耗方面分析了其性能。在该方案中，不是在每个簇中选择合作发送和接收组，而是由簇头节点合作传输数据，博弈论被用来选举具有足够剩余能量和高信任度的健康簇头。结果显示，与其他算法相比，该路由算法的剩余能量增加了 50％ 以上[11]。Pati 等提出了一种基于博弈论的节能选择群簇头方法。该方法采用两种算法，前者采用博弈论中的纳什均衡决策，根据节点的剩余能量来选择他们的最佳策略；后者是基于完美纳什均衡决策选择簇头[12]。

（2）促进分簇：在层次路由中，分簇有利于促进节点之间的合作，每个簇中都存在一个簇头负责簇内和簇间的通信。在自组织无线传感器网络中，新的节点加入簇时，簇头需要决策是否接受该节点，这种群体扩展场景是一个复杂的决策过程，可以利用博弈论来实现。Yang 等提出了一种基于博弈论的混合分布式无线传感器网络分簇协议，综合考虑节点能量、度和到基站的距离，定义节点收益，每个节点通过博弈获得均衡概率，基于均衡概率使网络最小化能耗和有效提供服务之间达到平衡。同时，提出一种基于剩余能量和潜在邻居簇头的迭代算法，从潜在邻居簇头中选择最终簇头，该迭代算法可以平衡节点间的能量消耗，避免一个簇中出现多个簇头的情况[13]。Zheng 等提出了一种基于博弈论的自适应分簇层次结构路由算法，该算法通过使用能量回报函数来权衡每个节点的成本和收益，来决定是否成为簇头节点。这种策略可以使较低剩余能量的传感器节点不至于被快速消耗，提高了网络能量耗散的均匀性和推迟网络分区的能力[14]。尹翔等设计了一种基于博弈论的无线传感器网络区域分簇改进算法，该算法通过改进簇头的选择概率，按照最优簇头数对整个区域进行划分，并设计分区轮转机制等方法延长了无线传感器网络的生命期[15]。孙庆中等针对节点间能耗不均容易引发"能量空洞"现象，提出了一种基于博弈论能耗均衡的非均匀分簇路由算法，该算法在分簇阶段采用非均匀分簇结构，簇的半径由簇头到汇聚节点的距离和剩余能量共同决定，通过调整簇头在簇内通信的能耗和转发数据的能耗来达到能耗的均衡[16]。李朋等人基于博弈论思想进一步研究节点分簇问题，提出一种基于博弈论的能耗均衡节点分簇协议，该协议的每个节点通过局部分簇博弈获得均衡概率，然后决定是否当选簇头，从而保证节点的收益相对平衡[17]。

（3）均衡网络能耗：在节点能量水平失衡时，可以利用基于博弈论的智能决策过程优化能量不平衡问题。Wu 等提出了一种基于能量感知和博弈论的高效无线传感器网络分簇协议，节点成为簇头的概率由博弈的均衡概率和节点剩余能量依赖指数决定，同时，为了进一步降低能量消耗，提出了避免节点多重覆盖区域的数据重复传输的方法[18]。该协议在均衡能耗和延长网络生命周期上具有较大优势。Zhao 等通过考虑链路质量和节点剩余能量等关键因素，提出了一种基于博弈论的路由算法，建立了基于服务质量（QoS）和节点剩余能量的博弈模型，然后分析了算法的可行性。结果表明，所提出的模型可以优化服务质量，减少节点的能量消耗，从而延长网络寿命[19]。Hao 等提出了基于博弈论的无线传感器网络功率控制和信道分配联合优化算法，该算法采用了最佳响应策略，通过构建一个联合功率控制和信道分配优化的博弈模型，来减少干扰和能量消耗，从而延长网络寿命[20]。Xing 等提出了一个基于博弈论的簇头选择方案，在簇头选举阶段，每个节点做出决策，以追求基于纳什均衡决策的更大回报；设计了一种激励机制，以诱导节点做出更有利的集体决策，并在簇头轮换中发挥作用，同时，网络区域被划分为不均匀的扇区，以确保簇头的能量消耗更均匀地分布。结果表明，该方案可以有效地平衡网络能量消耗[21]。Thandapani 等提出了一种异质博弈分簇算法，该算法通过选举能量效率高的簇头和网络中的多路径路由来实现能量优化，首先建立一个具有不同属性的异质分簇博弈模型，为具有混合策略的对称博弈提供非对称均衡条件[22]，然后观察剩余能量、基站和节点之间的距离等参数来计算选举簇头的概率，用以缓解热点的产生，提高网络的整体剩余能量[23]。

以上的基于博弈论的无线传感器网络路由协议研究很少将 QoS 指标融入博弈过程中，一般通过混合的路由指标进行网络性能研究，因此，在受到外界攻击时，网络的抗毁性无法保证[24]。周浩等针对 QoS 保障和网络能耗不均衡的问题，提出了一种基于博弈论的传感器网络路由算法，该算法主要分为簇头博弈选举和路径博弈选择两个阶段。在簇头博弈选举阶段，通过传感器节点和其邻居节点之间的博弈来声明簇头，选出满足纳什均衡的解；在路径博弈阶段，将满足纳什均衡的节点作为下一跳，通过簇头节点之间的博弈选择出保障 QoS 约束、能耗均衡的最优路径[25]。

本章提出一种基于抗毁度和剩余能量博弈的簇头选举方法，节点通过抗毁度和剩余能量的博弈获得其成为簇头最佳概率，为避免一个簇区出现多个簇头，提出候选簇头优势函数，为均衡网络能耗，将能量消耗过快的节点轮转到新的簇中，提出簇区更新机制。分析网络节点受到外界攻击（随机攻击、最大程度攻击、最大介数攻击）时，网络抗毁度和平均剩余能量的变化。

9.3　系统模型及理论分析

多跳分簇路由模型构建，模型具有以下性质：

（1）每个传感器节点都具有唯一 ID，节点均匀分布在检测区域内；

（2）节点一旦部署到检测区域，不能随意移动，能量有限且不能补给；

（3）基站不能移动，能量没有限制，可以和检测区域的任意节点进行通信；

（4）节点具有多个发射功率，可以根据通信距离选择发射功率；

（5）网络采用数据融合技术，减少数据的传输量；

（6）节点不具有位置感知能力；

（7）在一定的传输功率下，节点可以根据接收到的信号强度来计算通信距离。

网络模型的前三项性质是无线传感器网络的典型设置；第 4 项性质，可以确保节点根据通信距离来选择发射功率，减少了节点的能耗，从而延长网络的生命周期；第 5 项性质，通过数据融合技术，达到减少网络数据的传输量，减轻数据传输过程中的网络拥塞，延长整个网络寿命的目的；第 6 和 7 项性质，使节点在没有位置感知能力的情况下，根据接收信号强度判断通信双方的距离和相对位置。

9.4　基于混合策略博弈的簇头选举模型

9.4.1　博弈空间定义

参与者：WSN 中存活的节点，表示为 $N= \{1, 2, 3, \cdots, N\}$。

策略空间：节点行动按轮进行，每一轮中节点可以从策略集 $S= \{D, ND\}$ 选择策略，D 表示节点参与簇头选举，ND 表示节点不参与簇头选举。

效应函数：博弈论中参与者的策略都是相互依赖的，每个参与者的效益都与其他参与者的策略集合相关。$U= \{U(i)\}$ 是与策略集对应的节点收益集合。

簇头将普通节点收集到的数据进行处理、融合，以数据包的形式发送给基站。节点为了最大化自己的收益，选择策略 D 成为簇头，或者选择策略 ND 成为普通节点。若没有节点选择策略 D 成为簇头，节点数据无法到达基站，那么所有节点的收益为 0；若至少一个节点 i 选择策略 D 成为簇头，那么节点 i 的收益为 $V(i) - C_{ch}(i)$，除节点 i 以外任意节点的收益为 $V(i) - C_{an}(i)$，其中，$V(i)$ 是节点数据成功到达基站的收益，$C_{ch}(i)$ 是节点当选簇头的损耗，$C_{an}(i)$ 是成为普通节点的惩罚。若 $C_{an}(i) > C_{ch}(i)$，$V(i) - C_{ch}(i) > V(i) - C_{an}(i)$，当选簇头能获得更大的收益，那么节点都将选择当选簇头的策略，因此，本文假设 $C_{an}(i) < C_{ch}(i) < V(i)$。任意节点 i 的收益函数 $U(i)$ 定义为：

$$U(i) = \begin{cases} 0 & if \ s_i = ND, \ \forall i \in N \\ V(i) - C_{an}(i) & if \ s_i = D \\ V(i) - C_{ch}(i) & if \ s_i = ND \ and \ \exists i \in N, \ s.t. \ s_i = D \end{cases} \tag{9-1}$$

基于上述收益矩阵，当所有节点都选择当选簇头时，此时策略集 $S= \{D, D, \cdots, D\}$ 不是一个纳什平衡；当所有节点都选择成为普通节点时，此时策略集 $S= \{ND, ND, \cdots, ND\}$ 不是一个纳什平衡；当一个节点成为簇头节点，而其他节点成为普通节点时，这时收益最佳（表 9-1）。

表 9-1　收益矩阵

策略	D	ND
D	$V(i) - C_{ch}(i), V(i) - C_{ch}(i)$	$V(i) - C_{ch}(i), V(i) - C_{an}(i)$
ND	$V(i) - C_{an}(i), V(i) - C_{ch}(i)$	$0, 0$

本书提出的路由方法在基站在初始化时，将试验区域划分为 ω 个簇区，ω 个簇区同时计算各自分区的簇头选择概率。假设分区中任一节点 i 成为簇头，计算节点 i 成为簇头的抗毁度和收益，获得簇头选择概率 p_i^*。初始化状态结束后，监测区域内每个节点 i 都已经存储了对应于各自分区的簇头选择概率 p_i^*。下面详细描述任一节点成为簇头时的抗毁度计算、收益损耗计算及簇头选择概率计算过程。

9.4.2 收益损耗分析

（1）收益模型

定义 1：对于一个 N 节点的网络，如果节点 i 与节点 j 之间有长度为 $k_{\min}$ 的最短路径 u_0（$k_{\min}$）条，则节点 i 与节点 j 之间的等效最短路径数为 em_{ij}

$$\begin{cases} u_0(k_{\min}) = \dfrac{(N-2)!}{(N-k_{\min}-1)!} \\ u_1(k_{\min}) = \displaystyle\sum_{t=1}^{k_{\min}} \dfrac{(N-2)!}{(N-t-1)!} \\ em_{ij} = \dfrac{u_0(k_{\min})}{u_1(k_{\min})} \end{cases} \tag{9-2}$$

式中，跳数 $k_{\min} \leqslant N-1$，跳数变量 $1 \leqslant t \leqslant k_{\min}$，$\mu_1$（$k_{\min}$）是相应 N 节点全联通网络中节点间不大于 $k_{\min}$ 跳的路径数。显然，$0 < em_{ij} \leqslant 1$，当且仅当 2 节点之间有直连边时，$em_{ij} = 1$。对于任意的 i 与 j，若 $em_{ij} = 1$，则为全联通网络。

假设 WSN 网络由多个簇构成，则每一个簇的抗毁度等于该簇的等效最短路径数，记为，

$$inv = \frac{\displaystyle\sum_{i=1}^{N-1}\sum_{j=i+1}^{N} em_{ij}}{N(N-1)/2} \tag{9-3}$$

式中，$\displaystyle\sum_{i=1}^{N-1}\sum_{j=i+1}^{N} em_{ij}$ 是全网的等效最短路径数之和，$[N（N-1）]/2$ 是 N 节点网络可建立连接的端对端数目，该函数实际上表示该簇区网络的平均等效最短路径数。非全联通网络的平均等效最短路径数 $0 < inv < 1$，inv 越大，则网络结构越紧凑，抗毁性越强。

WSN 网络由若干个簇组成，则整体网络的抗毁性可以用每个簇的抗毁性加权和来衡量。

定义 2：设 WSN 网络是由 ω 个簇组成，则称 inv 为该 WSN 网络的抗毁度。

$$inv = \sum_{m=1}^{\omega} \frac{N_m}{N} inv_m \tag{9-4}$$

式中，ω 为簇的个数，N_m 为第 m 个簇的节点数，N 为网络总节点数，inv_m 为第 m 个簇的抗毁度。

$$C = \frac{1}{\omega \displaystyle\sum_{m=1}^{\omega} \dfrac{N_m}{N} \delta_m l_m} \tag{9-5}$$

式中，ω 为簇的个数，N_m 为第 m 个簇的节点数，N 为网络总节点数，l_m 为第 m 个簇的平均最短距离。

$$\delta_m = \begin{cases} 1 & N_m \text{中的任一节点到 sink 节点都有通路} \\ 0 & N_m \text{中的节点到 sink 节点没有通路} \end{cases} \tag{9-6}$$

基于最短路径数的抗毁度重点描述了网络局部的抗毁度，基于联通度的抗毁度偏向于网络整体的抗毁度，因此，结合基于最短路径数的抗毁度和基于联通度的抗毁度，定

义任意节点 i 当选簇头时，网络的抗毁度为：

$$B(i) = \lambda \times inv + (1-\lambda) \times C, \quad 0 \leqslant \lambda \leqslant 1, \quad 1 \leqslant i \leqslant N \tag{9-7}$$

博弈模型的效用函数定义为节点 i 当选簇头时网络的抗毁度 $B(i)$ 与节点 i 当前剩余能量 $E(i)$ 的二次效用函数，则簇头选择博弈模型中效用函数为：

$$U(B) = \sum_{i=1}^{N} B_i e_i - \frac{1}{2}\left[\sum_{i=1}^{N} B_i^2 + 2\rho \sum_{i \neq j} B_i B_j\right] - \sum_{i=1}^{N} E_i B_i \tag{9-8}$$

式中，ρ 为节点当选簇头的竞争因子，$0 \leqslant \rho \leqslant 1$，$\rho=1$ 时，表示节点当选簇头抗毁度无差异，$\rho=0$ 时，表示节点当选簇头具有不可替代的抗毁度优势；e_i 表示节点 i 对应的 B_i 的效率因子。

最佳抗毁度 B_i 可以通过最大化 $U(B)$ 得到，因此，将 $U(B)$ 对 B_i 求导，并令其等于 0，如下所示：

$$\frac{\partial U(B)}{\partial B_i} = e_i - B_i - \rho \sum_{i \neq j} B_j - E_i = 0 \tag{9-9}$$

得到抗毁度函数如下所示：

$$B_i(E) = \frac{(e_i - E_i)[\rho(N-2)+1] - \rho \sum_{i \neq j}(e_j - E_j)}{(1-\rho)[\rho(N-1)+1]} \tag{9-10}$$

V_i 为收益函数，定义为：

$$V_i = B_i(E) \times \gamma + \frac{E_i}{E}(1-\gamma) \tag{9-11}$$

式中，$B_i(E)$ 为节点 i 当选簇头时的抗毁度，E_i 为节点 i 当前的剩余能量，E 为节点的初始能量，γ 为可调参数，当节点未受到攻击时，$\gamma=1$，当节点受到攻击时，$\gamma \in [0, 1)$。

（2）成本模型

当选簇头的损耗 $C_{ch}(i)$ 由三部分组成：（1）接收来自簇成员的数据包；（2）融合成员的数据包；（3）将数据包传输到基站消耗的能量。为了简化成本模型，本书将簇内通信都假设为自由空间信道，簇头与基站的通信假设为多径衰落信道。定义 $C_{ch}(i)$ 为：

$$C_{ch}(i) = C_{tx(ch,BS)} + C_{rx(ch,i)} + C_{aggr} \tag{9-12}$$

式中，$C_{tx(ch,BS)}$ 为将数据包从簇头发送到基站所需能量；$C_{rx(ch,i)}$ 为接收簇成员数据耗费的能量，C_{aggr} 为簇头在融合成员数据包消耗的能量。$C_{tx(ch,BS)}$ 定义为：

$$C_{tx(ch,BS)} = k\, d^2_{(ch,BS)} \varepsilon_{mp} + k\, E_{dec} \tag{9-13}$$

式中，$d_{(ch,BS)}$ 表示簇头到基站的距离，ε_{mp} 是多径衰落信道模型下的功率放大常数；E_{dec} 是发送、接收 1bit 数据消耗能量；k bits 是数据包大小。簇头节点接收和融合簇成员数据包的能耗与数据包大小成正比，$C_{rx(ch,i)}$ 和 C_{aggr} 定义为：

$$C_{rx(ch,i)} = (N_m - 1)\, k\, E_{dec} \tag{9-14}$$

$$C_{aggr} = k\, E_{aggr} \tag{9-15}$$

式中，N_m 为簇头所在簇区的节点数目，E_{aggr} 为融合一个节点数据包的能量消耗。

当选簇头的成本表示为：

$$C_{ch(i)} = k\, d^2_{(ch,BS)} \varepsilon_{mp} + N_m k\, E_{dec} + k\, E_{aggr} \tag{9-16}$$

簇成员的成本定义为：

$$C_{cm}(i) = k d_{(ch,i)}^4 \varepsilon_{fs} + k E_{dec} \tag{9-17}$$

式中，$d_{(ch,i)}$ 为簇成员节点到簇头的距离；ε_{fs} 是自由空间信道模型的功率放大常数。

9.4.3 效用函数分析

博弈模型包括 D 和 ND 两种策略，节点选择 D 策略的概率设为 p，选择 ND 策略的概率设为 $1-p$。假设节点 i 所在簇有 N_m 个节点，每个节点与其他 N_m-1 个节点竞争，其收益取决于选择策略 D 的数量。若 N_m 个节点都选择策略 ND，所有节点的收益为 0。假设至少有一个节点选择 D，节点收益为 $V(i) - C_{ch}(i)$，则选择 ND 的节点数量为 N_m-1 个，节点收益为 $V(i) - C_{cm}(i)$。选择 D 的收益为：

$$U_D(i) = V(i) - C_{ch}(i) \tag{9-18}$$

选择 ND 的收益为：

$$U_{ND}(i) = [V(i) - C_{cm}(i)][1-(1-p)^{N_m-1}] \tag{9-19}$$

节点 i 的平均收益为：

$$\begin{aligned}\overline{U(i)} &= p \times U_D(i) + (1-p) \times U_{ND}(i) \\ &= p[V(i) - C_{ch}(i)] + (1-p)[V(i) - C_{cm}(i)][1-(1-p)^{N_m-1}]\end{aligned} \tag{9-20}$$

然而，这并不是可获得的最大平均收益。可以通过对 $\overline{U(i)}$ 求导得到 $\overline{U(i)}'$ 来计算最大收益：

$$\overline{U(i)}' = C_{cm}(i) - C_{ch}(i) + N_m[V(i) - C_{cm}(i)](1-p)^{N_m-1} = 0 \tag{9-21}$$

$$p_i^* = 1 - \left(\frac{C_{ch}(i) - C_{cm}(i)}{N_m[V(i) - C_{cm}(i)]}\right)^{\frac{1}{N_m-1}} \tag{9-22}$$

式中，p_i^* 即为节点 i 选择策略 D 的最佳概率函数。

9.5 路由实现过程

本书提出一种基于博弈论的网络分簇算法。算法分为初始化、簇建立及稳定通信三个阶段，其中，初始化阶段主要完成监测区域内节点位置、能量、ID 等信息收集，簇建立阶段包括簇头选择和簇形成，稳定通信阶段主要完成节点向簇头发送采集的数据，簇头融合数据后发送至基站。

9.5.1 初始化阶段

在节点部署完成后，首先要进行一次初始化设置，以后就不需要进行该步骤。假设 N 个节点均匀分布在 $A = L \times L$（m^2）的区域内，基站位于该区域的中心。

（1）基站首先向监测区域的节点广播"开始"消息，所有节点记录与基站的距离，并调整与基站通信的最佳发射功率，将自身位置、距离、能量、ID 等信息返回到基站。基站将监测区域划分为 ω 个簇区，ω 计算如下：

$$\omega = \sqrt{\frac{N}{2\pi}} \frac{L}{\bar{d}} \tag{9-23}$$

式中，$\bar{d}$ 为 N 个节点到基站的平均距离。

（2）基站广播"查询"消息，查询每个簇区的节点情况。

（3）基站计算每个簇区内节点成为簇头的最佳概率 p_i^*，并以数据包的形式广播，节点接收之后存储在本地信息表。

9.5.2　簇建立阶段

初始化状态结束后，监测区域内每个节点 i 都已经存储了对应于各自分区的簇头选择最佳概率 p_i^*。

在簇建立阶段节点具有三种状态：普通节点、候选簇头和簇头。节点 i 以最佳概率 p_i^* 成为候选簇头。监测区域被划分为 ω 个簇区，每个簇区博弈获得一个簇头，进而形成 ω 个簇。假设簇是圆形区域，每个簇大小相等，簇的半径为：

$$R = \frac{L}{\sqrt{\pi\omega}} \tag{9-24}$$

如果两个候选簇头之间的距离小于 R，则其中一个选择成为普通节点。为了使剩余能量高，与基站距离近的候选簇头成为簇头，定义候选簇头优势函数：

$$g_{opt}(i) = \frac{E_{res}(i)}{E(i)} \times \frac{1}{d(i)_{toBS}^2} \tag{9-25}$$

簇建立过程如下：

（1）每个节点计算成为候选簇头的最佳概率 p_i^*。

（2）判断候选簇头 i 距离为 R 的范围内是否存在其他候选簇头 j，如果不存在，则候选簇头 i 宣布成为簇头；如果存在其他候选簇头 j，则计算 $g_{opt}(i)$ 和 $g_{opt}(j)$。

（3）比较 $g_{opt}(i)$ 和 $g_{opt}(j)$ 的大小，如果 $g_{opt}(i) > g_{opt}(j)$，则 i 宣布自己成为簇头；如果 $g_{opt}(i) < g_{opt}(j)$，则 j 宣布自己成为簇头；如果 $g_{opt}(i) = g_{opt}(j)$，则选择 ID 较小的候选簇头为簇头。

9.5.3　簇形成过程

簇头选择结束后，簇头向簇区内节点发送成簇消息，消息中包含簇头的 ID。簇区内普通节点收到簇头发送的成簇消息之后，返回簇头一个申请成为簇成员的消息，该消息包含普通节点 ID。当监测区域内所有节点都选择加入了簇，簇建立阶段结束。

9.5.4　稳定通信阶段

当簇建立阶段结束后，进入稳定通信阶段。簇头协调簇成员的数据传输，簇头建立 TDMA 的调度表将其发送给簇成员，以保证在传输数据时不会出现数据冲突。簇头收集簇成员的数据，进行数据融合，将融合后的数据包以单跳的方式传输给基站。

9.5.5　簇区更新机制

（1）当全网平均能量下降 $e\%$ 时，网络重新进行簇头选举。已经当选过簇头的节点将退出新一轮的簇头选举，直到所在簇区的节点都当选过簇头。同时参与博弈的总节点数应为节点总数减去当选过簇头的数目。

（2）以基站为极点，在监测范围内建立极坐标系，每个区域的极角大小为$\frac{2\pi}{\omega}$，当完成r次簇头选举之后，每个区域的极角增加$\frac{\pi}{\omega}$，进行簇区轮转，改变簇区位置，更换簇成员，这样可以使能量消耗过快的节点轮转到新的簇中，降低这些节点成为簇头的概率，从而延长节点寿命。

9.5.6　网络受到攻击

无线传感器网络面临的打击方式通常有两种：随机攻击和刻意攻击。随机攻击就是网络中的每一个节点以一个相同的概率遭受破坏，即网络节点是随机失效的[58]。刻意攻击就是按照一定的策略，对网络中的部分节点进行有选择的破坏[59]。

（1）随机攻击

在随机攻击策略下，从初始网络中随机选取传感器节点的比例为p^1，并将其状态设为s^1。

（2）刻意攻击

在最大程度攻击策略下，程度降序攻击传感器节点的比例为p^2，并将其状态设为s^2。

$$C_d(x) = \frac{h(x)}{N_m - 1} \tag{9-26}$$

式中，N_m为第m个簇的节点数，$h(x)$为节点x与其他$N_m - 1$个节点之间直接联系的数量。

在最大介数攻击策略下，介数降序攻击传感器节点的比例为p^3，并将其状态设为s^3。

$$C_c(x) = \frac{\sum\limits_{j \in N_m} g_j(x) / g_j}{N_m - 2} \tag{9-27}$$

式中，N_m为第m个簇的节点数，$g_j(x)$为节点j经过节点x到簇头的最短路径数，g_j为节点j到簇头的最短路径数。

9.6　仿真试验与结果分析

9.6.1　仿真参数初始化

在 PyCharm2019.3.3 上进行网络仿真试验，传感器节点随机部署在边长为 100m 的正方形区域内，节点数目 N 取值范围设置为 {800，900，1000，1100，1200}，节点下降度 e 取值范围设置为 {5%，10%，15%，20%，25%}，簇头选举次数 r 取值范围设置为 {1，2，3，4，5}，数据包长度 k 取值范围设置为 {2000，3000，4000，5000，6000}。传感器节点初始能量设置为 0.5J，射频能耗系数 E_{dec} 设置为 50nJ/bits，自由空间信道模型信号放大器功耗系数 ε_{fs} 设置为 $10\text{pJ} \cdot \text{bit}^{-1} \cdot \text{m}^{-2}$，多路径衰减信道模型信

号放大器功耗系数 ε_{mp} 设置为 $0.0013\mathrm{pJ} \cdot \mathrm{bit}^{-1} \cdot \mathrm{m}^{-4}$。初始化参数见表 9-2。

表 9-2　仿真试验参数初始化

参数	值
传感器节点初始能量（E_0）	0.5J
E_{elec}	50nJ/bits
ε_{fs}	$10\mathrm{pJ} \cdot \mathrm{bit}^{-1} \cdot \mathrm{m}^{-2}$
ε_{mp}	$0.0013\mathrm{pJ} \cdot \mathrm{bit}^{-1} \cdot \mathrm{m}^{-4}$
E_{aggr}	5nJ/（bit/message）
基站	（0，0）
试验面积	$100 \times 100 \ \mathrm{m}^2$
数据包大小 k	4000
节点数目 N	1000
e	10
r	5

仿真试验初始化之后，每个节点具有 0.5J 初始能量，设置网络受到 3 种不同的攻击，分别为：（1）网络受到随机攻击，p^1 取 10%，即网络有 20% 的节点受到攻击，节点受到攻击之后能量下降至 0.25J；（2）网络受到最大程度攻击，p^2 取 10%，即根据 C_d（x）降序排列节点，C_d（x）排列前 10% 的节点受到攻击，节点受到攻击之后能量下降至 0.25J；（3）节点受到最大介数攻击，p^3 取 10%，即根据 C_c（x）降序排列节点，C_c（x）排列前 10% 的节点受到攻击，节点受到攻击之后能量下降至 0.25J。获得 3 种攻击下网络平均剩余能量和抗毁度，对参数改变及不同攻击模式造成的网络平均剩余能量和抗毁度变化进行分析。

9.6.2　结果分析

（1）网络平均剩余能量

图 9-1 显示了参数 e 改变时，三种攻击下网络平均剩余能量的变化。在 e 取值不同时，最大程度攻击和最大介数攻击在通信后期均出现快速下降的情况。e 取值分别为 5、10、15、20 和 25 的情况下，最大程度攻击在通信轮数为 702、692、692、689 和 691 的平均剩余能量分别为 0.136J、0.132J、0.148J、0.135J 和 0.148J，在通信轮数分别大于 702、692、692、689 和 691 时，最大程度攻击的平均剩余能量出现快速下降现象。e 取值分别为 5、10、15、20 和 25 的情况下，最大介数攻击在通信轮数为 725、722、706、712 和 712 的平均剩余能量分别为 0.142J、0.145J、0.141J、0.148J 和 0.145J，最大介数攻击的平均剩余能量分别在通信轮数大于 725、722、706、712 和 712 时出现快速下降现象。e 取值为 5、10 和 20 时，在整个通信过程中，随机攻击的平均剩余能量大于最大程度攻击。在 e 取值分别为 5、10、15、20 和 25 的情况下，对比随机攻击和最大介数攻击的平均剩余能量，发现通信轮数分别在 [1，516] 区间、[1，512] 区间、[1，536] 区间、[1，665] 区间和 [1，494] 区间时，随机攻击的平均剩余能量大于最大介数攻击。在 e 取值分别为 5、10、15 和 20 的情况下，当通信轮数分别小于 316、334、332 和 410 时，最大程度攻击的平均剩余能量大于最大介数攻击，当通信轮数分别大于 316、334、332 和 410 时，最大程度攻击的平均剩余能量小于最大介数攻击。e 取值为 25 时，在整个通信过程中，最大介数攻击的平均剩余能量大于最大程度攻击。

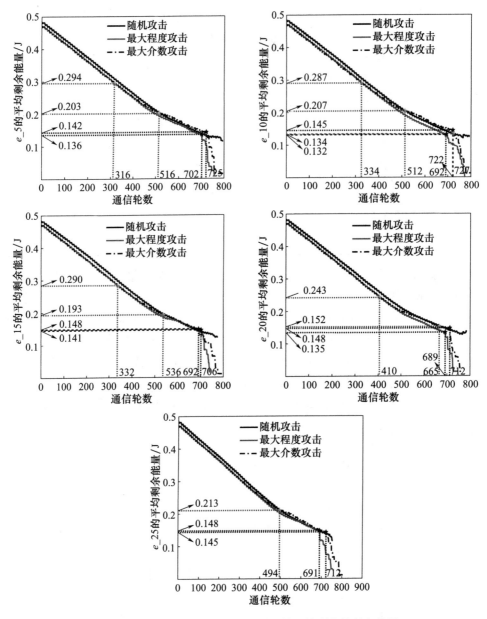

图 9-1　参数 e 改变时，三种攻击下网络平均剩余能量变化图

图 9-2 显示了参数 k 改变时，三种攻击下网络平均剩余能量的变化。在 k 取值不同时，最大程度攻击和最大介数攻击在通信后期均出现快速下降的情况。k 取值分别为2000、3000、4000、5000 和 6000 的情况下，最大程度攻击在通信轮数为 702、691、692、679 和 681 的平均剩余能量分别为 0.141J、0.148J、0.132J、0.141J 和 0.141J，在通信轮数分别大于 702、691、692、679 和 681 时，最大程度攻击的平均剩余能量出现快速下降现象。k 取值分别为 2000、3000、4000、5000 和 6000 的情况下，最大介数攻击在通信轮数为 702、671、722、712 和 735 的平均剩余能量分别为 0.148J、0.155J、0.145J、0.144J 和 0.144J，最大介数攻击的平均剩余能量分别在通信轮数大于 702、

671、722、712 和 735 时出现快速下降现象。k 取值为 4000、5000 和 6000 时，在整个通信过程中，随机攻击的平均剩余能量大于最大程度攻击。在 k 取值分别为 2000、3000、4000、5000 和 6000 的情况下，对比随机攻击和最大介数攻击的平均剩余能量，发现通信轮数分别在 [1，534] 区间、[1，530] 区间、[1，512] 区间、[1，694] 区间和 [1，530] 区间时，随机攻击的平均剩余能量大于最大介数攻击。k 取值为 5000 和 6000 时，在整个通信过程中，最大介数攻击的平均剩余能量大于最大程度攻击。

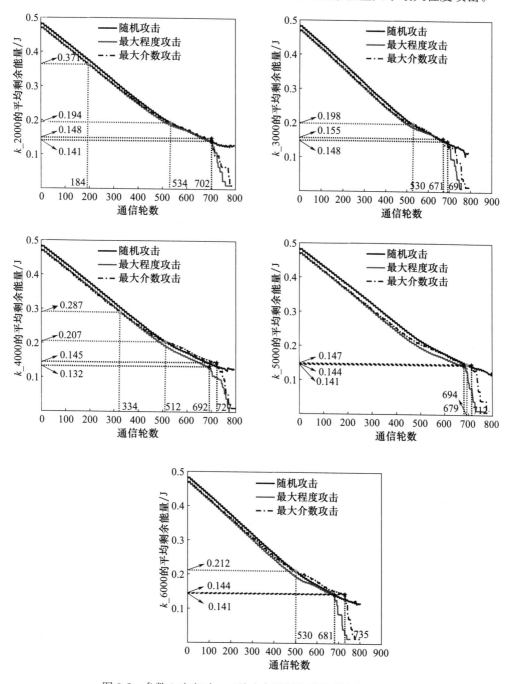

图 9-2 参数 k 改变时，三种攻击下网络平均剩余能量变化图

图 9-3 显示了参数 r 改变时，三种攻击下网络平均剩余能量的变化。在 r 取值不同时，最大程度攻击和最大介数攻击在通信后期均出现快速下降的情况。r 取值分别为 1、2、3、4 和 5 的情况下，最大程度攻击在通信轮数为 324、355、431、563 和 692 的平均剩余能量分别为 0.068J、0.100J、0.125J、0.141J 和 0.132J，在通信轮数分别大于 324、355、431、563 和 692 时，最大程度攻击的平均剩余能量出现快速下降现象。r 取值分别为 1、2、3、4 和 5 的情况下，最大介数攻击在通信轮数为 331、359、445、586 和 722 的平均剩余能量分别为 0.072J、0.115J、0.130J、0.134J 和 0.145J，在通信轮数分别大于 331、359、445、586 和 722 时，最大介数攻击的平均剩余能量出现快速下降现象。在 r 取值分别为 1、2、3 和 5 的情况下，对比随机攻击和最大介数攻击的平均剩余能量，发现通信轮数分别在 [253，337] 区间、[260，362] 区间、[270，458] 区间和 [512，727] 区间时，随机攻击的平均剩余能量小于最大介数攻击。r 取值为 3、4 和 5 时，在整个通信过程中，随机攻击的平均剩余能量大于最大程度攻击。r 取值为 4 时，在整个通信过程中，随机攻击的平均剩余能量大于最大介数攻击。r 取值为 1、2、3 时，在整个通信过程中，最大介数攻击的平均剩余能量大于最大程度攻击。

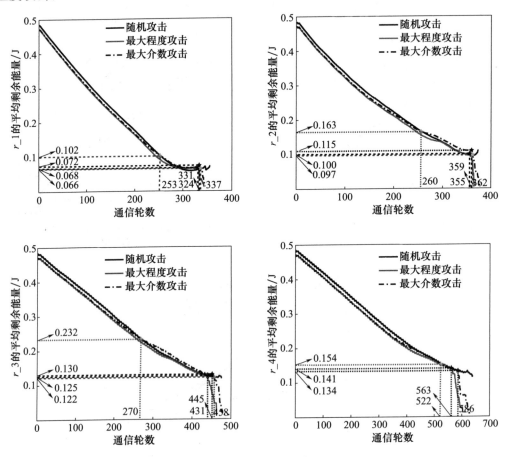

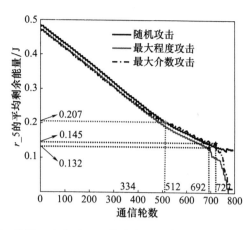

图 9-3　参数 r 改变时，三种攻击下网络平均剩余能量变化图

图 9-4 显示了参数 N 改变时，三种攻击下网络平均剩余能量的变化。在 N 取值不同时，最大程度攻击和最大介数攻击在通信后期均出现快速下降的情况。N 取值分别为 800、900、1000、1100 和 1200 的情况下，最大程度攻击在通信轮数为 553、622、692、762 和 815 的平均剩余能量分别为 0.134J、0.152J、0.132J、0.149J 和 0.153J，在通信轮数分别大于 553、622、692、762 和 815 时，最大程度攻击的平均剩余能量出现快速下降现象。N 取值分别为 800、900、1000、1100 和 1200 的情况下，最大介数攻击在通信轮数为 580、645、722、782 和 827 的平均剩余能量分别为 0.134J、0.146J、0.145J、0.146J 和 0.156J，最大介数攻击的平均剩余能量分别在通信轮数大于 580、645、722、782 和 827 时出现快速下降现象。在 N 取值分别为 800、900、1000、1100 和 1200 的情况下，通信轮数分别在 [1，421] 区间、[1，515] 区间、[1，512] 区间、[1，576] 区间和 [1，583] 区间时，随机攻击的平均剩余能量大于最大介数攻击。N 取值为 800 和 1000 时，在整个通信过程中，随机攻击的平均剩余能量大于最大程度攻击。N 取值为 800、1100、1200 时，在整个通信过程中，最大介数攻击的平均剩余能量大于最大程度攻击。

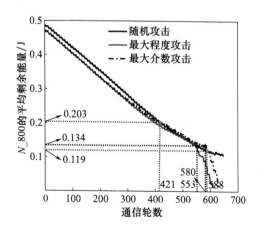

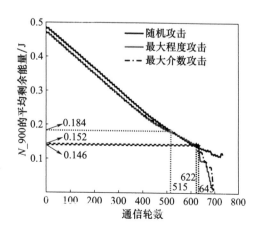

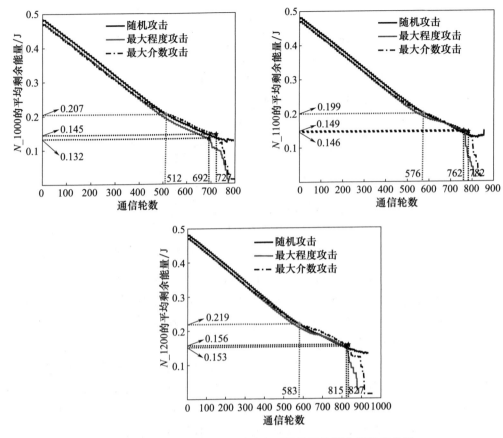

图 9-4　参数 N 改变时，三种攻击下网络平均剩余能量变化图

综上所述，在网络参数改变时，对三种攻击下网络平均剩余能量的变化进行了分析，发现随机攻击的平均剩余能量下降速度最慢，其次是最大介数攻击，最后是最大程度攻击。这一结果与最大程度攻击和最大介数攻击对网络能量造成的消耗大于随机攻击的观点一致，这是由于与一般节点相比，高度节点的相邻节点更多，经过高介数节点的最短路基数更多，这些节点在网络中的作用更加重要，最大介数攻击和最大程度攻击的攻击目标是网络中的重要节点，重要节点的缺失造成网络路由频繁重组，网络平均剩余能量下降速度加快。另外，平均剩余能量快速下降可能造成"网络黑洞"，因此，最大程度攻击和最大介数攻击平均剩余能量在通信轮数较大时，出现了快速下降的现象。

（2）网络抗毁度

图 9-5 显示了参数 e 改变时，三种攻击下网络抗毁度的变化。三种攻击的网络抗毁度均在通信轮数为 101 时达到最大值，最大程度攻击的抗毁度最大值高于最大介数攻击和随机攻击，最大介数攻击的抗毁度最大值高于随机攻击。当 e=5 时，最大程度攻击的抗毁度最大值（0.993J）最高；当 e=25 时，最大程度攻击的抗毁度最大值（0.990J）最低；当 e=25 时，最大介数攻击的抗毁度最大值为 0.963J，当 e=10 时，最大介数攻击的抗毁度最大值为 0.733J，前者高于后者 31.38%；当 e=15 时，随机攻击的抗毁度最大值（0.886J）高于 e=25 时随机攻击的抗毁度最大值（0.656J）的 35.06%。在参数 e 取值为 10、15、20 和 25 的情况下，当通信轮数为 400 时，最大程度攻击的抗毁度大于最大介数

攻击，且随机攻击的抗毁度最小。在 $e=5$ 的情况下，通信轮数为 400 时，最大介数攻击的抗毁度（0.350J）最大，最大程度攻击的抗毁度（0.339J）次之，随机攻击的抗毁度（0.313J）最小。在通信轮数为 400 的情况下，当 $e=10$ 时，最大程度攻击和最大介数攻击的抗毁度差值（0.116J）最大，最大程度攻击的抗毁度比最大介数攻击高 30.61%，最大程度攻击和随机攻击的抗毁度差值（0.132J）最大，最大程度攻击的抗毁度比随机攻击高 53.44%；当 $e=5$ 时，最大程度攻击和最大介数攻击的抗毁度差值（0.011J）最小，最大程度攻击的抗毁度比最大介数攻击低 3.24%，最大程度攻击和随机攻击的抗毁度差值（0.026J）最小，最大程度攻击的抗毁度比随机攻击高 8.31%。

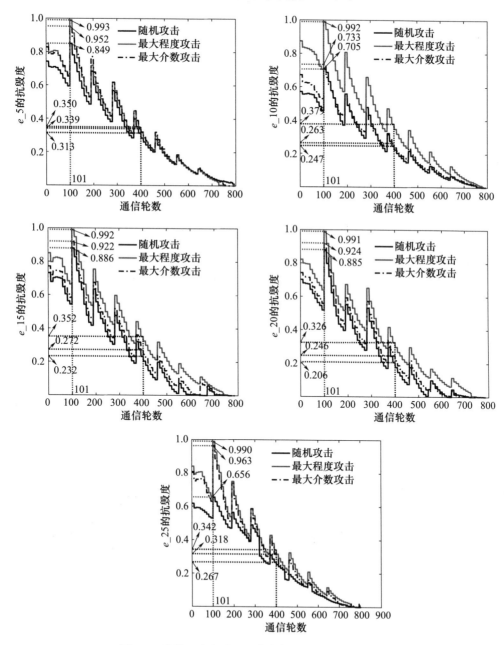

图 9-5　参数 e 改变时，三种攻击下网络抗毁度变化图

图 9-6 显示了参数 k 改变时，三种攻击下网络抗毁度的变化。三种攻击的网络抗毁度均在通信轮数为 101 时达到最大值，在三种攻击的抗毁度最大值比较中，发现最大程度攻击的抗毁度最高，最大介数攻击的抗毁度次之，随机攻击的抗毁度最低。当 $k=$ 6000 时，最大程度攻击的抗毁度最大值（0.995J）最高，当 k 取值为 2000 和 4000 时，最大程度攻击的抗毁度最大值（0.992J）相同。最大介数攻击的抗毁度最大值在 k 取值为 6000 和 2000 时分别为 0.759J 和 0.689J，前者高于后者 10.16%。当 $k=4000$ 时，随机攻击的抗毁度最大值（0.705J）相较于 $k=6000$ 时高 22.40%。当通信轮数为 400 时，最大程度攻击的抗毁度高于最大介数攻击和随机攻击，最大介数攻击的抗毁度高于随机攻击。在通信轮数为 400 的情况下，当 $k=2000$ 时，最大程度攻击和随机攻击的抗毁度差值（0.138J）最大，最大程度攻击的抗毁度比随机攻击高 64.19%；当 $k=5000$ 时，最大程度攻击和最大介数攻击的抗毁度差值（0.048J）最小，最大程度攻击的抗毁度比最大介数攻击高 15.69%，最大程度攻击和随机攻击的抗毁度差值（0.059J）最小，最大程度攻击的抗毁度比随机攻击高 23.89%。

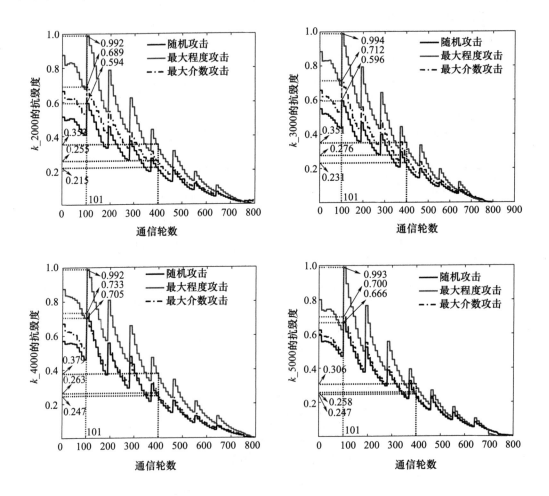

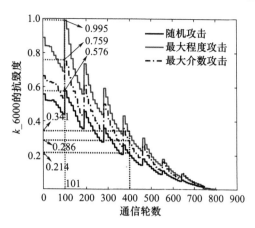

图 9-6　参数 k 改变时，三种攻击下网络抗毁度变化图

图 9-7 显示了参数 r 改变时，三种攻击下网络抗毁度的变化。当 r 取值为 1、3、4、5 时，三种攻击的网络抗毁度分别在通信轮数为 21、61、81、101 处达到最大值；当 r 取值为 2 时，随机攻击的网络抗毁度在通信轮数为 21 时达到最大值，最大程度攻击和最大介数攻击的网络抗毁度在通信轮数为 41 时达到最大值。当 r 取值为 2、3、5 时，对比三种攻击的抗毁度最大值，发现最大程度攻击的抗毁度高于最大介数攻击，随机攻击的抗毁度最低；当 r 取值为 1、4 时，对比三种攻击的抗毁度最大值，发现最大介数攻击的抗毁度最大，最大程度攻击的抗毁度次之，随机攻击的抗毁度最低。当 $r=3$ 时，最大程度攻击的抗毁度最大值（0.997J）最高，当 $r=5$ 时，最大程度攻击的抗毁度最大值（0.992J）最低。最大介数攻击的抗毁度最大值在 r 取值为 1 和 5 时分别为 0.994J 和 0.733J，前者高于后者 35.61%。当 $r=3$ 时，随机攻击的抗毁度最大值（0.851J）相较于 $r=5$ 时高 20.71%。在 r 取值为 2、3、4、5 的情况下，当通信轮数为 400 时，最大程度攻击的抗毁度高于最大介数攻击，随机攻击的抗毁度最低；在 $r=1$ 时，最大介数攻击的抗毁度高于最大程度攻击和随机攻击。在通信轮数为 400 的情况下，当 $r=2$ 时，最大程度攻击和随机攻击的抗毁度差值（0.248J）最大，最大程度攻击的抗毁度比随机攻击高 89.21%；当 $r=3$ 时，最大程度攻击和随机攻击的抗毁度差值（0.055J）最小，最大程度攻击的抗毁度比随机攻击高 16.08%；当 $r=4$ 时，最大程度攻击和最大介数攻击的抗毁度差值（0.002J）最小，最大程度攻击的抗毁度比最大介数攻击高 0.47%。

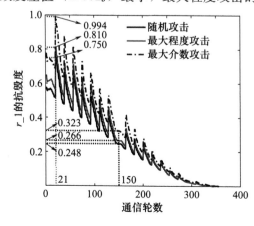 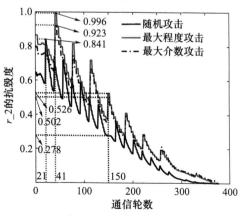

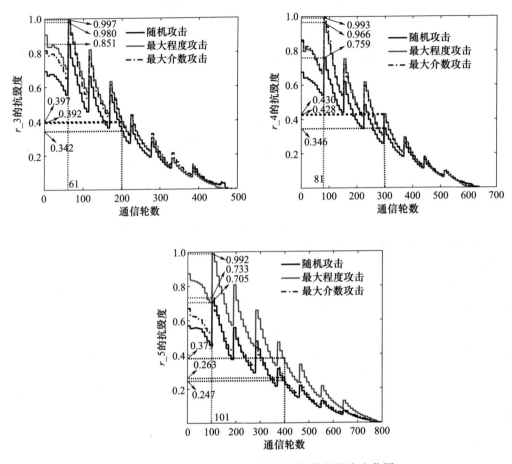

图 9-7　参数 r 改变时，三种攻击下网络抗毁度变化图

　　图 9-8 显示了参数 N 改变时，三种攻击下网络抗毁度的变化。三种攻击的网络抗毁度均在通信轮数为 101 时达到最大值，在三种攻击的抗毁度最大值比较中，发现最大程度攻击的抗毁度最高，最大介数攻击的抗毁度次之，随机攻击的抗毁度最低。当 $N=$ 1200 时，最大程度攻击的抗毁度最大值（0.997J）最高，当 N 取值为 800 和 1000 时，最大程度攻击的抗毁度最大值（0.992J）相同。最大介数攻击的抗毁度最大值在 N 取值为 1200 和 1000 时分别为 0.990J 和 0.733J，前者高于后者 35.06%。当 $N=1200$ 时，随机攻击的抗毁度最大值（0.822J）相较于 $N=800$ 时高 25.69%。当通信轮数为 400 时，对比三种攻击的抗毁度，最大程度攻击的抗毁度最高，最大介数攻击的抗毁度次之，随机攻击的抗毁度最小。在通信轮数为 400 的情况下，当 $N=1100$ 时，最大程度攻击和随机攻击的抗毁度差值（0.185J）最大，最大程度攻击的抗毁度比随机攻击高93.43%；当 $N=900$ 时，最大程度攻击和最大介数攻击的抗毁度差值（0.019J）最小，最大程度攻击的抗毁度比最大介数攻击高 6.38%，最大程度攻击和随机攻击的抗毁度差值（0.066J）最小，最大程度攻击的抗毁度比随机攻击高 28.45%。

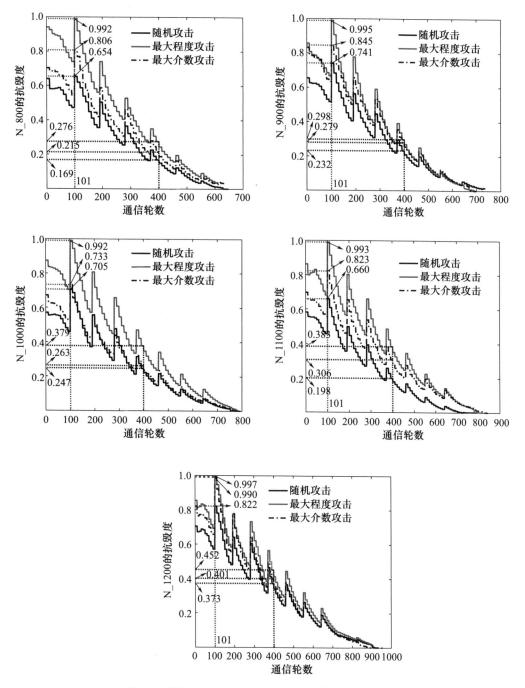

图 9-8　参数 N 改变时，三种攻击下网络抗毁度变化图

综上所述，在网络参数改变时，对三种攻击下网络抗毁度的变化进行了分析，发现最大程度攻击的抗毁度最高，最大介数攻击的抗毁度次之，随机攻击的抗毁度最低。这与无标度网络抵御随机攻击的能力更强不符，可能是在重要节点受到攻击之后，本章提出的基于剩余能量和抗毁度的簇头最佳概率，在簇头选取过程中选择了兼具提升抗毁度和均衡能耗的簇头，为后续的网络成簇及通信提供了最优策略。同时，簇区更新机制抑

制了高度节点和高介数节点失效造成的网络拓扑失效。吴俊等人发现，随着网络破坏程度的加剧，最大联通簇规模单调递减，平均最短路径数则先增加后减少，本章提出的抗毁度结合了基于最短路径数的抗毁度和基于联通度的抗毁度，抗毁度曲线呈现先上升再下降的趋势。另外，随着参数 r 的增大，通信轮数增加，这是由于簇头选举次数 r 决定簇区是否更新，簇区更新意味着网络需要重新组网，组网耗费能量较大，造成全网平均剩余能量显著下降。因此在参数 r 设置时要考虑网络簇区的轮转次数。

9.6.3 算法对比

图 9-9 显示了本书提出的 RPBIA（Routing protocol for balancing invulnerability and average residual energy）与 GEEC（Game theory based Energy Efficient Clustering routing protocol）、HGTD（Hybrid，Game Theory based and Distributed clustering protocol）、EEGC（Efficient energy-aware game theory-based clustering protocol）三种算法的平均剩余能量比较结果。RPBIA、GEEC、HGTD 和 EEGC 的通信轮数分别为816、727、676 和 762。当通信轮数为 400 时，RPBIA 的平均剩余能量分别高于 GEEC、HGTD、EEGC 三种算法 8.61%、18.35% 和 6.36%。RPBIA、GEEC、HGTD 和 EEGC 分别在通信轮数为 753、663、622 和 729 时出现迅速下降现象，此时，RPBIA、GEEC、HGTD 和 EEGC 对应的网络平均剩余能量分别为 0.131J、0.133J、0.127J 和 0.119J。在整个通信过程中，RPBIA 的平均剩余能量高于 GEEC、HGTD 和 EEGC。这是由于 GEEC、HGTD 和 EEGC 在簇头选择概率的计算过程中考虑因素过于单一，只注重网络能耗的对节点博弈均衡概率的影响，而 RPBIA 的簇头选择最佳概率是通过抗毁度和平均剩余能量共同决定的，保证了网络能耗和抗毁度的均衡，延长了网络寿命。

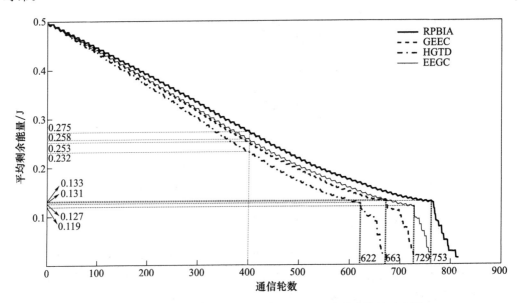

图 9-9 RPBIA 与 GEEC、HGTD、EEGC 平均剩余能量对比图

图 9-10 显示了本书提出的 RPBIA 与 GEEC、HGTD、EEGC 三种算法的抗毁度比较结果。当通信轮数为 101 时，RPBIA 与 GEEC、HGTD、EEGC 的抗毁度达到最大值，分别为 0.992、0.638、0.990 和 0.918。当通信轮数为 400 时，RPBIA 的抗毁度分别高于 GEEC、HGTD、EEGC 三种算法 77.56％、29.45％和 15.90％。当通信轮数在 ［1，101］ 时，HGTD 的抗毁度高于 RPBIA，当通信轮数在 ［101，676］ 时，RPBIA 的抗毁度高于 HGTD。当通信轮数在 ［1，260］ 时，HGTD 的抗毁度高于 EEGC，当通信轮数在 ［260，676］ 时，EEGC 的抗毁度高于 HGTD。当通信轮数在 ［1，590］ 时，HGTD 的抗毁度高于 GEEC，当通信轮数在 ［590，676］ 时，GEEC 的抗毁度高于 HGTD。上述分析发现 HGTD 的抗毁度在通信轮数较小时，高于 RPBIA、GEEC 和 EEGC，随着通信轮数的增加，HGTD 的抗毁度下降速度加快，逐渐低于 RPBIA、GEEC 和 EEGC。在整个通信过程中，RPBIA 的抗毁度高于 GEEC 和 EEGC，EEGC 抗毁度高于 GEEC。HGTD 在簇头选择过程中除了网络能耗外，还考虑了节点的度和到基站的距离，因此在通信轮数较小时，HGTD 的抗毁度相较于 RPBIA、GEEC 和 EEGC 更高。在整个通信过程中，RPBIA 的抗毁度高于 GEEC 和 EEGC，EEGC 抗毁度高于 GEEC。RPBIA 的节点通过抗毁度和剩余能量的博弈获得其最佳概率，提出候选簇头优势函数，避免一个簇区出现多个簇头，并提出簇区更新机制，使能量消耗过快的节点轮转到新的簇中。GEEC 仅考虑了网络能耗在簇头选择中的影响，EEGC 的簇头选择概率由博弈的均衡概率和节点剩余能量依赖函数决定，同时提出了避免相同数据重复传输的 CNRSE 方法。

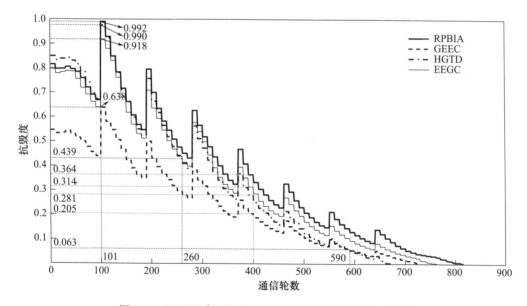

图 9-10　RPBIA 与 GEEC、HGTD、EEGC 抗毁度对比图

9.7　本章小结

本章提出了一种基于博弈论的路由方法，以平衡网络能耗，提升网络抗毁度。节点通过抗毁度和剩余能量的博弈获得其成为簇头的最佳概率，为避免一个簇区出现多个簇头，

提出候选簇头优势函数，为均衡网络能耗，将能量消耗过快的节点轮转到新的簇中，提出簇区更新机制。网络节点受到外界攻击（随机攻击、最大程度攻击、最大介数攻击）时，发现随着簇头选举次数 r 的增多，通信轮数显著增加。网络参数改变时，发现随机攻击的平均剩余能量下降速度最慢，其次是最大介数攻击，最后是最大程度攻击；最大程度攻击的抗毁度最高，最大介数攻击的抗毁度次之，随机攻击的抗毁度最低。

参考文献

[1] YU H，YANG J L，SUN Y X. Energy absorption of spider orb webs during prey capture：A mechanical analysis [J]. Journal of Bionic Engineering，2015，12（3）：453-463.

[2] 付丙闯. 基于非合作博弈的无线传感器网络路由协议研究 [D]. 新乡：河南师范大学，2012

[3] TIETSCH V，ALENCASTRE J，WITTE H，et al. Exploring the shock response of spider webs [J]. Journal of the mechanical behavior of biomedical materials，2016，56：1-5.

[4] QIN Z，COMPTON B G，LEWIS J A，et al. Structural optimization of 3D-printed synthetic spider webs for high strength [J]. Nature communications，2015，6（1）：1-7.

[5] 江冰，毛天，唐大卫，等. 基于农田无线传感网络的分簇路由算法 [J]. 农业工程学报，2017，33（16）：182-187.

[6] LIN D Y，WANG Q. A game theory based energy efficient clustering routing protocol for WSNs [J]. Wireless Networks，2017，23（4）：1101-1111.

[7] 白岩. 基于博弈论的无线传感器网络路由协议研究 [D]. 长春：吉林大学，2015

[8] 宋欢. 基于博弈论的无线传感器网络路由协议研究 [D]. 兰州：兰州交通大学，2018

[9] MISHRA M，PANIGRAHI C R，SARKAR J L，et al. Gecsa：A game theory based energy efficient cluster-head selection approach in wireless sensor networks [C] //2015 International Conference on Man and Machine Interfacing (MAMI). IEEE，2015：1-5.

[10] LIN D Y，WANG Q. An energy-efficient clustering algorithm combined game theory and dual-cluster-head mechanism for WSNs [J]. IEEE Access，2019，7：49894-49905.

[11] SATHIAN D，BASKARAN R，DHAVACHELVAN P. Lifetime enhancement by cluster head cooperative trustworthy energy efficient MIMO routing algorithm based on game theory for WSN [C] //2012 Third International Conference on Computing, Communication and Networking Technologies (ICCCNT'12). IEEE，2012：1-5.

[12] PATI B，SARKAR J L，PANIGRAHI C R. ECS：an energy-efficient approach to select cluster-head in wireless sensor networks [J]. Arabian Journal for Science and Engineering，2017，42（2）：669-676.

[13] YANG L，LU Y Z，XIONG L，et al. A game theoretic approach for balancing energy consumption in clustered wireless sensor networks [J]. Sensors，2017，17（11）：2654.

[14] ZHENG Z W，WU Z H，LIN H Z. Clustering routing algorithm using game-theoretic techniques for WSNs [C] //2004 IEEE International Symposium on Circuits and Systems (ISCAS). IEEE，2004，4：904.

[15] 尹翔，常丽萍，戴维超，等. 一种优化的基于博弈论的无线传感器网络区域分簇算法 [J]. 计算机科学，2017，44（03）：123-127.

[16] 孙庆中，余强，宋伟. 基于博弈论能耗均衡的 WSN 非均匀分簇路由协议 [J]. 计算机应用，

2014, 34 (11)：3164-3169.

[17]　李朋, 陶洋, 许湘扬, 等. 基于博弈论的无线传感器网络能耗均衡分簇协议 [J]. 计算机工程, 2018, 44 (12)：156-162.

[18]　WU X G, ZENG X P, FANG B. An efficient energy-aware and game-theory-based clustering protocol for wireless sensor networks [J]. IEICE Transactions on Communications, 2018, 101 (3)：709-722.

[19]　ZHAO X, ZHANG X, GUO H Y, et al. The inter-cluster routing algorithm in wireless sensor network based on the game theory [C] //2013 Fourth International Conference on Digital Manufacturing & Automation. IEEE, 2013：1477-1480.

[20]　HAO X C, LIU J S, YAO N, et al. Research of network capacity and transmission energy consumption in WSNs based on game theory [J]. 电子与信息学报, 2018, 40 (7)：1715-1722.

[21]　XING G L, CHEN Y M, HOU R, et al. Game-theory-based clustering scheme for energy balancing in underwater acoustic sensor networks [J]. IEEE Internet of Things Journal, 2021, 8 (11)：9005-9013..

[22]　THANDAPANI P, ARUNACHALAM M, SUNDARRAJ D. An energy-efficient clustering and multipath routing for mobile wireless sensor network using game theory [J]. International Journal of Communication Systems, 2020, 33 (7)：e4336.

[23]　MESHKATI F, GOLDSMITH A J, POOR H V, et al. A game-theoretic approach to energy-efficient modulation in CDMA networks with delay QoS constraints [J]. IEEE Journal on Selected Areas in Communications, 2007, 25 (6)：1069-1078.

[24]　FADLULLAH Z M, WEI C, SHI Z G, et al. GT-QoSec: A game-theoretic joint optimization of QoS and security for differentiated services in next generation heterogeneous networks [J]. IEEE Transactions on Wireless Communications, 2016, 16 (2)：1037-1050.

[25]　周浩. 提供 QoS 保障的无线多媒体传感器网络路由协议研究 [D]. 沈阳：东北大学, 2015.

第10章　田间试验

10.1　预试验

为保证路由试验进展顺利，预先对装置进行了功耗测试、通信距离测试及通信效果测试。

10.1.1　节点功耗测试

无线传感器网络对节点能耗要求较高，节点功耗决定了网络工作时长。本试验对普通节点和簇头节点工作时的功耗进行测试。在普通节点和簇头节点静态功耗测试中，将万用表调整至电流检测功能，测试电源正极和节点输入端之间的电流，在节点不同工作状态下记录电源输出电流。测试 100 组节点不同工作状态下的电流，取其平均值作为准确值进行计算。节点功耗测试表见表 10-1。

表 10-1　节点功耗测试表

节点类型	休眠状态（μA）	数据发送（mA）	数据接收（mA）	数据采集（mA）	其他（mA）
普通节点	24.35	35.21	19.99	46.91	—
簇头节点	28.62	39.84	23.43	—	75.98

电源容量为 Q_0，节点在一个周期内 t（s）的耗电量为 Q_t，可计算其工作时长 T 为普通节点在一个周期内的耗电量为：

$$Q_t^{CM} = \frac{24.35 \times 6.4 \times 10^{-3} + (35.21 + 19.99 + 46.91) \times 3.6}{3600} \approx 0.102 \text{mAh}$$

簇头节点在一个周期内的耗电量为：

$$Q_t^{CH} = \frac{28.62 \times 6.4 \times 10^{-3} + (39.84 + 23.43 + 75.98) \times 3.6}{3600} \approx 0.139 \text{mAh}$$

普通节点工作时长为：

$$T^{CM} = \frac{Q_0}{Q_t^{CM}} \times \frac{t}{3600} = \frac{1200}{0.102} \times \frac{10}{3600} = 32.68 \text{h}$$

簇头节点工作时长为：

$$T^{CH} = \frac{Q_0}{Q_t^{CH}} \times \frac{t}{3600} = \frac{1200}{0.139} \times \frac{10}{3600} = 23.98 \text{h}$$

式中，Q_0 为电池容量，Q_t^{CH} 为簇头节点一个周期内耗电量，Q_t^{CM} 为普通节点一个周期内耗电量，t 为周期，休眠时长 6.4s，工作时长 3.6s。理论上，在容量为 1200mAh 的 18650 锂电池电量充满状态下，簇头节点处于稳定工作状态下工作时长可达

23.98h，普通节点处于稳定工作状态下工作时长可达 32.68h，满足传感器试验期间的工作要求。

10.1.2　节点通信距离测试

为降低节点功耗，将节点发射功率配置为 3dBm，根据使用手册对应的传输距离为 70m，由于节点受田间环境影响，传输距离存在误差。为测试节点通信距离误差，定义节点传输距离和人工验证实际距离之间的绝对距离为传输距离误差 ε：

$$\varepsilon = |D - D'|$$

式中，D 为节点传输距离，D' 为人工验证实际距离。

为验证节点传输距离，在试验区域对节点进行静态和动态试验。簇头节点布置在试验区域中间，普通节点距离簇头节点任意方向 70m 处放置。静态试验时，将普通节点以 1m 的间隔在簇头和普通节点所在的直线上来回移动，每次移动保证普通节点与簇头通信 1min，若普通节点与簇头通信的丢包率小于 1%，则认为节点传输距离有效，记录实际传输距离，计算传输距离误差，否则重新移动普通节点位置。静态试验中随机选取 6 个方向，每个方向进行 10 次试验。动态试验时，在普通节点和簇头节点之间进行人为遮挡，移动普通节点位置，当普通节点与簇头节点通信的丢包率小于 1% 时，记录实际传输距离，计算传输距离误差。

表 10-2 显示了离群数据清洗前后节点传输距离误差的最小值、最大值、平均值、标准差和第 90 分位值。离群数据清洗前，6 个静态测试点的最小误差、最大误差、平均误差、标准差和第 90 分位误差的平均值分别为 0.13m，0.82m，0.31m，0.13m 和 0.46m。离群数据清洗可以降低传输距离误差，减少数据传输过程中产生的局部化错误，使数据分布均匀，同时不会丢失传输距离分析中的相关信息。应用离群数据清洗技术过滤掉约 3.6% 的离群数据，此时 6 个静态测试点的最小误差、最大误差、平均误差、标准差和第 90 分位误差的平均值分别为 0.13m，0.43m，0.28m，0.09m 和 0.40m。相比数据清洗前分别降低了 0m，0.39m，0.03m，0.04m 和 0.06m。离群数据清洗后，动态测试点的传输距离最大误差、平均误差、标准差和第 90 分位误差均比离群数据清洗前降低，最大误差降低 0.61m，平均误差降低 0.03m，误差标准差降低 0.05m，误差第 90 分位值降低 0.09m。动态测试点的传输距离最小误差在离群数据清洗前后未变化。

表 10-2　静态点和动态点的传输距离误差

测试点	数据清洗前误差（m）					数据清洗后误差（m）				
	Min	Mean	Max	Std	90th Perc	Min	Mean	Max	Std	90th Perc
静态点 1	0.10	0.29	0.82	0.12	0.49	0.10	0.26	0.46	0.11	0.41
静态点 2	0.21	0.35	1.04	0.14	0.50	0.21	0.33	0.47	0.07	0.45
静态点 3	0.11	0.33	0.77	0.18	0.43	0.11	0.28	0.44	0.10	0.40
静态点 4	0.11	0.29	0.68	0.11	0.47	0.11	0.26	0.40	0.09	0.39
静态点 5	0.13	0.28	0.84	0.11	0.45	0.13	0.26	0.39	0.08	0.37

测试点	数据清洗前误差（m）					数据清洗后误差（m）				
	Min	Mean	Max	Std	90th Perc	Min	Mean	Max	Std	90th Perc
静态点 6	0.12	0.30	0.74	0.10	0.43	0.12	0.28	0.42	0.08	0.38
动态点 7	0.15	0.51	1.44	0.23	0.79	0.15	0.48	0.83	0.18	0.70

10.1.3　通信效果测试

将试验区域划分为 20 个矩形栅格，取栅格中心点作为测试点，如图 10-1 所示。测试频率设定为 1Hz，每个测试点进行 1min 通信试验。簇头位于测试点处，成员随机部署在试验区域内，簇头向成员节点广播消息，收到广播后成员节点向簇头节点发送包含自身 ID 的测试数据包，簇头在广播消息时，自身触发一个传输定时器，在定时器设定时间内，簇头节点收到成员节点的测试包，则计作一次成功通信，记录 20 个测试点的通信成功率。簇头接收到的数据包通过无线传模块传输至电脑，为保证簇头与电脑之间的通信可靠性，数据包丢失时，簇头重新向电脑发送数据包，重发次数设置为 4 次，记录 20 个测试点处簇头向电脑传输数据的丢包率和延时。

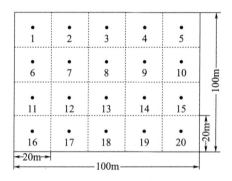

图 10-1　矩形栅格试验区域划分图

取 20 个测试点处簇头收发试验的平均通信成功率、最大通信成功率和最小通信成功率，绘制测试点通信成功率图，如图 10-2 所示，测试点的平均通信成功率最大值为 96.11%，最小值为 91.48%，平均值为 93.81%，在测试点 1、5、16、20 处，平均通信成功率较低（平均值为 91.71%），在测试点 7、8、9、12、13、14 处，平均通信成功率较高（平均值为 95.71%）。测试点的最大通信成功率平均值为 94.32%，在测试点 7 处最大通信成功率取得最大值 96.51，在测试点 15 处最大通信成功率取得最小值 91.94%。测试点的最小通信成功率平均值为 93.41%，在测试点 7 处最小通信成功率取得最大值 95.82%，在测试点 16 处最小通信成功率取得最小值 91.08%。在测试点处簇头与电脑通信的丢包率与延时如图 10-3 所示，电脑接收数据包数量为三组试验的平均值，簇头与电脑通信的最大丢包率为 9.13%，最小丢包率为 6.69%，平均丢包率为 7.74%，在测试点 7、8、9、12、13、14 处，丢包率较低（平均值为 6.82%），在测试点 1、5、16、20 处，丢包率较高（平均值为 9.10%）。簇头将数据传输至电脑的过程中发生延时，最大延时为 3.96ms，最小延时为 2.93ms，平均延时为 3.41ms。

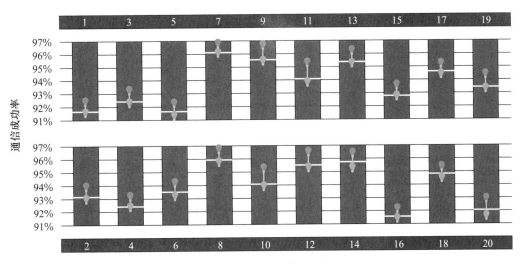

图 10-2 测试点通信成功率

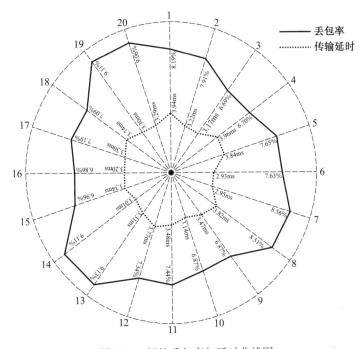

图 10-3 标签丢包率与延时曲线图

10.2 路由试验

10.2.1 试验方案

为检验本书提出的 MOOAPC 和 RPBIA 模型用于农田无线传感器网络部署的可行性，在试验农田分别开展了仿蛛网拓扑部署和分层分簇拓扑部署的无线传输试验，田间试验节点部署如图 10-4 所示。两种部署方案分别进行整网试验和破坏试验。试验器材主要包括 24 个普通节点、4 个簇头节点、1 个无线收发器（WSN-02）和 1 台笔记本电脑，笔记本电脑通过无线收发器接收节点发送的数据包。簇头节点采用顺舟科技公司的无线数据传输设备（SZ11-ZIGBEE），普通节点采用顺舟科技公司的无线数据采集设备（SZ06，具有 DS18B20 温度采集、DHT21 温湿度采集端口）。节点具有位置感知功能，能够记录数据收发的跳数。普通节点和簇头节点布置在距离地面 1m 高的支架上，节点发射功率配置为 3dBm，波特率设置为 38400，通信频率设置为 1Hz。试验在开元校区麦田中进行，试验时间为 2022 年 4 月 9 日至 2022 年 4 月 13 日（09：00－18：00），根据节点功耗测试结果，簇头节点处于稳定工作状态下工作时长可达 23.98h，普通节点处于稳定工作状态下工作时长可达 32.68h，为保证试验有序进行，满足传感器试验期间的工作要求，每两天对电池进行一次充电。

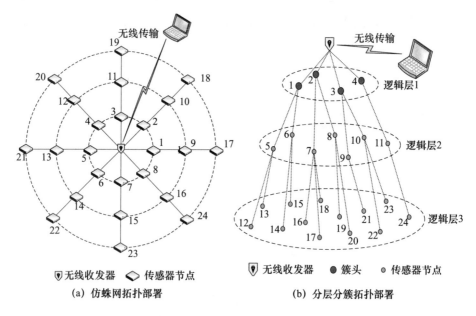

(a) 仿蛛网拓扑部署　　　　　　　　(b) 分层分簇拓扑部署

(c) 数据接收界面

(d) 田间试验设备

图 10-4　试验设备及方案

　　仿蛛网拓扑结构中节点 1～8、9～16、17～24 分别位于网络 1～3 层中，分层分簇拓扑结构中节点 1～4、5～11、12～24 分别位于网络 1～3 层中，相邻节点距离部署为 70m。网络未受到破坏时，进行组网试验和数据采集，每种部署方案进行 4h 试验，记录两种部署下的延迟、丢包率及节点将数据发送至簇头的跳数。进行网络破坏试验时，仿蛛网拓扑结构中分别破坏处于第 1 层的 1、3、5、7 节点，第 2 层的 10、12、14、16 节点，第三层的 17、19、21、23 节点。分层分簇拓扑结构中分别破坏处于第 1 层的 1、3 节点，第 2 层的 5、7、9、11 节点，第三层的 12、14、16、18、20、22、24 节点。两种部署方案的每层破坏试验分别进行 4h，记录两种部署下的延迟时间、丢包率及节点将数据发送至簇头的跳数。

10.2.2　试验结果

表 10-3 显示 2 种田间部署下不同试验对应的节点能耗。整网测定节点能耗时，仿蛛网拓扑部署的第 1 层节点每小时平均能耗（50.18mAh）相较于分层分簇拓扑部署的第 1 层节点每小时平均能耗（51.21mAh）低 1.03mAh。类似地，仿蛛网拓扑部署第 2、3 层节点每小时平均能耗分别低于分层分簇拓扑部署的 0.62mAh 和 0.0051mAh。对比两种部署方案的第 1、2、3 层节点每小时平均能耗，发现第 1 层节点能耗高于第 2 层节点，且第 3 层节点平均能耗最低。在整网试验中，仿蛛网拓扑的第 1 层节点每小时平均能耗（50.18mAh）与分层分簇拓扑部署的第 1 层节点每小时平均能耗（51.21mAh）分别比节点功耗测试中簇头节点每小时能耗（50.04mAh）高 0.14mAh 和 1.17mAh。同样地，仿蛛网拓扑和分层分簇拓扑第 2 层节点每小时平均能耗分别高于节点功耗测试中普通节点的 2.16mAh 和 2.78mAh，仿蛛网拓扑和分层分簇拓扑第 3 层节点每小时平均能耗分别高于节点功耗测试中普通节点的 0.029mAh 和 0.034mAh。仿蛛网拓扑节点实际能耗和理论能耗的差异比分层分簇拓扑节点实际能耗和理论能耗的差异小。

表 10-3　不同部署方案下节点能耗

部署 节点	仿蛛网拓扑节点能耗（mAh）				分层分簇拓扑节点能耗（mAh）			
	整网	破坏第 1 层节点	破坏第 2 层节点	破坏第 3 层节点	整网	破坏第 1 层节点	破坏第 2 层节点	破坏第 3 层节点
1	50.14	—	50.55	50.65	51.59	—	52.15	51.06
2	50.28	52.56	50.62	50.53	51.62	55.03	52.2	51.1
3	50.12	—	50.58	50.64	51.53	—	52.16	51.08
4	50.23	52.65	50.66	50.55	50.1	54.92	52.17	39.75
5	50.14	—	50.55	50.68	39.58	39.77	—	38.8
6	50.19	52.58	50.65	50.53	39.55	39.76	39.87	38.96
7	50.13	—	50.53	50.64	39.65	39.65	—	39.01
8	50.18	52.61	50.6	50.56	39.56	39.69	39.92	38.93
9	38.84	39.48	39.75	39.32	39.48	39.71	—	38.79
10	38.79	39.45	—	39.36	39.55	39.65	39.85	38.79
11	39.02	39.48	39.68	39.4	39.13	39.65	—	38.86
12	38.92	39.4	—	39.32	36.72	36.68	36.95	—
13	38.93	39.49	39.72	39.35	36.73	36.75	36.79	36.77

部署节点	仿蛛网拓扑节点能耗（mAh）				分层分簇拓扑节点能耗（mAh）			
	整网	破坏第1层节点	破坏第2层节点	破坏第3层节点	整网	破坏第1层节点	破坏第2层节点	破坏第3层节点
14	38.86	39.4	—	39.4	36.75	36.77	36.89	—
15	38.79	39.45	39.77	39.33	36.77	36.69	36.89	36.78
16	38.86	39.43	—	39.37	36.75	36.77	36.85	—
17	36.77	37.06	36.73	—	36.79	36.69	36.84	36.83
18	36.75	36.92	36.98	36.76	36.69	36.69	36.83	—
19	36.69	37.06	36.85	—	36.72	36.68	37.06	36.73
20	36.72	36.91	36.9	36.86	36.77	36.72	36.91	—
21	36.79	37	36.79	—	36.8	36.75	36.85	36.79
22	36.75	36.85	36.94	36.9	36.75	36.74	36.85	—
23	36.75	37.04	36.84	—	36.77	36.74	36.89	37.83
24	36.77	36.89	36.91	36.83	36.79	36.75	36.79	—

在仿蛛网拓扑部署方案下，当第1层部分节点失效时，1、2层节点每小时平均能耗相较于整网分别升高了8.81%和4.04%，第3层节点能耗几乎不变。在分层分簇拓扑部署方案下，当第1层部分节点失效时，1、2层节点每小时平均能耗相较于整网分别升高了7.35%和3.03%，第3层节点能耗几乎不变。这是由于第1层节点失效导致了第1层节点需要承担更多的通信任务，且第2层节点向第1层节点发送数据时通信距离增加，而第3层节点几乎不受影响。在仿蛛网拓扑部署方案下，当第2层部分节点失效时，1、2层节点每小时平均能耗相较于整网分别升高了0.83%和9.91%。在分层分簇拓扑部署方案下，当第2层部分节点失效时，1、2层节点每小时平均能耗相较于整网分别升高了1.87%和8.56%。此时，第1、3层节点几乎不受影响，而第2层节点需要承担更多的通信任务，节点每小时平均能耗相较于全网显著增加。在仿蛛网拓扑部署方案下，当第3层部分节点失效时，整网每小时平均能耗高于1、2层节点0.06%和1.36%。在分层分簇拓扑部署方案下，当第3层部分节点失效时，整网每小时平均能耗高于1、2层节点6.14%和1.60%。第3层节点失效对1、2节点能量损耗影响较小，第3层节点失效导致了1、2层节点承担的通信任务下降，因此与整网相比，1、2层节点平均每小时能耗降低。

试验结果表明，两种网络部署方案在整网试验时的能耗差异较小。在破坏试验时，仿蛛网拓扑能够利用备用链路进行同层数据传输，将数据沿径向链路发送，每层节点的能耗增长速度较慢。在破坏试验中，分层分簇拓扑点发生故障导致了数据传输跳数和传输距离增加，进而使每层节点的能耗相较于整网显著增多。因此，仿蛛网部署具有更优的网络抗毁与节能性能。

表10-4显示两种田间部署下不同试验对应的节点丢包率。整网测定节点丢包率时，分层分簇拓扑部署的第1、2层节点平均丢包率分别高于仿蛛网拓扑部署的第1、2层节点平均丢包率3.12%和11.49%。分层分簇拓扑部署与仿蛛网拓扑部署第3层节点平均

丢包率相同（都为 3.74％）。对比 2 种部署方案的第 1、2、3 层节点平均丢包率，发现第 1 层节点丢包率最高，第 3 层节点丢包率次之，第 2 层节点丢包率最低。这是由于第 1 层节点将数据通过无线收发器传输至电脑，传输距离的增加牺牲了通信成功率，在未来的试验中可以通过增大节点的发射功率或者添加中继节点的方式来降低丢包率。第 3 层节点距离簇头较远，相比于第 2 层节点，丢包率更高。

表 10-4　不同部署方案下节点丢包率

部署节点	仿蛛网拓扑节点丢包率（％）				分层分簇拓扑节点丢包率（％）			
	整网	破坏第1层节点	破坏第2层节点	破坏第3层节点	整网	破坏第1层节点	破坏第2层节点	破坏第3层节点
1	3.92	—	3.92	3.92	4.09	—	3.98	3.96
2	3.95	4.47	3.89	3.9	4.02	4.52	3.92	3.98
3	3.92	—	3.85	3.88	4.03	—	3.96	3.95
4	3.9	4.43	3.91	3.85	4.05	4.52	3.96	3.96
5	3.92	—	3.89	3.85	3.54	3.55	—	3.88
6	3.94	4.41	3.89	3.91	3.52	3.56	3.77	3.89
7	3.94	—	3.91	3.9	3.63	3.62	—	3.91
8	3.91	4.45	3.94	3.93	3.55	3.59	3.76	3.89
9	3.15	3.46	3.75	3.55	3.47	3.61	—	3.87
10	3.21	3.45	—	3.62	3.52	3.6	3.71	3.87
11	3.12	3.48	3.68	3.58	3.5	3.59	—	3.86
12	3.23	3.44	—	3.66	3.71	4.06	4.91	—
13	3.14	3.46	3.72	3.55	3.73	4.13	4.88	3.07
14	3.19	3.42	—	3.65	3.76	4.15	4.75	—
15	3.13	3.45	3.77	3.53	3.76	4.07	4.65	3.18
16	3.18	3.43	—	3.6	3.75	4.15	4.81	—
17	3.75	4.06	4.73	—	3.77	4.07	4.7	3.13
18	3.75	3.92	4.98	3.15	3.7	4.07	4.9	—
19	3.69	4.06	4.85	—	3.72	4.06	4.82	3.16
20	3.72	3.91	4.9	3.15	3.77	4.1	4.87	—
21	3.79	4.01	4.79	—	3.79	4.13	4.71	3.19
22	3.75	3.85	4.94	3.13	3.72	4.12	4.83	—
23	3.73	4.04	4.84	—	3.72	4.12	4.86	3.17
24	3.77	3.89	4.91	3.14	3.75	4.13	4.85	—

在仿蛛网拓扑部署方案下，当第 1 层部分节点失效时，第 1、2、3 层节点平均丢包率相较于整网分别升高了 13.12％、8.84％和 5.98％。当第 2 层部分节点失效时，第 1 层节点平均丢包率与整网相比变化不大，第 2、3 层节点平均丢包率相较于整网分别升高了 17.71％和 30.02％。当第 3 层部分节点失效时，第 1 层节点平均丢包率与整网相

比变化不大，第2层节点平均丢包率相较于整网降低了11.80%，第3层节点平均丢包率相较于整网升高了19.13%。在分层分簇拓扑部署方案下，当第1层部分节点失效时，第1、2、3层节点平均丢包率相较于整网分别升高了11.67%、1.58%和9.68%。当第2层部分节点失效时，第1层节点平均丢包率相较于整网降低了2.29%，第2、3层节点平均丢包率相较于整网分别升高了6.05%和28.55%。当第3层部分节点失效时，第1、3层节点平均丢包率相较于整网分别升高了2.15%和18.80%，第2层节点平均丢包率相较于整网降低了8.98%。

试验结果表明，两种网络部署方案在整网试验和破坏试验中，仿蛛网拓扑的平均丢包率均低于分层分簇拓扑，因此，仿蛛网拓扑更适用于农田部署。

表10-5显示了两种田间部署下不同试验对应的节点延时。整网测定节点延时，分层分簇拓扑部署的第1层节点平均延时高于仿蛛网拓扑部署的第1层节点平均延时7.85%，分层分簇拓扑部署的第2、3层节点平均延时分别低于仿蛛网拓扑部署的第2、3层节点平均延时0.43%和0.21%。对比两种部署方案的第1、2、3层节点平均丢包率，发现第1层节点延时最短，第2层节点延时次之，第3层节点延时最长。仿蛛网拓扑第1层节点多于分层分簇拓扑，在第2、3层节点数据向第1层节点传输过程中，仿蛛网拓扑不易发生通道拥堵，数据的传输速率高于分层分簇拓扑，而第1层节点向电脑传输数据时，分层分簇拓扑的传输速率则高于仿蛛网拓扑。

在仿蛛网拓扑部署方案下，当第1层部分节点失效时，第1、2、3层节点平均延时相较于整网分别升高了7.18%、11.76%和6.48%。当第2层部分节点失效时，第1、3层节点平均延时与整网相比变化不大，第2层节点平均延时相较于整网升高了11.76%。当第3层部分节点失效时，第2层节点平均延时相较于整网升高了1.52%。在分层分簇拓扑部署方案下，当第1层部分节点失效时，第1、2、3层节点平均延时相较于整网分别升高了5.58%、4.92%和6.55%。当第2层部分节点失效时，第1、2、3层节点平均延时相较于整网分别升高了3.66%、14.20%和7.03%。当第3层部分节点失效时，第1、2层节点平均延时相较于整网分别升高了8.32%和1.52%。

试验结果表明，两种网络部署方案在整网试验和破坏试验中，仿蛛网拓扑的平均延时均比分层分簇拓扑短，因此，仿蛛网拓扑更适用于农田部署。

表10-5 不同部署方案下节点延时

部署	仿蛛网拓扑节点延时（ms）				分层分簇拓扑节点延时（ms）			
节点	整网	破坏第1层节点	破坏第2层节点	破坏第3层节点	整网	破坏第1层节点	破坏第2层节点	破坏第3层节点
1	5.13	—	5.52	5.17	5.59	—	5.83	5.16
2	5.25	5.86	5.59	5.15	5.61	5.9	5.82	5.18
3	5.16	—	5.55	5.16	5.57	—	5.76	5.18
4	5.22	5.95	5.63	5.17	5.62	5.92	5.8	5.15
5	5.19	—	5.52	5.2	6.83	7.26	—	6.7
6	5.18	5.86	5.62	5.15	6.85	7.25	7.87	6.86
7	5.22	—	5.5	5.16	6.9	7.24	—	6.91

续表

部署	仿蛛网拓扑节点延时（ms）				分层分簇拓扑节点延时（ms）			
节点	整网	破坏第1层节点	破坏第2层节点	破坏第3层节点	整网	破坏第1层节点	破坏第2层节点	破坏第3层节点
8	5.17	5.93	5.57	5.18	6.88	7.18	7.85	6.83
9	6.85	7.25	7.74	6.77	6.93	7.2	—	6.69
10	6.87	7.22	—	6.81	6.89	7.22	7.85	6.69
11	7.02	7.25	7.68	6.85	6.88	7.18	—	6.76
12	6.92	7.17	—	6.77	8.24	8.73	8.77	—
13	6.93	7.26	7.72	6.8	8.28	8.8	8.84	8.31
14	6.86	7.17	—	6.85	8.18	8.82	8.86	—
15	6.95	7.22	7.75	6.78	8.27	8.74	8.78	8.28
16	6.88	7.2	—	6.82	8.24	8.82	8.86	—
17	8.26	8.74	8.71	—	8.23	8.74	8.78	8.3
18	8.25	8.6	8.76	8.27	8.22	8.74	8.78	—
19	8.2	8.74	8.83	—	8.35	8.73	8.77	8.31
20	8.23	8.59	8.84	8.29	8.2	8.77	8.81	—
21	8.27	8.68	8.77	—	8.14	8.8	8.84	8.28
22	8.28	8.53	8.72	8.29	8.25	8.79	8.83	—
23	8.26	8.72	8.82	—	8.18	8.79	8.83	8.27
24	8.27	8.57	8.85	8.31	8.28	8.8	8.84	—

表 10-6 显示了两种田间部署下不同试验对应节点的跳数。整网试验时，发现仿蛛网拓扑和分层分簇拓扑第 1、2、3 层跳数相同，分别为 0、1、2。破坏试验时，仿蛛网拓扑遭受破坏的节点层跳数相较于整网不变，与损坏节点直接相连的下一层节点跳数相较于整网增加。破坏试验时，分层分簇拓扑每层节点跳数与整网保持一致。分层分簇拓扑节点遭到破坏时，同层存活节点承担的任务剧增，对应的能耗、丢包率和延时相较于仿蛛网拓扑更高，分层分簇拓扑第 1 层节点会更快死亡，易出现网络能量黑洞现象，网络抗毁性较低。仿蛛网拓扑网络冗余度高，在网络受到攻击时，节点数据传输可供选择的路径更多，对抑制网络丢包率和延时、提升网络抗毁度有效。

表 10-6　两种不同部署方案下节点跳数

部署	仿蛛网拓扑节点跳数				分层分簇拓扑节点跳数			
节点	整网	破坏第1层节点	破坏第2层节点	破坏第3层节点	整网	破坏第1层节点	破坏第2层节点	破坏第3层节点
1	0	—	0	0	0	—	0	0
2	0	0	0	0	0	0	0	0
3	0	—	0	0	0	—	0	0
4	0	0	0	0	0	0	0	0

部署	仿蛛网拓扑节点跳数				分层分簇拓扑节点跳数			
节点	整网	破坏第1层节点	破坏第2层节点	破坏第3层节点	整网	破坏第1层节点	破坏第2层节点	破坏第3层节点
5	0	—	0	0	1	1	—	1
6	0	0	0	0	1	1	1	1
7	0	—	0	0	1	1	—	1
8	0	0	1	1	1	1	1	1
9	1	2	1	1	1	1	1	1
10	1	1	—	1	1	1	1	1
11	1	2	1	1	1	1	—	1
12	1	1	—	1	2	2	2	—
13	1	2	1	1	2	2	2	2
14	1	1	—	1	2	2	2	—
15	1	2	1	1	2	2	2	2
16	1	1	—	1	2	2	2	—
17	2	3	2	—	2	2	2	2
18	2	2	3	2	2	2	2	—
19	2	3	2	—	2	2	2	2
20	2	2	3	2	2	2		
21	2	3	2	—	2	2	2	2
22	2	2	3	—	2	2	2	—
23	2	3	2	—	2	2	2	2
24	2	2	3	2	2	2	2	—

10.3 总 结

农田环境复杂、作物特征多变对专用无线传感器网络的抗毁性提出了更高要求，创建强适应性网络原型系统，突破链路层和网络层的跨层协同优化机制，是实现这一要求的根本途径。蛛网的多径性、自愈性，为农田无线传感器网络构建与抗毁性提升提供了有益借鉴。本书对蛛网进行结构和信息传输方式分析，研究抗毁特性机理，构建具有高抗毁性拓扑结构和路由传输特点的人工蛛网模型；以联通度、成本、功耗和可靠性综合最优为约束条件，探寻抗毁性能驱动条件下的静动态拓扑管理机制；提出路由抗毁度综合评判算法，利用多目标优化方法寻求跳数、能耗和网络负载均衡能力之间的最佳平衡，探明局部重构容错的动态分层路由控制策略。研究成果将改善农田无线传感器网络的抗毁性能，也为其他计算机网络、无线通信网络的抗毁性研究提供技术支撑。主要研究成果如下：

（1）蛛网结构特性对 FWSNs 的抗毁性启示

通过探究蛛网承受猎物冲击载荷作用的力学特性，解析振动信息的形成及传输过程。提出一种基于 3D 打印的螺旋式人工蛛网及配套的振动测试试验装置，用于研究给定激励条件下蛛网的振动信息传输规律。利用高速摄影系统记录与分析振动影像，采用峰峰值表征振动强度，分别研究完整和破坏情况下人工蛛网的振动表现。结果表明人工蛛网从内到外各层纵向振动延时增加、振幅逐层衰减，纵向方向相较横向方向承担更多的振动传输任务，比较分析了人工蛛网振动特征与有中心分层无线传感器网络的相似性，揭示了蛛网独特结构所具有的振动传输规律，能为无线传感器网络抗毁性研究提供一种全新的分析方法。

（2）人工蛛网网络模型在传输性能方面具有抗毁性

通过建立人工蛛网网络拓扑模型，利用中心节点、蛛网层数、单层节点总数等参数描述网络拓扑结构，采用吞吐量和端到端延时两个参数分析链路、节点破坏时对网络传输性能的影响，对人工蛛网网络拓扑性能进行量化研究，进而总结人工蛛网模型链路、节点重要性分布规律。结果表明，部分链路破坏时，相邻节点信息可通过弦链、辐链传输到中心节点；破坏同层链路、节点时，相邻链路和节点数量越多，网络模型端到端延时时间越长；破坏内层链路、节点时对网络端到端延时影响远大于破坏外层的影响。

（3）有效评判各网络组件的抗毁性权重占比

以圆形蛛网为研究对象，提取蛛网形态与结构特征，统计分析蛛网的结构数据，寻求结构特征参数和整体分布规律，建立蛛网结构模型。解析结构特征与抗毁性之间的关联机制，建立约束性数学方程优化蛛网结构，提出基于节点平均路径数和节点、链路平均使用次数的人工蛛网模型抗毁性量化指标，用于评测失效网络组件的全网影响度和权重。仿真试验表明，所提指标可有效量化评价不同规格人工蛛网模型的抗毁性，测评各网络组件的抗毁性权重占比，其中，节点、弦链、辐链权重占比分别为 50%、39.44%、10.56%。此外，与传统抗毁性量化指标相比，提出的指标具有精准量化度高、算法复杂度低的优势。

（4）所提方法能显著提高级联故障抗毁性

在对人工蛛网核心拓扑结构分析的基础上，总结提取蛛网核心结构单元并进行结构抗级联故障特征属性分析，表明蛛网特殊的分层结构及节点分布规律在抗级联故障方面具有卓越优势。继而提出贴合仿蛛网模型的负载容量模型及流量分配机制。仿真结果表明，该模型及流量分配机制在网络受损后，有效节点占比和网络效率比均为完整网时的90%以上，具有极强的稳定性，且在少量节点损坏情况下，仿真轮数下降幅度较小，可达完整网时的 70% 左右，表明提出的模型及方法在应对 FWSNs 级联故障时具有显著效果。

（5）抗毁旋转路由协议开发

通过建立仿蛛网无线传感器网络拓扑结构模型，提出可调半径系数 ε 来改变网络的规格、分簇的规格；设置簇头候选区分区数可调参数 Z、簇头候选区角度可调参数 α、簇头候选区旋转角可调参数 β 来促进分区的合理性及能量消耗的均衡性。同时，基于节点剩余能量因子和距离因子引入簇头选举因子调节系数 x，通过调整 x 值可寻得一条最佳的数据传输路径。最终建立的仿蛛网分层分簇拓扑结构的旋转路由能量均衡协议（CHRERP）能有效均衡网络能耗，延长网络寿命，提升网络的抗毁性能。

（6）抗毁拓扑结构研究

将层次路由与蛛网结合起来，设计网络分簇方法和通信协议，建立仿蛛网分层分簇模型，解析结构特征与网络抗毁性和全网平均剩余能量之间的关联机制，发现全网抗毁度和全网平均剩余能量服从正态分布，说明数据主要受到内部网络参数变化的影响，具有集中性、对称性和均匀变动性的特征，全网抗毁度和全网平均剩余能量满足方差齐性反映了数据与平均值的偏离程度小。量化分析各网络模型参数的重要性程度，获得网络模型参数对全网抗毁度影响的顺序为：z、n、G_{cr}、m、L，对全网平均剩余能量影响的顺序为：L、G_{cr}、n、z、m。

（7）网络模型参数优化研究

用正态性检验、方差齐性检验和多因素方差分析等统计学方法对网络模型参数变化引起的网络演变过程进行分析，发现增加 L、m 和 N，降低 G_{cr} 和 Z 有利于均衡网络能耗，延长网络寿命。利用 logistic 回归算法构造优化目标函数 $f_1(x)$ 和 $f_2(x)$，并根据不同网络模型参数对网络性能的影响程度计算约束条件的权重，利用 NSGA-II 多目标优化算法进行网络参数优化。获得全网抗毁度和平均剩余能量对应的优化网络参数，$L' = 6$，$m' = 20$，$G_{cr}' = 4$，$z' = 4$ 和 $n' = 1100$。提出的方法可以提高仿蛛网分层分簇模型在服务质量和能量约束下的性能。

（8）基于博弈论的路由方法研究

提出了一种基于博弈论的路由方法，节点通过抗毁度和剩余能量的博弈获得其成为簇头最佳概率，为避免一个簇区出现多个簇头，提出候选簇头优势函数，为均衡网络能耗，将能量消耗过快的节点轮转到新的簇中，提出簇区更新机制。网络节点受到外界攻击时，发现随着簇头选举次数 r 的增大，通信轮数显著增加。网络参数改变时，发现随机攻击的平均剩余能量下降速度最慢，其次是最大介数攻击，最后是最大程度攻击；最大程度攻击的抗毁度最高，最大介数攻击的抗毁度次之，随机攻击的抗毁度最低。然后对 LEACH 协议、I-LEACH 协议、EEUC 和 CHRERP 协议进行仿真比较，主要从网络仿真轮数和网络能量消耗两方面进行比较，以此来评价 CHRERP 协议的性能，最终结果表明，CHRERP 协议在均衡网络能耗、延长网络寿命、提升网络抗毁性方面具有显著优势。